现代机械设计方法与创新研究

周 平 关正伟 何 聪 著

辽宁科学技术出版社

·沈阳·

图书在版编目（CIP）数据

现代机械设计方法与创新研究 / 周平, 关正伟, 何聪
著. —沈阳 : 辽宁科学技术出版社, 2023.11（2024.6重印）
ISBN 978-7-5591-3206-2

Ⅰ. ①现… Ⅱ. ①周… ②关… ③何… Ⅲ. ①机械设
计—研究 Ⅳ. ①TH122

中国国家版本馆CIP数据核字（2023）第155884号

出版发行：辽宁科学技术出版社
　　　　　（地址：沈阳市和平区十一纬路25号　邮编：110003）
印　刷　者：沈阳丰泽彩色包装印刷有限公司
幅面尺寸：170mm×240mm
印　　张：13.375
字　　数：350千字
出版时间：2023年11月第1版
印刷时间：2024年6月第2次印刷
责任编辑：高雪坤
封面设计：博瑞设计
版式设计：新华印务
责任校对：栗　勇

书　　号：ISBN 978-7-5591-3206-2
定　　价：56.00元

编辑电话：024-23285311
邮购热线：024-23284502
http://www.lnkj.com.cn

前　言

现代机械设计方法与创新研究是工程领域中不断进步和演进的重要方向。随着科技的不断发展，新的设计方法和创新理念不断涌现，为机械设计师提供了更广阔的空间和更高效的工具。在这个领域，人们致力于探索如何更好地设计机械系统，以满足日益复杂和多样化的需求。现代机械设计方法与创新研究涉及许多领域和技术，包括智能化设计、可持续性设计、多学科协同设计、新材料和制造技术、虚拟现实和增强现实技术、机器人技术、生物启发式设计以及数字化设计和制造技术的应用。这些研究方向推动着机械设计的进步和创新，为我们创造出更先进、更可靠和更可持续的机械系统。

本书就现代机械设计的各个关键领域进行探讨和创新研究，内容涵盖了机械设计的基本概念和意义，模型与仿真技术，材料与加工技术，运动学分析与控制技术，传动系统，结构设计，热力学分析与设计，噪声、振动与减震控制，可靠性与安全性设计，人机工程学设计，可持续性设计以及市场营销与商业模式等方面。

本书由重庆移通学院周平、关正伟、何聪共同撰写完成。撰写分工如下：周平撰写了第一章至第六章的内容，共计十五万字；关正伟撰写了第七章至第十二章的内容，共计十万字；何聪撰写了第十三章至第十五章的内容，共计十万字。全书由何聪负责统稿工作。

本书在编写过程中借鉴、参考了大量的现代机械方面的文献资料以及著作。同时借鉴了一些学者的观点，在此表示最真挚的谢意。由于编者水平有限，书中难免存在疏漏之处，恳请同行专家和读者不吝指教。

作者

2023年6月

目　录

第一章　现代机械设计方法概述

第一节　机械设计的定义和意义

一、机械设计的概念与基本原理

1.机械设计的概念

机械设计是一门涉及机械元件和机械系统设计的学科，其目的是通过合理的设计和优化，使机械产品能够满足特定的性能和功能要求。在机械设计的过程中，工程师需要考虑许多因素，包括材料选择、结构设计、强度分析、加工工艺、装配工艺等，以确保产品的可靠性、性能和可制造性。机械设计可以应用于各种不同的领域，例如汽车工业、机械工业、电子工业、医疗设备等。在不同领域中，机械设计师需要考虑不同的因素和挑战。例如，在汽车工业中，机械设计师需要考虑汽车的动力系统、传动系统、悬挂系统、制动系统等，以满足汽车的性能和安全要求。在医疗设备领域，机械设计师需要考虑设备的材料和结构，以确保设备的安全和可靠性。机械设计的过程可以分为几个步骤。首先，机械设计师需要了解产品的需求和要求，包括性能、功能、外观等。其次，机械设计师需要进行初步设计，包括机械结构的布局、材料的选择以及关键部件的设计等。在这个阶段，机械设计师需要进行初步的计算和分析，以确定设计是否可行，并做出一些初步的决策。然后，机械设计师需要进行详细的设计，包括材料和结构的详细设计、制造工艺和装配工艺的设计以及性能和可靠性测试的设计等。最后，机械设计师需要进行制造和测试，以确保产品的质量和性能达到预期。在机械设计的过程中，工程师需要运用许多不同的工具和技术，包括计算机辅助设计软件、数值分析软件、材料力学等。这些工具和技术可以帮助机械设计师更好地理解机械系统的行为和性能，优化设计并确保产品的可靠性和性能。总之，机械设计是一门涉及机械元件和机械系统设计的学科，其目的是通过合理的设计和优化，使机械产品能够满足特定的性能和功能要求。

2.机械设计的基本原理

机械设计的基本原理包括材料力学、结构力学、机构学、动力学等。这些原理是机械设计的基础，机械设计师需要运用这些原理，以确保产品的性能和可靠性。

（1）材料力学：材料力学是研究材料在外力作用下的变形和破坏规律的科

学。在机械设计中，材料力学是一个非常重要的基础学科。机械设计师需要根据机械产品的特定要求，选择合适的材料，并了解材料的力学性质。材料力学包括弹性力学、塑性力学、疲劳寿命等。机械设计师需要根据材料的特性进行合理的设计，以确保机械产品具有足够的强度和韧性，能够承受各种复杂的负载。

（2）结构力学：结构力学是研究结构在外力作用下的变形和破坏规律的科学。在机械设计中，结构力学是另一个非常重要的基础学科。机械设计师需要根据机械产品的特定要求，设计合适的结构，以确保机械产品能够承受各种复杂的负载和外力，同时保证结构的稳定性和可靠性。结构力学包括静力学、动力学、稳定性等。机械设计师需要运用这些原理进行结构设计，以确保机械产品具有足够的强度和稳定性。

（3）机构学：机构学是研究机构运动和作用规律的学科。在机械设计中，机构学是非常重要的基础学科。机构学包括机构运动分析、机构力学分析、机构合成等。机械设计师需要运用机构学的原理，设计机械系统的运动机构和驱动机构，以确保机械产品能够实现所需的运动和功能。

（4）动力学：动力学是研究物体在运动和作用过程中的力学规律的学科。在机械设计中，动力学也是非常重要的基础学科。机械设计师需要运用动力学的原理，设计机械系统的运动学和动力学特性，以确保机械产品具有良好的运动和控制性能。

除了上述的基本原理外，机械设计还涉及许多其他的原理和概念，比如流体力学、热力学、材料科学、电子技术等。机械设计师需要对这些原理和概念有一定的了解，并运用这些原理和概念来解决机械设计中的具体问题。机械设计的基本原理是机械设计师必须掌握的基础知识，只有熟练掌握这些原理，才能够设计出满足客户需求、具有良好性能和可靠性的机械产品。在实际的机械设计中，机械设计师需要灵活运用这些原理，结合产品的具体需求和制造工艺，进行合理的设计和优化。

二、机械设计的发展历程

机械设计作为一门重要的工程学科，其发展历程可以追溯到人类最早的工具制作和机械设计时期。随着科学技术的不断发展和人类对机械化生产需求的不断增长，机械设计不断地演变和发展，成了一门复杂而丰富的学科。早在远古时期，人类就开始使用工具和机械来生产和生活。最早的机械设计可以追溯到公元前3000年左右的埃及文明时期，那时人们已经开始使用简单的滑轮、绞盘等机械设备。古希腊哲学家阿基米德也是机械设计领域的早期先驱之一，他发明了螺旋泵和杠杆等机械装置，为机械设计的发展奠定了基础。中世纪时期，人们开始使用机械来辅助手工制造。15世纪时期，德国人约翰·谷登堡发明了活字印刷机，大大提高了书籍的印刷效率，成为机械设计发展中的里程碑。此时，机械设计也开始涉及金属加工和工艺制造领域，机械设计师需要更深入地了解材料的性质和制造工艺，以确保机械产品的质量和可靠性。18世纪末至19世纪中叶，欧洲完成了第一次工业革命，这是机械设计史上的一个重要时期。在工业革命期间，机械工业得到了迅猛发展，煤炭、纺织、铁路、船舶等领域都出现了许多重要的机械产品。其中最重要的就是蒸汽机，它推动了工业革命的发展，同时也推动了机械设计的发展。机械设计师开始使用计算机和模拟技术来辅助设计，为机械设计带来了革命性的变革。20世纪，机械设计进入了现代化时期。随着计算机技术和CAD/CAM技术的不断发展，机械设计的效率和精度得到了极大的提高。机械设计师不再需要依靠手绘图纸和手工模型，而是可以使用CAD软件进行二维建模和虚拟仿真，大大提高了设计效率和准确性。此外，机械设计也开始涉及更多的领域，如航空航天、汽车、机器人、医疗设备等，机械设计的应用领域越来越广泛。随着科技的不断进步和新兴技术的涌现，机械设计也会不断更新和改进。以下是机械设计未来发展的几个趋势：

（1）智能化：随着人工智能技术和传感器技术的不断发展，机械设计师可以将智能化元素集成到机械产品中，使其更加智能化和自动化。

（2）可持续性：随着人们对环境保护意识的日益增强，机械设计也将越来越注重可持续性和环保性。

（3）新材料：新材料的发展将为机械设计带来更多的选择和可能性，如3D打印技术、碳纤维等新材料的应用将极大地改变机械设计的形态。

（4）数字化：数字化技术的发展将为机械设计带来更多的便利，如云计算、虚拟现实、增强现实等技术将极大地提高机械设计的效率和精度。

总之，机械设计作为一门工程学科，其发展历程经历了漫长而丰富的过程。从最早的手工制造到现代化的CAD/CAM技术，机械设计师不断地挑战自己，不断地探索和创新，为机械工业的发展做出了重要的贡献。在未来，机械设计师将面临更多的挑战和机遇，需要不断地学习和掌握新的技术和理念，才能够在机械设计领域不断创新。

三、机械设计的分类与特点

机械设计是一门涵盖广泛的工程学科，它包含了机械、材料、电气、电子、控制、自动化等多个领域。机械设计的分类可以从多个角度进行，下面就来简要介绍几种分类方法。按照应用领域，机械设计可以分为多个类别：

(1) 机械加工类：机械加工类产品是指用于制造各种机械、工具和模具的机器和设备，如机床、钳工工具、冲压工具、铣刀等。

(2) 汽车、飞机、船舶类：汽车、飞机、船舶类产品是指应用于交通运输领域的机器和设备，如发动机、转向机、舵机、起落架等。

(3) 机器人类：机器人类产品是指以机械结构为基础，通过电子、控制、自动化等技术手段实现各种复杂的动作和功能，如工业机器人、服务机器人、家庭机器人等。

(4) 医疗设备类：医疗设备类产品是指用于医疗领域的机器和设备，如手术器械、人工关节、医疗器械等。

(5) 家电类：家电类产品是指家庭电器和电子设备，如洗衣机、冰箱、空调、电视等。

(6) 其他类：其他类产品是指应用于其他领域的机器和设备，如电梯、矿山机械、建筑机械、通信设备等。

按照工作原理，机械设计可以分为以下几种：

(1) 机械传动：机械传动是指通过齿轮、链条、皮带、轮胎等机械部件传递动力和转换动力。常见的机械传动装置有：传动链、齿轮、带传动等。

(2) 液压传动：液压传动是指利用液体作为传递动力的介质，通过液压泵将机械能转换成液压能，再通过液压缸将液压能转换成机械能。液压传动装置包括：液压泵、液压缸、液压马达等。

(3) 气压传动：气压传动是指利用气体作为传递动力的介质，通过气动泵将机械能转换成气动能，再通过气缸将气动能转换成机械能。气压传动装置包括：气动泵、气缸、压缩空气处理装置等。

(4) 电动传动：电动传动是指通过电机将电能转换成机械能，实现机器运转。电动传动装置包括：电动机、电池、电源等。

按照产品特点，机械设计可以分为以下几种：

(1) 单向机械：单向机械是指只能单向运动的机械，如电动工具、单向轮等。

(2) 双向机械：双向机械是指能够双向运动的机械，如双向轮、摇摆机构等。

(3) 连续旋转机械：连续旋转机械是指能够连续旋转的机械，如电机、汽车发动机等。

（4）步进机械：步进机械是指能够实现固定角度步进运动的机械，如步进电机、步进减速器等。

（5）振动机械：振动机械是指能够进行振动运动的机械，如振动筛、振动器等。

按照设计阶段，机械设计可以分为以下几个阶段：

（1）前期设计：前期设计是机械设计的重要阶段，主要包括需求分析、概念设计、可行性分析、初步设计等。在前期设计阶段，机械设计师需要对产品的性能、功能、成本、工艺等进行全面的分析和论证，确定设计目标和技术路线。

（2）详细设计：详细设计是在前期设计的基础上进行的，主要包括机构设计、零件设计、装配设计等。在详细设计阶段，机械设计师需要根据设计要求，采用相应的设计软件或手绘图纸进行机构设计和零件设计，并对各个零件进行装配设计和优化，确保产品的稳定性和可靠性。

（3）样机制作：样机制作是机械设计的实现阶段，主要是将详细设计的图纸转化成实际的物理样品。在样机制作阶段，机械设计师需要采用相应的工具和设备，按照设计要求制作各个零部件，并进行装配和调试，以验证产品的性能和可靠性。

（4）试制验证：试制验证是机械设计的关键阶段，主要是对样机进行测试和验证，确保产品能够满足设计要求。在试制验证阶段，机械设计师需要进行各种功能性测试、环境适应性测试、耐久性测试等，以验证产品的性能和可靠性，并对出现的问题进行改进和优化。

（5）批量生产：批量生产是机械设计的最终阶段，主要是根据样机的成功试制和验证，进行大规模的生产制造。在批量生产阶段，需要建立相应的生产工艺和生产线，确保产品的质量和生产效率。

按照应用领域，机械设计可以分为以下几种：

（1）工业机械：工业机械主要是指在工业生产中使用的各种机器设备，包括机床、起重机械、化工设备等。在工业机械的设计中，机械设计师需要考虑产品的稳定性、可靠性、生产效率等因素。

（2）农业机械：农业机械主要是指在农业生产中使用的各种机器设备，包括拖拉机、收割机、播种机等。在农业机械的设计中，机械设计师需要考虑产品的适应性、效率性、环保性等因素。

（3）交通运输机械：交通运输机械主要是指在交通运输中使用的各种机器设备，包括汽车、火车、飞机等。在交通运输机械的设计中，机械设计师需要考虑产品的安全性、舒适性、经济性等因素。

（4）家用机械：家用机械主要是指在家庭生活中使用的各种机器设备，包括各种家电、健身器材、厨房用品等。在家用机械的设计中，机械设计师需要考虑产品的易用性、美观性、节能性等因素。

总之，机械设计是一个非常广泛的领域，按照不同的分类方法可以分为不同的类别。在实际的机械设计过程中，需要根据具体的情况和要求，采用相应的设计方法和工具，以实现高质量、高效率的机械设计。

第二节　现代机械设计方法的起源和发展

一、起源

机械设计是指以机械为对象进行设计的过程，它是制造工业中的重要环节。随着工业化和科学技术的发展，机械设计逐渐走向现代化。工业化和科学技术的发展是现代机械设计方法产生的重要原因。工业化使机械产品能够实现大批量生产，这就要求机械设计要快速、高效、精准、可靠。而传统的机械设计方法无法满足这些要求，因此人们开始寻求一种更加先进的机械设计方法。科学技术的发展为现代机械设计方法的产生提供了技术支撑。计算机技术的发展为机械设计和仿真提供了可靠的技术手段，人们可以利用计算机对机械系统进行强度、刚度、热力学等方面的分析和计算。有限元分析、计算流体力学、多体动力学等工具的出现使机械设计的效率和准确性得到了大幅提升，这些工具成了现代机械设计方法的重要组成部分。传统机械设计方法是以经验为基础的，其设计理念主要体现为照抄照搬。设计者主要通过观察和模仿前人的经验和技术，来完成机械产品的设计和制造。这种设计方法的优点是经验丰富、成熟可靠，但缺点也很明显，主要体现在设计效率低、制造成本高、质量控制难度大等方面。与传统机械设计方法相比，现代机械设计方法注重创新和创造，不再局限于照抄照搬的模式。现代机械设计方法以工程学原理和现代科学技术为基础，采用计算机辅助设计、仿真分析等技术手段，通过系统的分析、设计、优化和评估等环节来完成机械产品的设计过程。现代机械设计方法与传统机械设计方法的差异主要表现在以下几个方面：现代机械设计方法强调以用户为中心的设计思想，将用户需求放在首位，而传统机械设计方法注重设计师的经验和技术，往往忽略了用户的实际需求，产品设计往往难以满足用户的期望。现代机械设计方法采用计算机辅助设计技术，可以在虚拟环境下进行多次仿真分析，快速进行设计方案的筛选和评估，而传统机械设计方法则往往需要实物模型来进行测试，制造成本较高。现代机械设计方法通过多次仿真和优化，可以得到更加精确和可靠的设计结果，而传统机械设计方法则往往需要经过多次试制和测试才能得到较为稳定和可靠的设计结果。

随着市场竞争的加剧，以用户为中心的设计思想逐渐成了现代机械设计方法的主流。以用户为中心的设计思想要求设计者将用户的需求放在首位，通过研究用户的习惯、偏好和行为模式等，设计出更加贴合用户需求的机械产品。以用户为中心的设计思想不仅可以提高产品的市场竞争力，还可以提高产品的可靠性和使用寿命。随着技术的不断发展，现代机械设计方法也在不断地完善和发展，以满足用户不断变化的需求。现代机械设计方法的起源与工业化和科学技术的发展密不可分。现代机械设计方法与传统机械设计方法相比，具有设计理念、设计过程和设计结果方面的不同，其中以用户为中心的设计思想是现代机械设计方法的主流。随着技术的不断发展，现代机械设计方法将会在未来的发展中继续得到完善和提高，以满足用户不断变化的需求。

二、发展

1.初级阶段：手工绘图时代

随着工业化进程的加速，机械设计开始成为一个重要的领域。在现代机械设计方法的发展过程中，手工绘图时代是第一个阶段，是现代机械设计的起源。在这个时期，机械设计师主要依靠手工绘图和实验验证来进行机械产品的设计。手工绘图时代是从19世纪初到20世纪60年代的一个历史时期。在这个时期，机械产品的设计主要依赖于人工计算和实验验证。机械设计师需要手动计算和绘图，以实现产品的设计和生产。在手工绘图时代，机械工业经历了快速的发展，工业机械的出现促进了生产力的提高，使得机械制造行业成为国家经济的重要支柱之一。此外，随着科学技术的不断发展，各种机械产品不断涌现，如机床、汽车、飞机等，这些机械产品的诞生和发展都离不开机械设计师的辛勤劳动和创新。

在手工绘图时代，机械设计师需要手动计算和绘图。他们需要精确地计算各种机械零件的尺寸、形状、位置等参数，然后通过手工绘图的方式将设计图纸画出来。这种方法需要机械设计师有高超的技术水平和丰富的经验。由于机械设计师需要手工计算和绘图，所以机械产品的设计周期很长，效率也很低。机械设计师需要花费大量的时间和精力来完成一张设计图纸。此外，在机械产品的制造过程中，由于没有精确的计算和设计，机械产品的质量和精度也无法得到保证。在手工绘图时代，机械产品的设计依赖于实验验证。机械设计师需要通过实验来验证机械产品的性能和可靠性，然后根据实验结果来改进产品设计。这种方法需要大量的试错和实验，费时费力，效率低下。在手工绘图时代，机械设计师的专业技能和经验至关重要。他们需要具备丰富的机械知识和实践经验，才能够进行精确的计算和设计。此外，由于机械产品的制造过程需要手工加工，机械设计师还需要了解机械加工的工艺和技术，以便设计出易于加工的机械零件。

尽管手工绘图时代是现代机械设计的起源，但这种方法存在着许多不足之处。由于手工绘图时代的机械设计师需要手工计算和绘图，所以在设计修改时，需要重新绘制图纸。这样不仅浪费时间，而且容易出现误差。手工绘图时代虽然存在着不足之处，但也具有重要的意义。首先，手工绘图时代是现代机械设计的起源，它为后来的机械设计方法的发展奠定了基础。其次，手工绘图时代的机械设计师需要具备丰富的机械知识和实践经验，这也为后来的机械设计师提供了重要的经验和借鉴。此外，手工绘图时代的机械设计师也为机械制造行业的发展做出了重要的贡献。他们通过自己的努力和创新，推动了机械制造技术的发展和进步，为现代机械制造奠定了基础。

尽管手工绘图时代已经过去了，但它对现代机械设计依然具有重要的启示意义。首先，手工绘图时代强调了机械设计师的专业技能和经验的重要性，这一点在现代机械设计中依然具有重要的意义。现代机械设计师需要不断提升自己的专业技能和实践经验，以便更好地完成机械产品的设计和制造。其次，手工绘图时代的机械设计师注重实践和实验的验证，这一点也对现代机械设计有着重要的启示意义。现代机械设计师需要注重实践和实验的验证，以便更好地了解机械产品的性能和可靠性，从而改进产品设计。最后，手工绘图时代的机械设计师具有创新意识和创造力，这也是现代机械设计师应该具备的重要品质。现代机械设计师需要不断地进行创新和探索，以便更好地满足市场和用户的需求，推动机械制造技术的发展和进步。现代机械设计方法是机械工程领域的重要分支，它涉及机械产品的设计、制造、测试和改进等多个方面。现代机械设计方法经历了从手工绘图时代、计算机辅助设计时代到仿真技术与虚拟现实时代的演变和发展，从而不断提高了机械产品的设计精度和效率。手工绘图时代是现代机械设计的起源，尽管存在着不足之处，但它强调了机械设计师的专业技能和实践经验的重要性，推动了机械制造技术的发展和进步。现代机械设计师需要不断提升自己的专业技能和实践经验，注重实践和实验的验证，并具有创新意识和创造力，以便更好地满足市场和用户的需求，推动机械制造技术的发展和进步。

2.中级阶段：计算机辅助设计时代

现代机械设计经历了多个阶段的发展，其中一个重要的中级阶段是计算机辅助设计时代。20世纪50年代，计算机技术开始进入工业领域。计算机能够进行复杂的计算和数据处理，使得设计师能够更快速地进行机械设计，提高设计质量和效率。在此背景下，计算机辅助设计（CAD）应运而生。20世纪60年代，第一个商业化的CAD软件——Sketchpad被开发出来。此后，随着计算机技术的不断进步，CAD软件的功能不断丰富，设计师可以使用更加复杂的工具进行机械设计，例如三维建模、动态仿真等。现代机械设计进入计算机辅助设计时代，具有以下特点：

（1）自动化设计：计算机可以通过算法和规则，自动完成部分机械设计的工作，例如零件布局、尺寸计算等。这样，设计师可以将更多的精力投入设计的核心部分，例如设计的创新性和可行性部分。

（2）三维建模：计算机辅助设计软件可以实现三维建模，设计师可以通过实时预览，更加直观地了解设计的效果和问题。同时，三维建模也方便了设计师与其他团队成员、供应商和客户沟通，减少了误解和错误。

（3）动态仿真：现代机械设计软件可以进行动态仿真，模拟机械部件的运动和相互作用。这样，设计师可以更加准确地了解机械的运动状态，优化机械的设计。

（4）集成化设计：现代机械设计软件可以集成多个设计工具，例如CAD、CAM、CAE等。这样，设计师可以在一个软件中完成整个设计流程，方便了设计过程的管理和交流。

随着人工智能技术的发展，设计软件可以学习和预测设计师的意图，提供更加智能化的设计辅助。例如，自动生成设计方案、优化设计等。虚拟现实技术可以将机械设计从屏幕上的二维图形转变为真实的三维体验，让设计师可以更加直观地了解设计的效果和问题。未来，虚拟现实技术有望应用于机械设计领域，让设计师可以在虚拟环境中进行设计和测试，从而提高设计质量和效率。随着物联网技术的发展，机械设备可以采集更多的运行数据。设计师可以利用这些数据，分析机械设备的运行状态和问题，提高机械设计的可靠性和性能。现代机械设计涉及多个团队和合作伙伴的协同工作，因此协同设计的需求越来越迫切。未来的机械设计软件将会支持更加高效的协同工作，例如实时共享设计数据、协同编辑设计文件等。随着全球环境问题的日益严峻，可持续设计成了机械设计的重要考虑因素。未来的机械设计软件将会支持可持续设计，例如降低能耗、减少废弃物等。现代机械设计进入计算机辅助设计时代，使得机械设计变得更加高效、准确和直观。未来，随着人工智能、虚拟现实、数据化设计、协同设计和可持续设计等技术的发展，机械设计软件将会变得更加智能化、高效化和可持续化。这将为机械设计师提供更加强大的设计工具和平台，促进机械行业的发展。

3.高级阶段：仿真技术与虚拟现实时代

随着计算机技术的不断发展和普及，现代机械设计已经进入了一个全新的阶段——仿真技术与虚拟现实时代。仿真技术是指利用计算机对机械系统进行建模和计算，得出机械系统在不同工况下的性能和行为，以及对机械系统进行可靠性、寿命等分析和预测的技术。虚拟现实技术则是指利用计算机图形学、计算机视觉和人机交互技术，创造出一种逼真的虚拟环境，使人们能够身临其境地体验和操作物理世界中的对象。仿真技术在机械设计中的应用十分广泛。机械系统的性能与行为往往受到多个因素的影响，如材料特性、结构形式、外部载荷等，通过仿真技术，可以对机械系统进行多维度分析和优化，提高机械系统的性能和可靠性。例如，在机械系统动力学仿真方面，可以通过对机械系统的运动进行模拟和分析，分析机械系统的运动学和动力学特性，以及机械系统的振动、冲击等问题。在机械系统结构仿真方面，可以通过对机械系统的结构进行模拟和分析，分析机械系统的应力、变形等问题，优化机械系统的结构形式和材料选型。虚拟现实技术在机械设计中的应用也十分广泛。在传统的机械设计中，设计师需要依靠手绘图纸和模型来展现机械系统的设计和功能，但这种方法具有局限性，不利于真实性和直观性的体现。而虚拟现实技术则可以通过虚拟现实设备，如VR眼镜、手套等，让设计师在虚拟环境中操作和感受机械系统，以达到更加真实、直观、全面的设计效果。例如，在机械系统的装配设计中，设计师可以通过虚拟现实技术，在虚拟环境中进行装配操作，检查零件之间的配合情况、运动情况等，避免在实际装配过程中出现错误。总的来说，仿真技术和虚拟现实技术的应用，为机械设计带来了许多优势。首先，它们可以加速机械系统的设计和开发过程，降低成本和风险。通过仿真技术，设计师可以在计算机上对机械系统进行多次仿真分析和优化，优化设计方案和参数，减少实验和试错的次数和成本。通过虚拟现实技术，设计师可以在虚拟环境中进行设计和测试，降低在实际环境中进行试验和测试时的安全风险和成本。其次，它们可以提高机械系统的性能和可靠性。通过仿真技术和虚拟现实技术，设计师可以更加全面、深入地分析机械系统的性能和行为，优化机械系统的设计和参数，提高机械系统的性能和可靠性。最后，它们可以提高机械系统的用户体验。通过虚拟现实技术，用户可以身临其境地感受机械系统的功能和操作，提高用户的参与度和体验感。虽然仿真技术和虚拟现实技术在机械设计中应用广泛，但也存在一些挑战和限制。首先，仿真技术的精度和可信度需要保证。机械系统的性能和行为受到多种因素的影响，如材料特性、结构形式、外部载荷等，需要对这些因素进行全面、准确的建模和计算，才能得到可靠的仿真结果。其次，虚拟现实技术的逼真度和稳定性需要保证。虚拟现实技术需要创造一个逼真的虚拟环境，使用户能够身临其境地感受机械系统的功能和操作，但需要解决图像处理、传感器识别、交互方式等问题，以提高虚拟环境的逼真度和稳定性。此外，仿真技术和虚拟现实技术的应用需要相关的硬件和软件支持，需要投入一定的人力、物力和财力。

在未来，随着计算机技术的不断发展和应用，仿真技术和虚拟现实技术在机械设计中的应用将会越来越广泛和深入。例如，随着人工智能技术的不断发展和应用，机械系统的自主优化和自主决策能力将会得到进一步提升，为机械设计带来更多的创新和突破。此外，虚拟现实技术的发展也将为机械设计带来更多的机会和挑战。虚拟现实技术将会从单一的视觉体验扩展到多感官体验，包括声音、触感、气味等，为机械系统的交互和体验提供更多的可能性。同时，虚拟现实技术还将与其他领域的技术结合，如增强现实技术、物联网技术、智能制造技术等，形成更加综合、全面的解决方案。总之，仿真技术和虚拟现实技术作为现代机械设计方法的高级阶段，为机械设计带来了许多优势，包括加速设计和开发过程、提高机械系统的性能和可靠性、提高用户体验等。虽然在应用过程中存在一些挑战和限制，但随着计算机技术的不断发展和应用，它们在机械设计中的应用前景将更加广阔。

第三节 现代机械设计方法的基本特点

一、数字化设计——现代机械设计的核心特点之一

现代机械设计的核心特点之一是数字化设计，数字化设计是指利用计算机技术将机械设计过程数字化、自动化和智能化的方法。数字化设计的出现，为机械制造业带来了很多的优势，如提高设计效率和质量，降低成本和风险，加强设计与制造之间的协调度等。数字化设计在现代机械设计中扮演着核心角色，它具有以下几个特点：

（1）数据化：数字化设计将机械设计过程中的各种数据，如设计参数、材料特性、运动分析结果等，进行数字化处理，存储在计算机中，并通过软件工具进行管理和分析。这样，设计师可以在计算机上快速获取和修改设计数据，提高设计的效率和准确性。通过数据化，机械设计师可以更加科学地管理设计过程中的各种数据，从而更好地保证设计结果的准确性。

（2）可视化：数字化设计通过三维建模技术，将设计对象呈现在计算机屏幕上，使设计师可以直观地看到设计结果，从而更加深入地理解和调整设计方案。通过可视化，设计师可以更加清晰地了解设计对象的各种特征，更加深入地分析设计结果，从而更好地优化设计方案。

（3）协同化：数字化设计将设计、制造、检验等环节的信息进行整合，实现了协同化管理和沟通，从而降低了设计、制造和检验过程中的错误和重复，提高了生产效率和产品质量。数字化设计可以让不同领域的人员协同工作，从而更好地协调设计和制造之间的关系，提高产品设计的质量和效率。

（4）智能化：数字化设计还可以应用智能算法、人工智能等技术，实现机械设计的自动化和优化。比如，机器学习算法可以通过分析历史数据，提高设计的准确性和效率；智能优化算法可以自动搜索设计空间，找到最优的设计方案。通过智能化，机械设计师可以更加高效地完成设计任务，同时提高设计结果的质量。

总之，数字化设计是现代机械设计的核心特点之一，它以数据化、可视化、协同化和智能化为特点，可以帮助机械设计师更好地管理设计过程中的各种数据，更加准确地分析和优化设计方案，提高产品的质量和效率。

在数字化设计中，计算机辅助设计（CAD）软件是必不可少的工具。CAD软件将设计师的创意和想法转换成数字化的模型，使其可以在计算机上进行编辑、修改和优化。通过CAD软件，设计师可以更快速、准确地完成设计任务，同时也能够更方便地共享设计文件。数字化设计还包括计算机辅助制造（CAM）和计算机辅助工程（CAE）。CAM将数字化的设计模型转换为实际的物理模型，通过计算机控制机器设备进行生产加工，使制造过程更加高效、精确、自动化。CAE则是通过数值模拟和分析，评估设计模型的性能和可靠性，以提高产品的质量和可靠性。数字化设计的核心是数学模型，数字化的设计模型可以精确地描述产品的几何形状、材料特性、工艺要求和性能指标。这使得设计师可以在计算机上进行各种场景的仿真和分析，更好地了解产品在实际使用中的行为和反应。数字化设计还可以帮助设计师更好地优化产品结构，以满足用户需求和市场竞争。除了CAD、CAM和CAE软件，数字化设计还需要其他一些工具和技术的支持。其中最重要的是三维扫描技术和3D打印技术。三维扫描技术可以将实物模型快速地转换为数字化模型，以支持后续的设计和制造过程。3D打印技术则可以将数字化模型快速地转换为实际的物理模型，以进行样品验证和产品制造。数字化设计的发展也带来了许多新的挑战和机遇。其中最主要的挑战之一是数据安全和保密。数字化设计涉及大量的机密信息和商业机密，如何保护这些信息不被泄露和侵犯成了数字化设计必须面对的问题。此外，数字化设计的发展也带来了新的商业机遇，如数字孪生和虚拟现实技术，可以为企业提供更好的服务和增值。总的来说，数字化设计是现代机械设计的核心特点之一，它已经成为机械设计的主流趋势。数字化设计的优势在于提高了设计效率、准确性和可靠性，同时也提高了产品的质量和市场竞争力。

二、模块化设计——提高机械设计效率和灵活性的重要手段

模块化设计在现代机械设计中扮演着重要的角色，可以提高机械设计的效率和灵活性。它是指将一个复杂的系统分解成若干个独立的模块，并将这些模块进行组合和重复使用，以实现快速的设计和生产。模块化设计可以应用于各种机械系统，包括汽车、飞机、机床、工业机器人等。模块化设计的核心是将一个系统分解成若干个独立的模块。这些模块具有相对独立的功能，可以单独进行设计、制造和测试。每个模块都具有一组输入和输出接口，这些接口可以与其他模块进行连接，从而实现系统功能的整体协同。模块化设计的一个重要优点是可以提高设计的可重复性和可维护性。通过将系统分解成若干个独立的模块，可以更方便地进行设计修改、故障诊断和维护保养。

模块化设计还可以提高机械设计的灵活性。由于每个模块都具有相对独立的功能，因此可以对每个模块进行定制化设计，以满足不同用户的需求。此外，由于模块之间具有相对独立的接口，因此可以灵活地组合和重复使用这些模块，以满足不同应用场景的需求。这种灵活性使得机械设计可以更快速地适应市场需求的变化，从而提高产品的竞争力。在模块化设计中，模块的设计和制造是一个重要的环节。模块的设计需要考虑模块之间的接口和协同，以确保整个系统功能的实现。同时，模块的制造需要考虑模块的可重复性和可维护性，以便在需要时进行更换和维护。为了实现模块化设计，需要采用一些特殊的设计方法和工具。其中，参数化设计和模块化建模是两个重要的工具。参数化设计可以将设计变量与模块之间的接口和功能进行关联，从而快速地进行模块化设计。模块化建模可以将一个模块抽象成一个相对独立的对象，包括其几何形状、运动学、动力学和控制等属性。这样可以将模块的设计和制造与整个系统的设计和制造相分离，从而提高设计和制造的效率与灵活性。在实际的机械设计中，模块化设计还需要考虑模块之间的交互和协同。为了实现模块之间的交互和协同，需要制定一些标准接口和协议。这些接口和协议定义了模块之间的通信方式和数据格式，从而实现了模块之间的互相交流和信息共享。例如，在汽车设计中，汽车的各个系统，如发动机、变速器、转向系统等，都具有相对独立的模块，并通过一些标准接口和协议进行通信和协同。这样可以使汽车的

各个系统更加协调和高效。

除了标准接口和协议之外，软件和硬件的配合也是模块化设计中需要考虑的一个重要因素。随着计算机技术的发展，机械系统的设计和制造中越来越多地涉及了软件的开发和集成。在模块化设计中，软件和硬件之间的配合需要进行仔细的规划和设计，以确保系统的稳定性和可靠性。

在实际的机械设计中，模块化设计不仅可以提高设计的效率和灵活性，还可以带来许多其他的优点。例如，模块化设计可以降低成本和风险。由于每个模块都具有相对独立的功能，因此可以针对每个模块进行单独的制造和测试，从而降低制造和测试的成本和风险。此外，模块化设计还可以提高产品的品质和可靠性。由于每个模块都经过单独的设计和测试，因此可以更好地控制产品的品质和可靠性，从而提高产品的竞争力。总之，模块化设计是提高机械设计效率和灵活性的重要手段。它可以将一个复杂的系统分解成若干个独立的模块，并将这些模块进行组合和重复使用，以实现快速的设计和生产。在实际的机械设计中，模块化设计需要考虑模块之间的接口和协同、标准接口和协议、软件和硬件的配合等因素。通过合理地应用模块化设计，可以提高机械产品的质量、可靠性和竞争力。

三、综合优化设计——实现机械系统性能和可靠性的综合优化的关键方法

综合优化设计是机械设计中的重要内容，它可以实现机械系统性能和可靠性的综合优化。系统分析是综合优化设计的关键环节。通过对机械系统进行分析，可以获得机械系统的性能和可靠性信息，进而确定机械系统的优化方案。系统分析可以分为两个部分：性能分析和可靠性分析。性能分析是指对机械系统的性能进行评估和分析。性能评估可以从多个方面进行，如机械系统的运动学性能、力学性能、热学性能等。根据机械系统的性能评估结果，可以确定机械系统的性能瓶颈和改进方向。可靠性分析是指对机械系统的可靠性进行评估和分析。可靠性评估可以从多个方面进行，如机械系统的寿命、可靠性指标、故障率等。根据机械系统的可靠性评估结果，可以确定机械系统的可靠性瓶颈和改进方向。

优化设计是综合优化设计的核心环节。通过对机械系统进行优化设计，可以实现机械系统性能和可靠性的最大化。优化设计可以分为两个部分：单目标优化和多目标优化。单目标优化是指在机械系统的设计中，以某一性能指标为优化目标，对机械系统进行优化设计。常见的单目标优化方法有响应面法、遗传算法、粒子群算法等。单目标优化的优点是计算简单、易于实现。但单目标优化忽略了其他性能指标的影响，容易导致性能和可靠性的不平衡。多目标优化是指在机械系统的设计

中，以多个性能指标为优化目标，对机械系统进行优化设计。常见的多目标优化方法有多目标遗传算法、多目标粒子群算法、多目标蚁群算法等。多目标优化的优点是可以综合考虑多个性能指标，得到更全面的优化方案。敏感度分析是指对机械系统的优化方案进行敏感度分析。通过敏感度分析，可以评估机械系统的优化方案对不同因素的敏感程度，从而确定机械系统的优化方案的可行性和稳定性。敏感度分析可以分为两个部分：单因素敏感度分析和多因素敏感度分析。单因素敏感度分析是指在机械系统的优化方案中，对某一因素进行敏感度分析。例如，在机械系统的优化方案中，对材料强度进行敏感度分析，可以评估机械系统的优化方案对材料强度的敏感程度。多因素敏感度分析是指在机械系统的优化方案中，对多个因素进行敏感度分析。例如，在机械系统的优化方案中，同时对材料强度和工艺参数进行敏感度分析，可以评估机械系统的优化方案对多个因素的敏感程度。敏感度分析的优点是可以评估机械系统的优化方案的可行性和稳定性，避免优化方案因某个因素变化而失效。

验证实验是指通过实验验证机械系统的优化方案是否满足设计要求。验证实验可以分为两个部分：性能验证实验和可靠性验证实验。性能验证实验是指对机械系统的性能进行验证。例如，在机械系统的优化方案中，对机械系统的运动学性能进行验证实验，可以验证机械系统的运动学性能是否满足设计要求。可靠性验证实验是指对机械系统的可靠性进行验证。例如，在机械系统的优化方案中，对机械系统的寿命进行验证实验，可以验证机械系统的可靠性是否满足设计要求。验证实验的优点是可以通过实验验证机械系统的优化方案是否满足设计要求，避免优化方案因未考虑某些因素而失效。实时监测是指对机械系统进行实时监测，获得机械系统的运行状态和性能信息。实时监测可以分为两个部分：在线监测和离线监测。在线监测是指在机械系统运行时，通过传感器等设备对机械系统的运行状态进行实时监测。在线监测可以获得机械系统的实时运行状态和性能信息，可以及时发现机械系统的故障和异常情况。离线监测是指在机械系统停机时，通过检查和测试等方法对机械系统的性能进行监测。离线监测可以获得机械系统的详细性能信息，可以评估机械系统的寿命和可靠性。实时监测的优点是可以及时获得机械系统的运行状态和性能信息，及时发现机械系统的故障和异常情况，提高机械系统的可靠性和安全性。

模型更新是指对机械系统的优化模型进行更新，以反映机械系统的实际性能和运行状态。模型更新可以分为两个部分：模型校准和模型修正。模型校准是指通过实验数据对机械系统的优化模型进行校准，以反映机械系统的实际性能和运行状态。例如，在机械系统的优化模型中，通过实验数据对材料参数进行校准，以反映机械系统材料的实际性能。模型修正是指通过实时监测数据对机械系统的优化模型进行修正，以反映机械系统的实际性能和运行状态。例如，在机械系统的优化模型中，通过实时监测数据对材料参数进行修正，以反映机械系统材料的实际性能和运行状态。模型更新的优点是可以反映机械系统的实际性能和运行状态，提高机械系统的可靠性和精度。模块化设计是指将机械系统分解为多个模块，每个模块独立设计和优化，最终组合成完整的机械系统。模块化设计可以分为两个部分：模块划分和模块优化。模块划分是指将机械系统分解为多个模块，每个模块独立设计和优化。例如，在机械系统中，可以将传动系统、控制系统、结构系统等分解为不同的模块。模块优化是指对每个模块进行独立设计和优化，最终组合成完整的机械系统。例如，在机械系统中，可以对传动系统、控制系统、结构系统等分别进行独立设计和优化，最终组合成完整的机械系统。模块化设计的优点是可以提高机械系统的灵活性和可维护性，降低机械系统的开发和维护成本。

第二章　机械设计中的模型与仿真技术

第一节　机械设计中的模型建立方法

一、基于CAD软件的参数化建模

1.参数化建模的原理和优势

参数化建模是一种利用CAD软件创建三维模型的方法，通过将模型的各种尺寸、形状、特征等抽象为参数和变量，使得机械设计师可以更快速、准确地创建出复杂的机械零件和装配件。

（1）参数化建模的原理：参数化建模的核心思想是将机械零件和装配件的各种参数和特征抽象成变量，通过修改这些变量来调整和修改模型，从而快速创建出符合要求的机械零件和装配件。参数化建模常用的变量包括尺寸、角度、曲率、半径等，通过将这些变量抽象为参数，机械设计师可以通过修改这些参数的数值来改变模型的尺寸和形状。参数化建模的核心原理是基于参数化的几何建模技术。这种技术可以将CAD系统中的三维模型通过某些参数的变化而产生不同的形态。同时，它可以自动识别和处理模型中的相关特征和关系，保证模型的准确性和稳定性。

（2）参数化建模的优势：

①高效性：参数化建模可以提高机械设计师的工作效率，通过修改参数即可快速生成不同的模型，减少了手动建模的时间和精力。

②灵活性：参数化建模可以快速响应设计变更和需求变化，通过修改参数即可调整模型的尺寸和形状，无须重新建模。

③可重用性：参数化建模可以使得机械设计师更好地利用已有的模型和部件，减少重复设计的工作量，提高了设计的效率和准确性。

④可维护性：参数化建模可以使得机械设计师更加方便地维护和更新模型，通过修改参数即可对模型进行调整和修正。

⑤准确性：参数化建模可以自动处理模型中的相关特征和关系，保证模型的准确性和稳定性。

⑥可视化：参数化建模可以将模型以三维图形的形式呈现出来，使得机械设计师可以更加直观地了解模型的形态和特征。

2.参数化建模在实际机械设计中的应用

有限元分析是现代工程设计中不可或缺的一部分，可以帮助工程师预测物理系统的行为，并优化设计以满足性能和成本要求。本章将深入探讨基于有限元分析的建模方法，并介绍其在实际工程设计中的应用。

有限元分析是一种数值计算方法，通过将连续物体分割成许多小单元，将物体离散化为有限元，并通过求解方程组来计算物体的应力、应变和位移等物理量。有限元分析通常分为以下步骤：在有限元分析中，首先需要建立几何模型。几何模型可以由CAD软件或其他建模软件生成，也可以通过扫描物体表面得到。几何模型应该尽可能精确，以保证有限元分析的准确性。将几何模型离散化为有限元。有限元通常采用三角形或四边形形状，并将物体分为许多小单元。每个有限元都具有特定的物理特性和几何特征，例如杨氏模量、泊松比等。在有限元分析中，需要确定物体表面的边界条件，例如外力、支撑和温度等。这些边界条件可以通过实验或计算获得。将离散化后的物体转换为数学模型，并建立数学方程组。在建立数学模型时，需要将物体的行为描述为微分方程或积分方程。对数学方程组进行求解，并计算物体的应力、应变和位移等物理量。这些物理量可以帮助工程师预测物体的性能和行为，并指导优化设计。有限元分析建模方法是指将现实物体转换为有限元模型的过程。有限元分析建模方法可以分为以下步骤：

（1）建立几何模型：在有限元分析建模中，首先需要建立几何模型。几何模型可以由CAD软件或其他建模软件生成，也可以通过扫描物体表面得到。几何模型应该尽可能精确，以保证有限元分析的准确性。

（2）离散化：将几何模型离散化为有限元。有限元通常采用三角形或四边形形状，并将物体分为许多小单元。每个有限元都具有特定的物理特性和几何特征，例如杨氏模量、泊松比等。离散化的过程需要考虑以下几个因素：

①单元类型：有限元可以采用不同的单元类型，例如三角形、四边形、六面体、四面体等。单元类型的选择取决于物体的形状和所需分析的物理特性。

②单元大小：单元的大小决定了分析的准确性和计算的速度。如果单元太大，将无法准确捕捉物体的细节；而如果单元太小，计算时间将变得非常长。

③单元密度：单元密度取决于所需的分析精度和计算资源。如果需要高精度的分析结果，应该使用更高密度的单元。

（3）定义边界条件：在有限元分析建模中，需要定义物体表面的边界条件，例如外力、支撑和温度等。这些边界条件可以通过实验或计算获得。

（4）定义材料属性：在有限元分析中，需要定义物体的材料属性，例如杨氏模量、泊松比、密度等。这些属性可以通过实验或文献获得。

（5）设置分析类型：有限元分析可以用于求解不同类型的问题，例如静力学、动力学、热力学问题等。在进行有限元分析之前，需要设置分析类型。

（6）求解方程组：将离散化后的物体转换为数学模型，并建立数学方程组。对数学方程组进行求解，并计算物体的应力、应变和位移等物理量。这些物理量可以帮助工程师预测物体的性能和行为，并指导优化设计。

有限元分析建模工具是指用于建立有限元分析模型的软件。以下是一些常用的有限元分析建模工具：ANSYS是一款被广泛使用的有限元分析软件，可以用于求解各种物理问题，例如结构力学、流体力学、电磁场和热传导问题等。ANSYS提供了丰富的建模工具和求解器，可以帮助工程师快速建立高质量的有限元模型，并进行准确的分析。SolidWorks是一款常用的CAD软件，可以用于建立几何模型，并集成了有限元分析工具。SolidWorks提供了丰富的建模工具和分析模块，可以帮助工程师在SolidWorks中直接进行有限元分析，减少了建模和分析之间的转换成本，同时也提高了分析的准确性。Abaqus是一款用于求解结构、流体和热力学问题的有限元分析软件。Abaqus提供了强大的建模工具和分析模块，可以帮助工程师建立高质量的有限元模型，并进行准确的分析。Abaqus还提供了优化模块，可以帮助工程师优化设计并提高产品性能。COMSOL Multiphysics是一款用于求解多物理场问题的有限元分析软件。COMSOL Multiphysics提供了广泛的建模工具和分析模块，可以帮助工程师建立高度复杂的物理场模型，并进行准确的分析。COMSOL Multiphysics还提供了优化模块和多物理场耦合模块，可以帮助工程师优化设计并提高产品性能。

有限元分析建模广泛应用于工程领域，包括机械工程、航空航天工程、汽车工程、电子工程等。以下是一些有限元分析建模的应用案例：有限元分析建模可以用于评估结构的强度、刚度和耐久性等性能，并优化结构设计。例如，在飞机设计中，有限元分析建模可以帮助工程师优化飞机结构的材料选择、结构形状和连接方式等，以提高飞机的性能和安全性。有限元分析建模可以用于模拟实际测试，例如，在汽车碰撞测试中，可以使用有限元分析建模来模拟碰撞过程，预测汽车的受力情况，并评估汽车的安全性能。有限元分析建模可以用于优化产品设计，并减少产品开发周期。例如，在电子产品设计中，有限元分析建模可以帮助工程师优化产品的散热性能，提高产品的稳定性和可靠性。总之，有限元分析建模是一种广泛应用于工程领域的分析方法，可以帮助工程师评估产品性能、优化产品设计并提高产品的安全性和可靠性。有限元分析建模工具的发展和应用，将进一步推动工程设计的发展，并为未来的工程创新提供支持和保障。

二、基于反演建模的逆向设计方法

逆向设计是一种基于已有实物或样品的数字化信息进行再设计的方法。它与传统的设计方法不同，传统设计方法是在需求分析、草图设计、结构设计等多个环节的基础上，进行制图、加工、测试等步骤，通过不断地修改、优化，最终得到符合要求的产品。而逆向设计方法则是通过对已有实物或样品进行三维扫描，将扫描结果转化为数字模型，再通过CAD软件进行优化和修改，最终得到设计模型，其设计过程更加简单、快捷。其中，基于反演建模的逆向设计方法是一种常用的逆向设计方法，通过反演设计目标，从已有实物或样品的数字化信息中重建物体的三维模型。下面我们来介绍基于反演建模的逆向设计方法的原理、流程以及应用场景。

（1）逆向设计方法的原理。基于反演建模的逆向设计方法，是将设计目标反演到已有实物或样品的数字化信息中，从而实现对目标物体的重建。其基本原理是通过对目标物体进行数字化信息采集，将采集结果转化为数字化的三维模型，然后对数字化的三维模型进行修改、优化和重构，最终得到满足设计要求的新型产品。在逆向设计的过程中，需要使用一系列的数字化工具和设备。其中，数字化工具主要包括三维扫描仪、光学测量仪、高速相机等，用于采集目标物体的数字化信息。数字化设备主要包括计算机、CAD软件等，用于对数字化信息进行处理、优化、重构等。

（2）基于反演建模的逆向设计方法流程。基于反演建模的逆向设计方法流程包括3个主要的步骤：数字化信息采集、数字化信息处理和数字化模型重建。数字化信息采集是逆向设计的第一步，主要是通过三维扫描仪、光学测量仪、高速相机等数字化工具，对目标物体进行数字化信息采集，将采集结果转化为数字化的三维模型。其中，数字化信息采集的精度和速度是影响逆向设计质量和效率的关键因素之一。通常采集精度越高，所得到的数字化模型也越准确，但同时也会导致采集时间的延长和成本的增加。因此，在实际应用中需要根据具体情况和设计要求，综合考虑精度和速度的因素，选择合适的数字化工具和设备进行采集。数字化信息处理是逆向设计的第二步，主要是对数字化信息进行处理、优化和重构。处理的目的是将采集结果转化为可供CAD软件进一步处理的格式，通常包括点云数据处理、曲面重构、三维网格处理等步骤。其中，点云数据处理是将采集结果转化为点云数据，通常需要进行数据过滤、去噪、平滑等操作，以提高数据质量。曲面重构是将点云数据转化为曲面模型，通常采用三角网格或贝塞尔曲面等方法。三维网格处理是对曲面模型进行优化和重构，通常包括三角网格优化、网格剖分、拓扑修补等操作。数字化信息处理的质量和效率直接影响逆向设计的后续步骤和结果。因此，在处理过程中需要选择合适的算法和工具，根据设计要求和数字化信息的特点进行适当的优化和重构。数字化模型重建是逆向设计的最后一步，主要是在CAD软件中进行修改、优化和重构，最终得到满足设计要求的新型产品。在这一步中，需要对数字化模型进行修补、平滑、剖分、加工等操作，以满足实际制造和使用的要求。其中，数字化模型重建的质量和精度是影响逆向设计成果的重要因素之一。在重建过程中，需要根据设计要求和数字化信息的特点，选择合适的CAD软件和工具进行操作，进行适当的优化和修正，以得到满足实际制造和使用要求的数字化模型。

（3）基于反演建模的逆向设计方法在工程设计、产品开发、制造等领域具有广泛的应用场景，主要包括产品仿制和改良。逆向设计可以对已有的产品进行数字化信息采集和重建，通过优化和改良设计，提高产品质量和性能。

①大型机械设备的设计和制造。逆向设计可以对大型机械设备进行数字化信息采集和重建，通过优化和修改设计，提高设备的效率和可靠性。

②复杂零部件的设计和制造。逆向设计可以对复杂零部件进行数字化信息采集和重建，通过优化和改良设计，提高零部件的精度和性能。

③原型制造和快速成型。逆向设计可以对产品原型进行数字化信息采集和重建，通过优化和改良设计，快速制造出符合设计要求的产品原型。

④产品维护和更新。逆向设计可以对已有产品进行数字化信息采集和重建，通过优化和修改设计，实现产品的维护和更新，提高产品的寿命和性能。

基于反演建模的逆向设计方法的应用场景非常广泛，可以帮助企业提高产品质量、提高生产效率、降低生产成本、提高市场竞争力。基于反演建模的逆向设计方法是一种先进的数字化设计和制造技术，具有数字化信息采集快、重建准确、制造效率高等优点，适用于产品改良、设计和制造等多个领域。

第二节　机械设计中的仿真技术

在机械设计领域中，仿真技术已经成为一种必不可少的工具。仿真技术的应用可以帮助机械设计师优化产品设计，模拟测试和验证，快速定位和解决产品故障，以及改进产品性能。本节将重点介绍机械设计中的仿真技术及其应用。

结构力学仿真是指使用计算机模拟机械结构在受力情况下的行为和性能。通过结构力学仿真，设计师可以评估产品的强度、刚度、耐久性等性能，优化设计方案,减轻产品重量和材料消耗,提高产品的性能和可靠性。在结构力学仿真中,常用的分析方法包括有限元法、边界元法和网格法等。其中,有限元法是最常用的一种方法。有限元法通过将结构分割成小的有限元素,然后分析每个元素的受力情况和变形情况,最终得出整个结构的受力情况和变形情况。有限元法可以模拟各种复杂结构的受力行为,适用于各种不同的材料和条件。

热力学仿真是指使用计算机模拟机械部件在不同环境温度下的表现。通过热力学仿真,设计师可以评估产品的热性能,避免产品在极端环境下的损坏和故障。同时,热力学仿真还可以帮助设计师优化产品的散热结构,减少热损耗,提高产品的效率和性能。在热力学仿真中,常用的分析方法包括有限元法和计算流体力学等。有限元法可以分析机械部件在不同温度下的变形和应力情况,评估机械部件在不同温度下的性能和可靠性。计算流体力学则可以分析机械部件中的流体在运动过程中的行为,评估产品的流体传输效率和流动稳定性。

动力学仿真是指使用计算机模拟机械部件和系统在不同工作状态和条件下的运行情况。通过动力学仿真,设计师可以进行可靠性测试和性能验证,减少实际测试和试验的时间和成本,并提高产品的质量和可靠性。同时,动力学仿真还可以帮助设计师优化产品的动力系统和控制策略,提高产品的效率和性能。在动力学仿真中,常用的分析方法包括多体动力学仿真和系统动力学仿真等。多体动力学仿真可以模拟机械系统中各个部件之间的相互作用和运动轨迹,评估系统的性能和可靠性。系统动力学仿真则可以模拟机械系统的控制策略和动力性能,评估系统的性能和稳定性。

流体力学仿真是指使用计算机模拟机械系统中流体在运动过程中的行为和性能。通过流体力学仿真,设计师可以评估流体传输效率和流动稳定性,优化产品的流体动力学设计,提高产品的性能和效率。在流体力学仿真中,常用的分析方法包括有限元法、有限体积法和计算流体力学等。有限元法和有限体积法可以分析流体在不同条件下的流动特性和流速分布情况,评估产品的流体传输效率和稳定性。计算流体力学则可以分析流体在运动过程中的流动行为,评估产品的流动效率和性能。

模拟故障是指使用计算机模拟产品在不同工作状态和条件下可能出现的故障情况。通过模拟故障,设计师可以提前发现和解决产品的故障问题,减少实际测试和试验的时间和成本,提高产品的可靠性和稳定性。在模拟故障中,常用的方法包括故障模式与影响分析(FMEA)、故障树分析(FTA)和故障模拟等。FMEA可以对产品设计进行全面的风险评估和分析,找出可能出现故障的原因和影响,优化产品设计方案，提高产品的可靠性和稳定性。FTA则可以分析产品发生故障的原因和影响，并确定故障发生的概率和可靠性。故障模拟则可以模拟产品在不同工作状态和条件下的故障情况，找出故障发生的原因和解决方法。

故障诊断和改进是指通过对产品进行分析和测试，找出故障原因，并采取措施对产品进行改进和优化。故障诊断和改进可以帮助设计师提高产品的可靠性和稳定性，减少故障发生的概率和影响，提高产品的质量和效率。在故障诊断和改进中，常用的方法包括质量控制图、统计过程控制、六西格玛和根本原因分析等。质量控制图可以帮助设计师对产品的质量进行实时监测和控制，及时发现和解决产品的质量问题。统计过程控制则可以对产品的生产过程进行监控和控制，提高产品的一致性和稳定性。六西格玛则是一种全面的质量管理方法，可以帮助设计师对产品的质量进行全面的评估和改进。根本原因分析则可以通过对产品故障发生的原因进行分析，找出根木原因，并采取措施进行改进和优化。

总的来说，机械设计中的仿真技术是一种非常重要的工具，可以帮助设计师优化产品设计，提高产品的性能和效率，降低产品的成本和风险。在机械设计中，动力学仿真和流体力学仿真是两种常用的仿真方法，可以分析机械系统中的动力学和流体力学行为，优化产品的设计和性能。同时，模拟故障和故障诊断和改进是机械设计中重要的质量控制方法，可以帮助设计师发现和解决产品的故障问题，提高产品的可靠性和稳定性。值得一提的是，随着计算机技术和仿真技术的不断发展，机械设计中的仿真技术将会变得更加智能化和高效化。例如，人工智能和机器学习等新技术可以帮助设计师更快速地分析和处理大量的数据，提高产品的设计和优化效率。因此，设计师需要不断学习和掌握新的技术和方法，以应对不断变化的市场和技术需求。

第三节 机械设计中的优化算法

在机械设计中，优化算法是一种非常重要的工具，可以帮助设计师优化产品设计，提高产品的性能和效率，降低产品的成本和风险。随着计算机技术和数学优化方法的不断发展，越来越多的优化算法被应用于机械设计中，如遗传算法、粒子群优化算法、蚁群算法等。这些优化算法可以在较短时间内搜索到全局最优解或近似最优解，大大提高了机械设计的效率和质量。本节将介绍机械设计中常用的优化算法及其应用。

（1）遗传算法是一种仿生学的优化算法，模拟了生物进化的过程。在遗传算法中，问题被转化为一个染色体，染色体由一些基因组成，每个基因表示一个决策变量。通过交叉、变异、选择等基因操作，遗传算法能够在群体中搜索到较优解。遗传算法具有较好的全局搜索能力和鲁棒性，但对于高维、多峰、非线性问题，其搜索效率较低。在机械设计中，遗传算法可以应用于优化参数设计、拓扑优化、结构优化等问题。例如，在优化参数设计中，可以通过遗传算法搜索最优参数组合，以达到最佳性能和效率；在拓扑优化中，可以通过遗传算法确定最优结构的拓扑形态。

（2）粒子群优化算法是一种群体智能算法，其模拟了鸟群或鱼群等动物的集体行为。在粒子群优化算法中，问题被转化为一个粒子群，每个粒子表示一个决策变量。通过粒子在解空间中的运动和交流，粒子群优化算法能够在较短时间内搜索到全局最优解或近似最优解。粒子群优化算法具有较好的收敛性和鲁棒性，但对于高维、多峰、非线性问题，其搜索效率也较低。在机械设计中，粒子群优化算法可以应用于优化参数设计、拓扑优化、结构优化等问题。例如，在优化参数设计中，可以通过粒子群优化算法搜索最优参数组合，以达到最佳性能和效率；在拓扑优化中，可以通过粒子群优化算法确定最优结构的拓扑形态。

（3）蚁群算法是一种仿生学的优化算法，模拟了蚂蚁在寻找食物时的行为。在蚁群算法中，问题被转化为一个蚂蚁群，每只蚂蚁表示一个决策变量。通过蚂蚁在解空间中的移动和信息素的传递，蚁群算法能够在较短时间内搜索到全局最优解或近似最优解。蚁群算法具有较好的全局搜索能力和鲁棒性，但对于高维、多峰、非线性问题，其搜索效率较低。在机械设计中，蚁群算法可以应用于优化参数设计、拓扑优化、结构优化等问题。例如，在优化参数设计中，可以通过蚁群算法搜索最优参数组合，以达到最佳性能和效率；在拓扑优化中，可以通过蚁群算法确定最优结构的拓扑形态。

在机械设计中，优化参数设计是一种常用的优化方法。通过对设计参数进行优化，可以使产品达到最佳性能和效率，同时降低成本和风险。例如，在汽车发动机的设计中，可以通过优化气门重叠角、缸径、缸程等参数，提高发动机的功率和燃油效率。在优化参数设计中，常用的优化算法包括遗传算法、粒子群优化算法、蚁群算法等。这些算法可以搜索最优参数组合，并可以考虑多个约束条件，如强度、耐久性、可靠性等。拓扑优化是一种重要的结构优化方法，其目标是通过削减不必要的材料来降低产品的重量和成本，同时保证产品的强度和刚度。结构优化是一种针对机械结构的优化方法，其目标是通过改变结构的形态和尺寸来提高结构的性能和效率。在结构优化中，常用的优化算法包括有限元方法、遗传算法、粒子群优化算法、蚁群算法等。这些算法可以搜索最优结构的形态和尺寸，并考虑多个约束条件，如强度、刚度、稳定性等。例如，在机械结构设计中，可以通过结构优化来改善结构的性能和效率。例如，在飞机机翼设计中，可以通过结构优化来降低机翼的重量，提高机翼的升力和抗风性能，以达到更好的飞行效果。机器学习是一种可以从数据中学习、自动识别模式的方法，其已经广泛应用于各个领域。在机械设计中，机器学习可以应用于优化算法中，以提高算法的效率和精度。例如，在机器学习优化中，可以使用神经网络、支持向量机等方法来预测优化算法的下一步搜索方向，以加快搜索速度和提高搜索精度。此外，机器学习还可以应用于材料设计、机器人控制等方面，以提高机械系统的性能和效率。机械设计中的优化算法是一种重要的工具，可以帮助设计师在较短时间内搜索最优解或近似最优解，以提高产品的性能和效率。此外，机器学习优化也是一种新兴的方法，可以提高优化算法的效率和精度。在机械设计中，优化算法的应用将会变得越来越普遍，其将有助于加速产品的创新和发展。

第三章　机械设计中的材料与加工技术

第一节　材料的选择和应用

机械设计中，材料的选择和应用是至关重要的一部分。正确选择材料可以提高机械零部件的性能和寿命，同时也可以降低生产成本。在机械设计中，工程师需要了解不同材料的特性，以便根据应用场景选择最适合的材料。机械设计中常用的材料可以分为金属材料、非金属材料和复合材料三大类。金属材料是机械设计中最常用的材料之一。金属材料的特点是强度高、硬度高和可塑性强，因此广泛应用于制造机械零部件。常见的金属材料包括钢、铜、铝等。不同的金属材料有不同的物理和化学性质，需要根据应用场景进行选择。非金属材料包括塑料、橡胶、陶瓷等。非金属材料的特点是轻质、耐腐蚀、绝缘等。非金属材料的应用范围很广，例如塑料袋、电缆等。在机械设计中，非金属材料通常用于制造密封件和耐磨材料等。复合材料是由两种或两种以上材料组成的材料。复合材料具有高强度、高韧性、耐腐蚀性强、耐热性强等优良性能。复合材料的应用范围很广，例如制造航空器、汽车、运动器材等。在机械设计中，复合材料通常用于制造高强度、轻量化的零部件。在选择和应用材料时，需要考虑多种因素。例如，应该考虑材料的物理和化学性质，以及材料的成本和可获得性。同时还需要考虑材料的加工难度、制造成本和使用寿命等因素。综合考虑这些因素，工程师可以选择最适合的材料来制造机械零部件。总之，材料的选择和应用在机械设计中是非常重要的一部分。了解不同材料的特性以及综合考虑多种因素可以帮助工程师选择最适合的材料，从而提高机械零部件的性能和寿命，同时也可以降低生产成本。

一、工作环境因素

在机械设计中，材料的选择和应用还需要考虑机械零部件所处的工作环境。不同的工作环境会对材料的性能产生不同的影响，因此需要选择能够适应工作环境的材料。例如，在高温环境下工作的零部件需要选择具有良好耐热性能的材料，而在腐蚀环境下工作的零部件需要选择具有耐腐蚀性能的材料。除了考虑工作环境外，材料的选择和应用还需要考虑机械零部件的设计要求。不同的机械零部件具有不同的设计要求，需要选择能够满足这些要求的材料。例如，制造高速转动的轴承需要选择具有高强度和高硬度的材料，而制造密封件需要选择具有良好密封性能的材料。除了材料的选择外，机械零部件的材料应用也需要考虑制造工艺。不同的制造工艺对材料的要求不同，因此需要根据制造工艺选择最合适的材料。例如，对于需要冲压加工的零部件，需要选择具有良好塑性和可锻性的材料。最后，在材料的选择和应用过程中，还需要考虑环境保护和可持续发展的要求。选择能够降低环境污染和资源消耗的材料是机械设计中的一个重要趋势。例如，可以选择具有可回收性的材料，以减少废弃材料的产生。总之，在机械设计中，材料的选择和应用是一个非常复杂的过程，需要综合考虑多种因素。正确选择和应用材料可以提高机械零部件的性能和寿命，同时也可以降低生产成本。

二、材料材质因素

机械设计师需要具备良好的材料知识和技能，以便能够选择最合适的材料，并正确应用到机械零部件的设计中。以下是一些机械设计中常用的材料及其特点。金属材料是机械设计中使用最广泛的材料之一，其特点是强度高、硬度高、可加工性好和可靠性高。常见的金属材料包括钢、铝、铜、锌等。钢具有高强度和高硬度的特点，适用于制造高负载的机械零部件，如齿轮、轴承等。铝具有较低的密度和良好的可加工性，适用于制造轻质结构件，如航空器结构件等。铜具有良好的导电性和导热性，适用于制造电子零部件和导热器件。锌具有良好的耐腐蚀性能，适用于制造腐蚀环境下的零部件。塑料材料是一种具有高分子结构的材料，具有良好的韧性和耐磨性。常见的塑料材料包括聚乙烯、聚丙烯、聚氯乙烯等。聚乙烯具有较高的韧性和较低的摩擦系数，适用于制造滑动件和密封件。聚丙烯具有良好的化学稳定性和刚性，适用于制造化学容器和电器外壳等。聚氯乙烯具有良好的耐腐蚀性和机械强度，适用于制造管道和化学容器等。复合材料是一种由两种或两种以上的材料组成的材料，具有多种性能，如高强度、高刚度和高耐磨性。常见的复合材料包括玻璃纤维增强塑料、碳纤维增强塑料等。玻璃纤维增强塑料具有较高的强度和刚度，适用于制造外壳和结构件。碳纤维增强塑料具有极高的强度和刚度，适用于制造高性能的航空器零部件和运动器材等。陶瓷材料是一种具有高硬度、高抗磨性、高耐腐蚀性和耐高温性的非金属材料。常见的陶瓷材料包括氧化铝陶瓷、碳化硅陶瓷和氮化硅陶瓷等。氧化铝陶瓷具有较高的硬度和耐磨性，适用于制造高速摩擦件和切削工具。碳化硅陶瓷具有较高的抗弯强度和抗腐蚀性能，适用于制造高负载的机械零部件。氮化硅陶瓷具有较高的热稳定性和机械强度，适用于制造高温环境下的机械零部件和热障涂层。橡胶材料是一种具有高弹性、高耐磨性和高耐腐蚀性的弹性材料，常见的橡胶材料包括丁苯橡胶、氯丁橡胶和硅橡胶等。丁苯橡胶具有良好的耐油性和耐热性，适用于制造密封件和胶管等。氯丁橡胶具有良好的耐腐蚀性和耐氧性，适用于制造化学容器和密封件等。硅橡胶具有良好的高温稳定性和电绝缘性，适用于制造高温环境下的密封件和电子零部件。机械设计中的材料选择和应用是一个复杂的问题，需要综合考虑多种因素。机械设计师需要了解不同材料的特点和优缺点，并根据机械零部件的使用环境、负载要求和加工工艺等因素进行合理选择和应用。通过合理的材料选择和应用，可以有效地提高机械零部件的性能和寿命，从而提高机械设备的可靠性和安全性。

第二节　加工工艺与工具

机械设计中的加工工艺和工具是机械制造的重要组成部分，涉及机械零部件的加工、成形、连接和组装等方面。在机械设计中，需要考虑加工工艺和工具对机械零部件质量、精度和成本的影响以及加工工艺和工具的适用范围和特点。机械加工工艺包括切削加工、磨削加工、电火花加工、冲压成型、焊接和表面处理等。不同的加工工艺适用于不同类型的机械零部件和材料，选择合适的加工工艺可以提高机械零部件的精度和表面质量，降低加工成本。

一、加工工艺分析

1.切削加工

切削加工是最常用的机械加工工艺，包括车削、铣削、钻削、刨削和磨削等。切削加工适用于金属、塑料、陶瓷等材料的加工，可以实现高精度和高表面质量的加工效果。

2.磨削加工

磨削加工是一种用砂轮或研磨头对工件表面进行磨削的加工工艺，适用于高硬度、高强度和高精度的机械零部件的加工。磨削加工可以实现高精度和高表面质量的加工效果。

3.电火花加工

电火花加工是一种通过放电烧蚀工件表面来实现加工的工艺，适用于高硬度、高强度、高精度和难加工材料的加工。电火花加工可以实现高精度和复杂形状的加工效果。

4.冲压成型

冲压成型是一种通过金属板材冲裁和弯曲来实现成型的加工工艺，适用于大批量、低成本、高效率的生产方式。冲压成型可以实现高精度和高表面质量的加工效果。

5.焊接

焊接是一种通过高温和高压将金属材料连接起来的加工工艺，适用于大型结构件和高强度连接的加工。焊接可以实现高强度和高可靠性的连接效果。

6.表面处理

表面处理是一种通过改变工件表面的物理和化学性质来改善其性能和外观的加工工艺。表面处理包括电镀、喷涂、氧化、阳极氧化、化学镀、喷砂和抛光等。表面处理可以提高机械零部件的耐腐蚀性、耐磨性、外观质量和电气性能。

二、机械加工工具

机械加工需要使用各种工具和夹具，包括切削工具、测量工具、钻头、砂轮和夹具等。选择合适的工具可以提高机械零部件的加工精度和效率，降低加工成本。切削工具是切削加工中的关键工具，包括车刀、铣刀、钻头、刨刀和刀片等。切削工具的材料、形状和尺寸需要根据加工材料和加工条件来选择，以获得最佳的加工效果。测量工具是机械加工中的重要工具，包括游标卡尺、千分尺、高度尺、外径卡尺和深度尺等。测量工具的精度和稳定性对加工精度和质量有很大影响，需要选择高质量和可靠的测量工具。钻头和砂轮是切削加工和磨削加工中的重要工具，需要根据加工材料和加工条件选择合适的钻头和砂轮，以获得最佳的加工效果。夹具是机械加工中的关键工具，用于固定工件和工具，以保证加工精度和安全性。夹具的设计和选择需要考虑工件形状、尺寸和加工条件等因素，以确保夹具的可靠性和稳定性。

在机械设计中，加工工艺和工具的选择和应用是至关重要的，可以影响到机械零部件的加工精度、表面质量和成本。机械设计师需要根据具体的加工需求和条件，选择合适的加工工艺和工具，以确保机械零部件的质量和性能。同时，机械设计师需要对加工工艺和工具有一定的了解和掌握，以便能够与加工厂家沟通和协调，提高机械零部件的加工效率和质量。

三、加工过程控制

机械加工过程中需要进行严格的加工过程控制，以保证加工精度和质量。加工过程控制包括加工参数的设定、工具和夹具的安装与调试、加工过程的监控和控制等。

（1）加工参数的设定包括切削速度、进给速度、切削深度和切削角度等。加工参数的设定需要考虑加工材料、加工形式和加工精度等因素，以获得最佳的加工效果。

（2）工具和夹具的安装与调试是机械加工过程中的重要环节，需要确保工具和夹具的正确性与稳定性，以保证加工精度和安全性。

（3）加工过程的监控和控制包括对加工参数、加工状态和加工质量的实时监测和控制。通过对加工过程的监控和控制，可以及时发现和处理加工过程中的问题，以保证加工质量和效率。

四、先进加工技术引入

随着科技的不断发展，机械加工技术也在不断创新和升级。先进的加工技术可以提高加工精度、效率和质量，降低加工成本，为机械设计师提供更多的加工选择和可能性。数控加工是一种高精度、高效率和高自动化的加工技术，通过计算机控制加工机床的运动轨迹和加工参数，实现对加工过程的精确控制和自动化控制。数控加工可以大大提高加工精度和效率，降低加工成本，是现代机械制造中不可或缺的加工技术。激光加工是一种高精度、高速度和高灵活性的加工技术，利用激光束对工件进行加工和切割。激光加工可以实现对各种形状材料的加工和切割，具有高精度和高效率的优点，广泛应用于汽车、航空航天、电子和医疗等领域。

五、加工工具

加工工具是机械加工过程中不可或缺的组成部分，其质量和精度直接影响加工效果和质量。加工工具包括刀具、钻头、铣刀、刨刀和车刀等，根据加工材料和加工形式的不同，需要选择不同的加工工具。刀具是机械加工中最常用的加工工具之一，其质量和性能直接影响加工精度和效率。机械设计师需要充分了解各种加工工艺和工具的优缺点和适用范围，以选择最适合的加工方法和工具，保证机械零部件的精度、效率和质量。同时，随着科技的不断发展，先进的加工技术和工具也为机械设计师提供了更多的选择和可能性，为机械制造业的发展带来了新的机遇和挑战。

第三节　机械加工技术的发展和应用

机械加工技术是一种利用机械设备加工材料的技术，它涵盖了许多不同的过程和方法，例如车削、铣削、钻孔、磨削等。随着科技的进步和社会的发展，机械加工技术在工业生产和制造业中的应用也越来越广泛。机械加工技术最早可以追溯到古代文明时期，当时的人们利用简单的机械设备进行木材、石材等材料的加工，这种技术一直延续到了18世纪。随着工业革命的到来，机械加工技术得到了进一步的发展，人们开始利用蒸汽机等新型机械设备进行金属加工。20世纪初，随着电力、化学和航空等新技术的发展，机械加工技术得到了进一步的提高和发展。现代机械加工技术可以应用于许多领域，包括航空航天、汽车、电子、医疗设备、能源等。在航空航天领域，机械加工技术的应用可以帮助人们制造出更加精密和复杂的零部件，提高飞机的性能和安全性。在汽车制造领域，机械加工技术可以帮助人们生产出更加高效和环保的汽车零部件，提高汽车的性能和可靠性。在电子领域，机械加工技术可以帮助人们制造出微小的电子元器件，提高电子产品的性能和可靠性。在医疗设备领域，机械加工技术可以帮助人们制造出高精度的医疗设备，帮助医生更加准确地诊断和治疗疾病。在能源领域，机械加工技术可以帮助人们制造出更加高效和环保的能源设备，促进能源的可持续发展。机械加工技术对制造业的影响也非常大。随着机械加工技术的进步，制造业的生产效率得到了提高，产品的质量也得到了保障。机械加工技术还可以帮助人们提高生产线的自动化程度，减少人工操作，从而降低了生产成本。同时，机械加工技术的发展也推动了制造业的技术创新和产品创新，带来了更加多样化和高品质的产品，提高了消费者的满意度和购买力。然而，机械加工技术也存在一些问题和挑战。例如，机械加工过程中会产生噪声、震动、粉尘等危害工人健康的因素，需要采取措施来保障工人的安全和健康。另外，机械加工技术的自动化程度越高，对操作工人的技术要求也越高，需要不断培养和提高工人的技术水平。机械加工技术的发展和应用为制造业的发展带来了重要的推动力，它不仅可以提高生产效率和产品质量，还可以推动技术创新和产品创新。在未来，随着人工智能、大数据等新技术的发展，机械加工技术还将继续不断创新和发展，为制造业带来更加广阔的发展前景和机遇。

机械加工技术的发展也促进了相关产业和领域的发展。例如，机床产业、刀具制造业、模具制造业等都是机械加工技术的重要应用领域。随着机械加工技术的不断创新和发展，这些产业也不断发展壮大，成为推动制造业发展的重要力量。此外，机械加工技术还广泛应用于航空航天、汽车、船舶、电子等领域。例如，在航空航天领域，机械加工技术不仅可以制造高精度零件和组件，还可以制造具有复杂形状的零部件和结构件，从而提高了航空航天系统的性能和可靠性。在汽车制造领域，机械加工技术可以制造高精度的汽车零件和发动机部件，提高汽车的安全性和耐久性。除了以上领域之外，机械加工技术还被广泛应用于医疗设备、机器人、能源、环保等领域。例如，在医疗设备领域，机械加工技术可以制造高精度的医疗器械和人工器官，为医疗健康事业做出了重要的贡献。在机器人领域，机械加工技术可以制造高精度的机器人部件和传动件，提高了机器人的精度和可靠性。总之，机械加工技术的发展和应用不仅推动了制造业的发展，还涉及了众多相关领域和产业的发展。随着技术的不断创新和发展，机械加工技术将会在更多的领域得到应用，为人类带来更多的福利和便利。

在机械加工技术的发展中，数控技术是一个重要的里程碑。数控机床通过计算机控制系统实现机床的自动化加工，提高了生产效率和加工精度。数控技术不仅可以应用于传统的机械加工领域，还可以应用于激光加工、电火花加工、喷射加工等新型加工领域。同时，随着人工智能和大数据技术的发展，数控技术也将迎来新的发展机遇和挑战。除了数控技术之外，快速成型技术也是机械加工技术的重要发展方向之一。快速成型技术是指通过数控技术将原材料快速加工成模型或零部件，实现快速成型和制造。快速成型技术具有高效、精确、低成本等优点，在航空航天、汽车、医疗等领域具有广泛的应用前景。此外，机械加工技术的发展也面临着环保和可持续发展的挑战。机械加工过程中会产生大量的废水、废气和固体废物，对环境造成严重污染。因此，发展环保型机械加工技术是当前亟待解决的问题之一。环保型机械加工技术包括减少废弃物的产生、回收再利用和减少能源消耗等，通过技术创新和工艺升级来实现对环境的保护和可持续发展。

值得一提的是，机械加工技术的发展也离不开国际合作和交流。在全球化背景下，各国之间在机械加工技术领域的合作与交流愈加密切。各国之间通过交流学习和合作创新，实现了技术水平的提升和产业链的完善。此外，机械加工技术的应用也催生了相关产业的发展，例如机床、模具、刀具、测量检测等。这些产业的发展不仅支撑着机械加工技术的进步，同时也推动了相关领域的发展和壮大，进一步促进了经济的繁荣和社会的进步。最后，机械加工技术的未来发展方向值得我们深入思考。随着科技的不断发展和进步，机械加工技术也需要不断创新和变革。例如，在机械加工领域应用人工智能技术，可以实现机床的自动化控制和故障诊断，提高生产效率和加工精度。另外，也有学者探讨利用纳米技术来改进机械加工工艺，提高产品的性能和品质。这些技术的应用都将给机械加工技术的发展带来新的机遇和挑战。总之，机械加工技术作为一种重要的制造技术，在现代工业中发挥着至关重要的作用。它的不断创新和发展，推动着现代工业的进步和发展，为人类创造了更加美好的生活。

一、先进制造技术在机械设计中的应用

先进制造技术是指在材料、设备、工艺等方面采用先进的科学技术，实现生产制造的高效、精确、环保和节能的技术。在机械设计领域，先进制造技术的应用不仅可以提高产品的性能和品质，同时也可以缩短生产周期、降低生产成本、提高生产效率，从而促进企业的发展。

1.先进材料技术

先进的材料技术是实现机械设计的重要支撑。例如，高强度、高韧性的钢铁、铝合金和复合材料等的应用，可以大幅度提高产品的抗压、抗拉性能，同时也有利于机械设计中重量的减轻，从而提高产品的性能和使用寿命。

2.先进制造技术

在设备方面，先进制造技术的应用主要体现在机床和数控设备上。随着数控技术的发展和普及，机床和数控设备已经成为现代机械制造的重要手段。数控设备可以通过计算机控制实现高速、高精度的加工，而且能够进行复杂的三维曲面加工，大大提高了生产效率和加工精度。同时，先进制造技术还包括各种先进的工艺技术。例如，电火花加工、激光加工、水刀切割等技术，可以实现对硬质材料的高精度加工，特别是对于一些微细、复杂的加工工艺，这些技术更是具有独特的优势。此外，精密铸造技术、3D打印技术等也是先进制造技术在机械设计中的重要应用。除了以上提到的技术，智能制造也是先进制造技术在机械设计中的重要应用方向。智能制造是指通过数字化技术、人工智能、物联网等技术手段，实现生产制造全过程的数字化、智能化、自动化，以提高生产效率和生产质量。在机械设计中，智能制造技术可以实现机械生产制造全过程的数字化和智能化，包括设计、加工、检测等环节，从而提高生产效率和产品质量。此外，先进制造技术的应用还包括机器人技术、虚拟现实技术、大数据等方面。机器人技术在机械设计中的应用主要是实现生产过程中的自动化，提高生产效率和生产质量。例如，在汽车生产中，机器人可以实现车身焊接、喷涂等工艺，不仅提高了生产效率，同时也保证了生产质量的稳定性和一致性。

3.虚拟现实技术

虚拟现实技术在机械设计中的应用则是通过模拟技术实现产品设计和工艺设计的优化和验证。虚拟现实技术可以在计算机环境下建立产品的三维模型，通过虚拟仿真实现对产品设计和工艺的优化，避免了实际生产过程中的试错和损失，同时也降低了产品的研发成本。大数据技术在机械设计中的应用主要是通过分析和挖掘海量数据，实现对生产过程和产品性能的优化和预测。例如，通过对机床加工数据的分析，可以发现加工过程中的问题和优化点，从而实现对加工过程的优化，同时，通过对产品使用数据的分析，可以预测产品的寿命和故障情况，从而实现对产品的改进和优化。总之，先进制造技术在机械设计中的应用是多方面的，它不仅可以提高产品的性能和品质，同时也可以缩短生产周期、降低生产成本、提高生产效率，从而促进企业的发展。

二、机械设计和生产过程的数字化和智能化

数字化技术可以实现对机械产品和生产过程的数字化建模、管理和控制，从而实现生产过程的可视化和信息化，方便企业进行生产过程的监控和管理。智能化技术则可以通过人工智能、机器学习等技术实现对生产过程的智能优化和控制，从而实现生产过程的自适应性和自动化。例如，在机械加工领域，智能化技术可以通过实时监控机床状态和工件质量数据，自动优化机床控制参数和加工工艺，从而实现对加工过程的自动优化和控制。同时，智能化技术还可以实现对机床的远程监控和故障诊断，方便企业进行设备维护和管理。先进制造技术在机械设计中的应用不仅可以提高生产效率和产品质量，还可以实现生产过程的数字化、智能化和自动化，从而为企业的发展和竞争力的提高提供了有力的支持和保障。未来，随着技术的不断发展和创新，先进制造技术在机械设计中的应用将会更加广泛和深入，为机械制造业的发展带来更多的机遇和挑战。

随着全球经济的不断发展和竞争的加剧，机械制造业也需要不断提高自身的核心竞争力和附加值，向智能化和高端化方向发展。先进制造技术的应用可以实现机械产品和生产过程的智能化和自动化，从而提高企业的生产效率和产品质量，增强企业的核心竞争力和附加值。例如，在机械制造领域，先进制造技术可以实现机械产品的数字化设计和智能化制造，从而提高产品的精度、稳定性和可靠性。同时，先进制造技术还可以实现生产过程的智能化和自动化，降低人工干预的程度，提高生产效率和产品质量。这些措施可以大大提高企业的核心竞争力和市场竞争力，促进企业向高端市场转型升级。先进制造技术的应用还可以促进机械制造业的跨界融

合和创新发展。随着技术的不断发展和融合，机械制造业也需要不断创新和发展，从而满足市场和客户的需求。先进制造技术的应用可以实现机械制造业与其他行业的融合和创新，从而开拓新的市场和领域，提高企业的市场竞争力和附加值。例如，在机器人领域，先进制造技术可以实现机器人的智能化和自动化生产，从而提高机器人的生产效率和品质，同时也可以实现机器人与其他行业的融合和创新，从而开拓新的市场和应用领域。这些措施不仅可以促进机械制造业的创新和发展，还可以推动整个社会的技术进步和发展。总之，先进制造技术在机械设计中的应用可以推动机械制造业向数字化、智能化、高端化和可持续化发展的方向转型升级，提高企业的核心竞争力和市场竞争力，促进企业的创新和发展。未来，随着技术的不断创新和发展，先进制造技术在机械设计中的应用将会更加深入，为机械制造业的可持续发展和绿色制造提供更多的支持和保障。例如，在制造工艺中使用新型的环保材料和节能技术，可以减少能源和资源的消耗，同时也可以降低环境污染和碳排放，推动机械制造业向绿色制造的方向发展。

三、机械制造业的国际化和产业升级

随着全球经济一体化程度的不断深入，机械制造业也需要不断拓展国际市场和提高自身的产业竞争力。先进制造技术的应用可以帮助企业提高产品的质量和技术含量，降低成本，缩短生产周期，从而在国际市场上具备更强的竞争力。例如，在汽车制造领域，先进制造技术可以实现汽车的数字化设计和智能化制造，从而提高汽车的品质和性能，推动汽车制造业向智能化和绿色化方向升级。这些措施可以帮助企业提高产业竞争力和市场份额，推动企业向国际市场拓展。先进制造技术在机械设计中的应用可以为机械制造业的数字化、智能化、高端化、绿色化、国际化和产业升级提供有力支撑和保障，推动机械制造业向更高层次发展。未来，随着技术的不断发展和应用，先进制造技术在机械设计中的应用将会更加广泛和深入，为机械制造业的发展和创新注入新的动力和活力。

第四章　机械设计中的运动学分析与控制技术

第一节　机械运动学的基本概念和原理

机械运动学是研究物体在运动中的位置、速度、加速度等物理量的学科，是机械工程、物理学和数学的交叉领域。在机械运动学中，研究的物体可以是刚体或弹性体，而它们的运动可以是平动、旋转或者二者的组合。在机械运动学中，位置、速度和加速度是非常重要的物理量，它们是描述物体运动状态的基本指标。因此，理解机械运动学的基本概念是非常重要的。

一、位置

在机械运动学中，位置是指物体在空间中的位置，可以用坐标系表示。常用的坐标系有直角坐标系、柱坐标系和球坐标系。在直角坐标系中，位置可以用3个坐标表示，即 x、y 和 z。在柱坐标系中，位置可以用 r、θ 和 z 表示，其中 r 表示到原点的距离，θ 表示与 z 轴的夹角。在球坐标系中，位置可以用 r、θ 和 φ 表示，其中 r 表示到原点的距离，θ 表示与 x 轴的夹角，φ 表示与 z 轴的夹角。

二、速度

速度是指物体在单位时间内移动的距离，是一个矢量。在机械运动学中，速度的方向与物体的运动方向一致。速度可以用瞬时速度和平均速度两种方式表示。瞬时速度是指物体在某一瞬间的速度，可以用微分的方式表示。平均速度是指物体在某一时间段内的速度平均值，可以用积分的方式表示。加速度是指物体在单位时间内速度的变化量，也是一个矢量。在机械运动学中，加速度的方向与速度的变化方向一致。加速度可以用瞬时加速度和平均加速度两种方式表示。瞬时加速度是指物体在某一瞬间的加速度，可以用微分的方式表示。平均加速度是指物体在某一时间段内的加速度平均值，可以用积分的方式表示。

三、角度

角度是一个非常重要的概念，在机械运动学中被广泛使用。角度可以用度数或弧度表示。一圆周的角度为 360 度或 2π 弧度。在机械运动学中，角度可以用角速度和角加速度来描述。角速度是指物体在单位时间内角度的变化量，也是一个矢量。角速度可以用瞬时角速度和平均角速度两种方式表示。瞬时角速度是指物体在某一瞬间的角速度，可以用微分的方式表示。平均角速度是指物体在某一时间段内的角速度平均值，可以用积分的方式表示。角加速度是指物体在单位时间内角速度的变化量，也是一个矢量。在机械运动学中，角加速度可以用瞬时角加速度和平均角加速度两种方式表示。瞬时角加速度是指物体在某一瞬间的角加速度，可以用微分的方式表示。平均角加速度是指物体在某一时间段内的角加速度平均值，可以用积分的方式表示。

除了上述基本概念外，机械运动学还有一些重要的概念，如位移、位移函数、速度函数、加速度函数、匀速运动、匀加速运动、曲线运动、相对运动等。位移是指物体从一个位置到另一个位置的位移量，可以用位置的差值表示。位移函数是指描述物体位移与时间之间关系的函数，可以用函数式表示。速度函数是指描述物体速度与时间之间关系的函数，可以通过对位移函数求导得到。加速度函数是指描述物体加速度与时间之间关系的函数，可以通过对速度函数求导得到。匀速运动是指物体在运动过程中速度不变地运动。匀加速运动是指物体在运动过程中加速度恒定的运动。曲线运动是指物体在运动过程中沿着曲线运动。相对运动是指在不同参照系下物体之间的运动关系。

四、牛顿运动定律

在机械运动学中，还需要了解牛顿运动定律和运动学方程等重要内容。牛顿运动定律是机械运动学的基础，包括牛顿第一定律、牛顿第二定律和牛顿第三定律。牛顿第一定律又称为惯性定律，它表明物体如果不受力的作用，将保持静止或匀速直线运动。牛顿第二定律是描述物体受力情况下的运动状态，它表示物体所受合外力等于物体的质量和加速度的乘积。牛顿第三定律是描述物体之间相互作用的定律，它表明两个物体之间的相互作用力大小相等、方向相反。运动学方程是描述物体运动状态的方程，包括位移、速度、加速度与时间之间的关系。在匀加速直线运动中，我们可以使用以下运动学方程：

$$v = u + at$$
$$s = ut + \frac{1}{2}at^2$$
$$v^2 = u^2 + 2as$$

其中，v表示物体的末速度，u表示物体的初速度，a表示物体的加速度，t表示物体的时间，s表示物体的位移量。除了上述内容，机械运动学还涉及匀变速直线运动、圆周运动、平抛运动、相对速度和相对加速度等概念。在匀变速直线运动中，物体的加速度是随时间变化的，因此需要用积分的方式求得位移和速度函数。圆周运动是指物体沿着圆周运动，需要用角度和弧长来描述物体的运动状态。在平抛运动中，物体在水平方向上做匀速直线运动，在竖直方向上做自由落体运动。相对速度是指在不同参照系下物体之间的速度差。相对加速度是指在不同参照系下物体之间的加速度差。

总之，机械运动学是研究物体运动状态和规律的科学，涉及位移、速度、加速度、角度、角速度、角加速度等概念。机械运动学的基本概念包括位移、速度、加速度、角度、角速度、角加速度等，还有牛顿运动定律和运动学方程等重要内容。在机械运动学中，我们还需要了解匀速运动、匀加速运动、曲线运动、相对运动等概念，以及匀变速直线运动、圆周运动、平抛运动、相对速度和相对加速度等内容。机械运动学的研究在工程、物理学等领域都有重要的应用。

五、机械运动学原理

机械运动学是研究物体运动状态和规律的科学，其基本原理包括牛顿运动定律、能量守恒定律和动量守恒定律等。牛顿运动定律是机械运动学的基础，它包括3条定律。第一定律是惯性定律，指出物体会保持静止或匀速直线运动的状态，除非受到外力的作用。第二定律是动力学定律，指出物体所受合外力等于物体的质量乘以加速度。第三定律是作用反作用定律，指出两个物体之间相互作用的力大小相等、方向相反。能量守恒定律是机械运动学的另一个重要原理，指出在一个封闭系统中，系统总能量保持不变。机械能守恒定律是能量守恒定律的一种特殊情况，它适用于没有非弹性碰撞和摩擦的系统中。在这种情况下，系统总机械能等于系统动能和势能之和。动量守恒定律也是机械运动学的重要原理，它指出在没有外力作用的封闭系统中，系统总动量保持不变。动量是物体质量与速度的乘积，其大小和方向随着物体的速度和运动方向而变化。因此，在一个封闭系统中，当一个物体的动量增加时，另一个物体的动量必然相应减少。除了上述原理外，机械运动学还涉及运动学方程、牛顿万有引力定律、角动量守恒定律等内容。运动学方程是描述物体运动状态的方程，包括位移、速度、加速度与时间之间的关系。牛顿万有引力定律是描述质点之间万有引力作用的定律，它指出两个质点之间的引力大小与质点的质量和距离的平方成正比，与它们的运动状态无关。角动量守恒定律是指在没有外力矩作用的情况下，系统总角动量保持不变。总之，机械运动学是研究物体运动状态和规律的科学，其基本原理包括牛顿运动定律、能量守恒定律和动量守恒定律等。

在机械运动学中，我们还需要了解运动学方程、牛顿万有引力定律和角动量守恒定律等内容，这些都是机械运动学的基本原理和概念。除此之外，机械运动学还有一些常见的问题和应用，比如碰撞、摩擦和弹性力等。碰撞是指两个物体之间的相互作用，可以分为弹性碰撞和非弹性碰撞。在弹性碰撞中，物体之间的动能守恒，而在非弹性碰撞中，部分动能被转化为内能或者热能。摩擦是指物体之间的相互作用力，它会减少物体之间的运动速度，是机械运动学中的一个重要问题。弹性力是物体由于形变产生的恢复力，例如弹簧和绷带等，它们在机械系统中也起到了重要的作用。

在工程和技术应用中，机械运动学也有广泛的应用。例如，在机械设计中，我们需要考虑物体的运动规律和机械性能，以保证机械系统的稳定性和可靠性。在汽车制造中，机械运动学可以用于车辆的悬挂系统设计和安全性分析。在航空航天领域，机械运动学可以用于飞行器的轨道计算和控制系统设计。总之，机械运动学是研究物体运动状态和规律的科学，它的基本原理包括牛顿运动定律、能量守恒定律和动量守恒定律等，还涉及运动学方程、牛顿万有引力定律和角动量守恒定律等内容。在机械运动学中，我们还需要了解碰撞、摩擦和弹性力等常见问题和应用，以及其在工程和技术领域中的应用。

第二节　机械运动学分析的方法和工具

机械运动学是研究物体运动状态和规律的科学，其分析方法包括运动学分析和动力学分析。运动学分析主要研究物体的运动状态、速度和加速度等几何特征，而动力学分析则研究物体的力学特性和力学规律。在实际应用中，机械运动学分析方法的选择取决于具体问题和应用场景。运动学分析方法主要包括位移、速度和加速度分析。位移是物体在运动过程中的位置变化量，可以通过测量物体的位置和运动轨迹来计算。速度是物体在单位时间内的位移变化量，可以用位移对时间的导数来计算。加速度是物体在单位时间内速度变化量的大小，可以用速度对时间的导数来计算。在运动学分析中，我们还可以通过对物体的运动轨迹进行参数化，得到物体的运动方程和运动规律。动力学分析方法主要包括牛顿定律、能量守恒定律和动量守恒定律等。牛顿定律指出，物体的运动状态取决于外力和物体的质量，可以用来计算物体的加速度和运动规律。能量守恒定律指出，在没有外部力的情况下，物体的总能量守恒，可以用来计算物体的运动速度和位置。动量守恒定律指出，物体在没有外部力的情况下，动量守恒，可以用来计算物体的运动状态和速度。

一、运动学分析方法

运动学分析方法包括直接法和间接法两种。

（一）直接法

直接法是指通过直接测量物体的位置、速度和加速度等物理量来计算物体的运动状态和规律，其中包括位移测量、速度测量和加速度测量。位移测量的方法包括用尺子、量角器或激光测距仪等工具直接测量物体的位置，速度测量的方法包括用速度计或GPS等工具测量物体的速度，加速度测量的方法包括用加速度计或振动传感器等工具测量物体的加速度。

（二）间接法

间接法是指通过测量物体的运动轨迹和时间来计算物体的运动状态和规律，其中包括向量法、相对法和微分法。向量法是指将物体的位移、速度和加速度用向量表示，通过向量相加和分解来计算物体的运动状态和规律。相对法是指通过比较物体和参考物之间的运动状态和规律来计算物体的运动状态和规律，其中包括相对速度和相对加速度等概念。微分法是指将物体的运动状态和规律用微分方程表示，通过求解微分方程来计算物体的运动状态和规律，其中包括牛顿第二定律和运动方程等。动力学分析的方法包括牛顿定律、能量守恒定律和动量守恒定律等。在实际应用中，机械运动学分析方法的选择取决于具体问题和应用场景。例如，在汽车制造中，需要进行底盘系统的运动学分析和动力学分析，以确保汽车的稳定性和安全性；在机械制造中，需要进行机器人的运动学分析和动力学分析，以实现机器人的运动控制和路径规划等功能。同时，随着现代计算机技术的发展，机械运动学分析方法的计算精度和效率也得到了极大提高，为机械系统的设计和优化提供了更加可靠和高效的工具。

二、机械运动学分析工具

（一）分析工具分类

现代机械设计中机械运动学分析的工具主要包括计算机仿真软件、虚拟样机、实际试验和传感器等。这些工具为机械设计师提供了可靠的、高效的和实用的手段，使机械系统的设计和优化更加准确和有效。首先，计算机仿真软件是现代机械设计中最常用的工具之一，包括AutoCAD、SolidWorks、Pro/Engineer、CATIA等。这些软件可以对机械系统进行三维建模、运动仿真、强度分析等多个方面的模拟，以预测机械系统的性能和行为。例如，机械设计师可以使用

SolidWorks软件创建一个三维模型，然后使用运动仿真功能来模拟机械系统的运动状态和规律。通过分析仿真结果，设计师可以评估机械系统的性能和行为，以确定设计是否达到了要求。其次，虚拟样机也是一种常用的机械运动学分析工具，它可以通过计算机模拟机械系统的运动状态和规律，以实现机械系统的可视化和交互式设计。虚拟样机通常是基于三维建模软件和虚拟现实技术开发的，可以模拟机械系统的实际运动和操作，使设计师可以在虚拟环境中测试和优化机械系统的设计。再次，实际试验也是一种常用的机械运动学分析工具，可以通过实际测量机械系统的运动状态和规律，以评估机械系统的性能和行为。例如，在车辆设计中，设计师可以通过实际测量车辆的加速度、制动距离和车速等参数，以评估车辆的性能和行为，以便对车辆设计进行优化。最后，传感器也是一种常用的机械运动学分析工具，可以通过测量机械系统的位置、速度、加速度、力等物理量，以获取机械系统的运动状态和规律。传感器通常包括光电编码器、加速度传感器、力传感器等，它们可以将物理量转换为电信号输出，以供计算机分析和处理。现代机械设计中机械运动学分析的工具包括计算机仿真软件、虚拟样机、实际试验和传感器等多种手段。这些工具为机械设计师提供了多种选择，使机械系统的设计和优化更加准确和高效。这些工具的应用可以大大提高机械系统的设计质量和可靠性，减少设计的成本并缩短设计周期。

（二）分析工具应用场景选择

在具体的机械系统设计中，机械运动学分析的工具可以根据不同的应用场景和需求进行选择和组合。例如，在汽车设计中，设计师可以使用计算机仿真软件和虚拟样机来模拟汽车的运动状态和行驶过程，以评估汽车的性能和行为，同时，还可以使用传感器进行实际测量和测试，以获取更加准确的数据和信息。在机械系统的设计中，选择适当的机械运动学分析工具对于设计师来说非常重要。不同的工具具有不同的优缺点，应根据实际需求进行选择。例如，计算机仿真软件可以提供更加准确的模拟结果，但需要相对较高的计算机性能和软件技能。虚拟样机则可以提供更加直观的设计体验，但需要相对较高的图形技能和虚拟现实技术支持。实际试验可以提供更加真实的数据和信息，但需要相对较高的实验技能和测试设备。此外，机械运动学分析的工具还需要与其他工具和技术进行配合，以实现全面的机械系统设计和优化。例如，机械运动学分析工具可以与材料力学、热力学、流体力学等相关领域的工具进行集成，以实现机械系统的多学科设计和优化。此外，机械运动学分析的工具还可以与人工智能、数据挖掘、机器学习等技术相结合，以实现机械系统的自动化设计和智能化优化。总之，现代机械设计中机械运动学分析的工具为机械设计师提供了多种选择，使机械系统的设计和优化更加准确和高效。这些工具的应用可以大大提高机械系统的设计质量和可靠性，减少设计的成本并缩短设计周期。在实际应用中，机械设计师需要根据具体的应用场景和需求选择适当的工具和技术，并与其他相关领域的工具和技术相结合，以实现机械系统的全面设计和优化。

第三节　机械运动控制技术的发展和应用

机械运动控制技术是一种广泛应用于机械系统中的控制技术，旨在控制机械系统中的各种运动状态和行为。随着科学技术的不断进步，机械运动控制技术也在不断发展和完善，经历了多个发展阶段，涵盖了许多关键技术和应用领域。

一、机械运动控制技术的发展

早期的机械运动控制技术主要依赖于机械装置和传动机构来实现，例如减速器、离合器、制动器等。这些装置通过机械传动和机械控制实现机械运动控制，但由于精度和可靠性的限制，这些技术在实际应用中存在一些局限性。随着电子技术的发展，电子运动控制技术逐渐成了主流，电子控制器和电子传感器等新技术得到了广泛应用，使得机械运动控制技术得以快速发展。在20世纪70年代，计算机技术的迅速发展推动了机械运动控制技术的进一步发展。计算机控制技术的出现，使得机械运动控制系统可以通过计算机软件进行程序控制和运动控制，大大提高了系统的精度和可靠性。计算机控制技术的引入也使得机械系统可以进行高级运动控制，例如运动规划、轨迹跟踪等。80年代，先进的控制理论和新型控制技术逐渐应用于机械运动控制领域，例如PID控制器、模糊控制器、神经网络控制器等。这些技术可以对机械系统进行更加精确的控制，同时还可以适应更加复杂的控制任务。90年代，机械运动控制技术开始向智能化、网络化、分布式控制方向发展。网络化控制技术使得机械系统可以实现远程控制和远程诊断，大大提高了机械系统的可维护性和可靠性。分布式控制技术则可以将控制任务分配到多个控制器中，实现更加高效和灵活的控制。21世纪，机械运动控制技术进一步发展，随着互联网、物联网、人工智能等技术的不断发展，机械运动控制技术也呈现出了多元化、集成化、智能化等趋势。其中，云计算、大数据、人工智能等技术的应用，使得机械运动控制技术可以实现更高级的控制和决策。例如，基于机器学习的运动控制技术可以通过学习大量数据，实现更加准确和高效的运动控制。

现代机械设计中的虚拟样机技术、多学科优化技术、仿真技术等，也为机械运动控制技术的发展提供了强大的支持。虚拟样机技术可以通过计算机模拟机械系统的运动状态和行为，提前发现和解决机械系统中的问题。多学科优化技术则可以在机械设计的早期阶段，通过多个学科的协同优化，实现机械系统的性能最优化。仿真技术可以对机械系统进行全方位的仿真分析，为机械系统的运动控制提供可靠的支持。机械运动控制技术的发展是与科学技术的发展密不可分的。随着新技术的不断涌现，机械运动控制技术也将不断完善和发展，为机械系统的性能提升和应用拓展提供更好的技术支持。随着社会对于绿色环保和可持续发展的需求越来越高，机械运动控制技术也逐渐向着低碳、环保、节能的方向发展。例如，电力传动技术的应用可以大幅降低机械系统的能耗，减少对环境的影响。同时，智能控制技术的应用可以实现机械系统的自适应控制和优化控制，从而减少机械系统的损耗和能耗。另外，机械运动控制技术也逐渐向着集成化和智能化方向发展。传统的机械运动控制系统通常需要大量的硬件设备和复杂的电气线路，不仅成本高昂，而且维护成本也很高。而基于计算机控制的机械运动控制系统则可以实现硬件的大幅精简，从而降低成本和维护难度。同时，智能化的机械运动控制系统可以通过人机交互、语音识别等技术，实现更加便捷和高效的操作。在未来，随着科技的不断进步和应用场景的不断扩展，机械运动控制技术将会得到更加广泛的应用。例如，在工业制造领域，机械运动控制技术可以实现智能制造、柔性制造、定制化制造等生产方式，为工业制造的转型升级提供有力的支持。同时，在交通运输、医疗、农业等领域，机械运动控制技术也可以发挥重要作用，提高工作效率和生产效益。总之，机械运动控制技术的发展是与科技的进步、应用需求和社会发展密切相关的。在未来，机械运动控制技术将会持续发展，实现更高效、更环保、更智能的机械运动控制方式，为各个领域的生产、生活和社会发展做出更大的贡献。

二、机械运动控制技术的应用

机械运动控制技术是一种应用广泛的技术，它可以用于各种机械设备的运动控制，例如工业机器人、数控机床、自动化生产线等。这种技术主要通过控制机械设备的运动来实现特定的功能，例如在生产线上自动组装零件、在机床上自动加工工件等。机械运动控制技术的应用在现代工业中非常普遍，它可以提高生产效率、降低生产成本、提高产品质量、增加产品的功能等。机械运动控制技术可以通过多种方式来实现，例如使用伺服电机、步进电机、液压驱动器等。这些设备可以通过控制电流、电压、压力等物理量来控制机械设备的运动。在实际应用中，机械运动控制技术可以通过编程来实现，例如使用PLC、CNC等编程语言来编写控制程序，然后通过电气控制系统将程序上传到机械设备中。

（一）工业机器人

机械运动控制技术在工业机器人中应用非常广泛。工业机器人是一种能够自动执行重复性任务的机器人，它可以在制造业、汽车工业、电子工业等领域中广泛应用。在这些应用中，工业机器人需要能够自动识别零件、自动取放零件、自动组装零件等。这就需要机械运动控制技术来控制工业机器人的运动，使它们能够完成这些任务。

（二）数控机床

机械运动控制技术还可以应用于数控机床中。数控机床是一种能够自动加工工件的机床，它可以根据预先设定的加工程序自动执行加工操作。在数控机床中，机械运动控制技术可以控制机床的各个轴线的运动，使其能够按照预定的轨迹进行加工。这种技术可以大大提高加工效率和加工精度，降低加工成本，提高产品质量。

（三）自动化生产线

自动化生产线是机械运动控制技术应用的另一个重要领域。自动化生产线是一种能够自动完成产品生产的生产线，它可以根据预设的工艺流程自动执行加工、装配、检测等操作。在自动化生产线中，机械运动控制技术可以用于控制各种机械设备的运动，例如传送带、机械臂、装配机器人等。通过编写控制程序，可以使这些设备自动执行各种任务，例如将零件从一个工作站传送到另一个工作站、自动组装产品、自动检测产品的质量等。机械运动控制技术在自动化生产线中的应用可以大大提高生产效率和产品质量，降低生产成本，使得企业能够更加高效地进行生产。

（四）其他领域

除了以上应用外，机械运动控制技术还可以应用于许多其他领域。例如，在航空航天领域中，机械运动控制技术可以用于控制飞机的各种机械部件的运动，例如起落架、飞行控制舵面等。在医疗领域中，机械运动控制技术可以应用于医疗器械中，例如手术机器人、医用影像设备等。在建筑领域中，机械运动控制技术可以应用于建筑机械中，例如起重机、混凝土泵车等。此外，机械运动控制技术还可以应用于许多领域的研究中。例如，在材料科学中，机械运动控制技术可以用于研究材料的机械性能，例如材料的强度、硬度等。在生物医学工程中，机械运动控制技术可以应用于研究生物系统的机械特性，例如骨骼、肌肉等的力学特性。在航空航天领域中，机械运动控制技术可以用于研究飞机的飞行特性，例如飞机的稳定性、机动性等。机械运动控制技术的应用还包括许多基础研究领域，例如控制理论、机器人学、自动化等。在控制理论中，机械运动控制技术可以用于研究控制系统的稳定性、性能等。在机器人学中，机械运动控制技术可以用于研究机器人的运动控制、路径规划等。在自动化中，机械运动控制技术可以用于研究自动化系统的设计、优化等。

　　总之，机械运动控制技术是一种非常重要的技术，它可以应用于各种机械设备的运动控制，例如工业机器人、数控机床、自动化生产线等。这种技术可以通过控制机械设备的运动来实现特定的功能，例如在生产线上自动组装零件、在机床上自动加工工件等。机械运动控制技术的应用在现代工业中非常普遍，它可以提高生产效率、降低生产成本、提高产品质量、增加产品的功能等。除了工业应用外，机械运动控制技术还可以应用于许多其他领域的研究中，例如材料科学、生物医学工程、航空航天等。

第五章　机械设计中的传动系统

第一节　传动系统的原理和分类

机械传动系统是机械设计中的重要组成部分，它是通过不同的传动方式将电机、发动机等动力源的动能转换为机械设备所需的动能。

一、原理

（一）基本组成

机械设计中的传动系统是指将动力从一个部件传递到另一个部件的装置，其主要目的是实现机械设备的运动和动力转换。传动系统的核心是传动装置，其原理是将动力通过各种传动方式传递到机械设备的不同部件上，使得机械设备可以实现各种不同的运动和功能。传动系统的基本原理是利用动力源（电机、发动机等）产生的动力，通过传动装置（齿轮、皮带、链条等）将动力传递到机械设备的各个部件上。传动装置一般由传动元件（齿轮、皮带轮、链轮等）和传动方式（齿轮传动、皮带传动、链条传动等）组成。在传动过程中，传动元件会产生相应的转动或直线运动，从而带动机械设备的运动。其中，齿轮传动是机械设计中最常见的传动方式之一。其原理是通过齿轮的啮合来实现动力传递。在齿轮传动中，主动轮和从动轮分别通过啮合的齿轮齿来传递动力，主动轮的转动驱动从动轮的转动，从而实现动力的传递。齿轮传动具有结构简单、传递能力强、传动效率高等优点，在机械设备中得到广泛应用。皮带传动是一种利用柔性带条将动力传递的传动方式。其原理是通过皮带的摩擦作用将动力从主动轮传递到从动轮。在皮带传动中，主动轮通过驱动皮带的运动带动从动轮的转动，从而实现动力的传递。皮带传动具有传递能力强、冲击吸收能力好、噪声低等优点，在机械设备中得到广泛应用。链条传动是一种利用链条将动力传递的传动方式。其原理是通过链条的啮合将动力从主动轮传递到从动轮。在链条传动中，主动轮通过驱动链条的运动带动从动轮的转动，从而实现动力的传递。链条传动具有传递能力强、冲击吸收能力好、噪声低等优点，在机械设备中得到广泛应用。此外，机械设计中还有一些其他的传动方式，如减速机传动、液压传动、气动传动等。其中，减速机传动是利用齿轮减速器将高速旋转的动力转换为低速旋转的动力的传动方式。其原理是通过齿轮减速器的齿轮配合将动力从高速轴传递到低速轴。液压传动是一种利用液体传递动力的传动方式。其原理是利用液体的不可压性将动力从液压泵传递到液压缸或液压马达等液压执行机构。气动传动是一种利用气体传递动力的传动方式。其原理是利用气体的可压性将动力从气动泵传递到气动执行机构。在机械设计中，传动系统的设计需要考虑各种因素，如传动装置的传动效率、传动元件的强度、传动方式的适用范围、传动装置的结构设计等。此外，还需要考虑传动系统的可靠性、维护便捷性等方面，以确保机械设备的正常运行和长期使用。

（二）传动系统设计

传动系统的设计不仅需要考虑传动方式和传动装置，还需要考虑传动元件的选材和强度计算。传动元件的选材需要考虑传动力和转速等因素，以选择合适的材料，并对其进行强度计算。传动元件的强度计算是传动系统设计的重要环节，其目的是保证传动元件在运转时不会出现破坏或过度磨损等现象。另外，在传动系统设计中还需要考虑传动效率和传动平稳性。传动效率是指传动装置从输入端到输出端能够传递的动力比例。高传动效率能够减少能量损失和设备磨损，提高机械设备的工作效率和经济性。传动平稳性是指传动装置输出的动力是否稳定、平滑，能否满足机械设备的工作要求。传动平稳性的好坏直接关系到机械设备的运转质量和寿命。在实际机械设计中，传动系统的应用十分广泛。例如，汽车和机器人等机械设备中都使用了传动系统。汽车中的传动系统包括变速器、离合器、传动轴、差速器等，用于将发动机的动力传递到车轮，控制汽车的速度和行驶方向。机器人中的传动系统包括电机、减速器、传动带、齿轮等，用于控制机器人的运动来执行任务。在机械设计中，传动系统的设计也需要考虑传动系统的组成部分之间的相互作用。例如，在设计齿轮传动时，需要考虑齿轮的模数、齿数、压力角等因素，以确保齿轮传动的效率和平稳性。在设计皮带传动时，需要考虑皮带的类型、张力、长度等因素，以确保皮带传动的牵引力和平稳性。此外，传动系统的设计也需要结合实际制造和加工技术。在设计传动元件时，需要考虑材料的可加工性和成本因素，以确保传动元件的制造成本和加工精度。在制造传动装置时，需要考虑传动装置的组装精度和调试难度，以确保传动装置的质量和性能。总之，机械设计中的传动系统是机械设备运动和动力转换的核心部件，其设计需要考虑各种因素，包括传动方式、传动装置、传动元件的选材和强度计算、传动效率和传动平稳性、实际应用环境和使用要求、传动系统组成部分之间的相互作用、实际制造和加工技术等，以确保机械设备的正常运行和长期使用。机械设计中的传动系统设计的方法和工具。

机械设计中的传动系统设计是一个非常重要的环节，传动系统的设计关系到机械设备的运转稳定性、传动效率、可靠性等诸多方面。因此，在进行传动系统设计时需要采用合适的设计方法和工具，以达到预期的设计效果。下面介绍几种常用的传动系统设计方法。

1.设计方法

传动系统设计的第一步是确定传动方式和传动装置类型。常用的传动方式有齿轮传动、链传动、皮带传动等，不同的传动方式适用于不同的场合。例如，齿轮传动适用于高速、高精度、重载的传动场合，链传动适用于传动距离较远、传动负载较大的场合，皮带传动适用于传动距离较远、传动效率要求较高的场合。在确定传动方式后，需要根据实际情况选择合适的传动装置类型。例如，齿轮传动可以选择平行轴齿轮传动、垂直轴齿轮传动、斜齿轮传动等不同类型的齿轮传动。链传动可以选择滚子链传动、板链传动、滑动链传动等不同类型的链传动。皮带传动可以选择同步带传动、V带传动等不同类型的皮带传动。

传动系统的设计中，传动元件的设计是最为关键的环节之一。传动元件的设计涉及元件的强度计算、材料选择、齿形设计、尺寸设计等方面。首先，需要进行传动元件的强度计算。强度计算包括材料力学性能的分析、元件的受力分析等。在强度计算时，需要考虑元件的载荷、速度、工作环境、工作时间等因素，以确保元件在工作过程中不会发生疲劳破坏、塑性变形等问题。其次，选择合适的材料。在选择材料时，需要考虑材料的强度、耐磨性、抗腐蚀性等因素，以确保元件的质量和寿命。同时还需要考虑材料的加工性和成本因素，以选择最适合的材料。齿形设计是传动元件设计的重要部分。在齿形设计时，需要考虑齿轮或链轮的齿数、模数、压力角等因素，以确保传动元件的齿轮传递正常，不会出现啮合不良、噪声大等问题。同时，还需要考虑传动元件的减速比和传动比，以满足不同工况下的传动要求。在传动系统设计中，动力学分析是一个非常重要的环节。动力学分析的目的是研究传动系统的运动规律，预测系统的性能和行为，以指导传动系统的设计和优化。动力学分析主要包括系统的动力学建模、动态特性分析、系统振动分析等。在动力学建模中，需要确定传动系统的运动方程和力学模型，以分析系统的动态响应和稳定性。动态特性分析主要研究传动系统的动态响应特性，包括转速、加速度、冲击等方面。系统振动分析主要研究传动系统的振动特性，包括自振频率、共振现象等方面。

2.优化设计

传动系统的优化设计是为了提高传动效率、降低噪声、减小体积、延长使用寿命等。在进行优化设计时，需要结合实际工况和经济因素进行权衡。优化设计主要包括材料的优化、结构的优化、齿形的优化、摩擦的优化等。例如，可以通过优化齿形参数来改善传动效率和减小噪声，可以通过改变传动链的链条参数来降低链条摩擦和磨损。传动系统的试验验证是设计工作的最后一步，主要是为了验证设计方案的可行性和正确性，同时也为进一步的优化设计提供依据。试验验证主要包括传动效率测试、噪声测试、寿命测试等。在传动效率测试中，需要测量传动系统的输入功率和输出功率，以计算传动效率。在噪声测试中，需要测量传动系统的噪声水平，以确定是否满足噪声标准要求。在寿命测试中，需要对传动系统进行长期运行试验，以评估传动系统的使用寿命和可靠性。在试验验证过程中，如果发现问题或者不足，需要进行相应的修改和改进，再次进行试验验证，直到满足设计要求为止。总之，传动系统设计是机械设计中非常重要的一环，需要综合考虑多个因素，如传动方式、传动效率、承载能力、传动平稳性、材料选择、尺寸设计等方面，才能设计出稳定、可靠、高效的传动系统。同时，在设计过程中还需要进行动力学分析和优化设计，并通过试验验证来评估设计方案的可行性和正确性，以不断提高传动系统的性能和可靠性。

3.设计工具应用

机械传动系统是机械设计中重要的组成部分，它用于将动力从一个部件传递到另一个部件，以实现机械设备的运转。传动系统设计的主要目的是确保高效的能量传递和稳定的运转，同时还要考虑到各种因素，如传动比、转速、负载和噪声等。为了满足这些需求，机械设计师需要使用各种传动系统设计工具，以确保他们的设计符合要求。其中最常用的传动系统设计工具是CAD（计算机辅助设计）软件。CAD软件可以用于创建传动系统的2D或3D模型，并进行模拟测试以评估不同设计方案的性能。通过使用CAD软件，设计师可以轻松地对传动系统进行设计和优化，并进行可视化的模拟测试，以便在设计过程中进行调整和修改。另一个重要的传动系统设计工具是CAE（计算机辅助工程）软件。CAE软件可以用于模拟传动系统的各种工况，例如负载、扭矩和转速等。通过使用CAE软件，设计师可以确定传动系统的强度和刚度，并优化其设计以满足特定的工程需求。还有许多其他传动系统设计工具可供选择。例如，MATLAB软件可以用于建立传动系统的数学模型，并进行各种数值计算以评估系统的性能。此外，FEM（有限元分析）软件可用于评估传动系统的强度和刚度，并确定传动系统中的应力分布情况。而虚拟样机软件则可以用于模拟传动系统的运行，并评估其运转时的性能。在传动系统设计过程中，还需要考虑传动系统的材料选择。不同材料具有不同的强度和刚度，因此，材料选择对于传动系统设计至关重要。常见的材料包括钢、铝合金、铜、黄铜和塑料等。

机械设计师需要根据具体情况选择合适的材料，并使用材料力学分析工具来评估材料的性能和强度。此外，传动系统设计还需要考虑系统的可靠性和耐久性等因素，以确保设计的传动系统能够在长期使用中保持高效的性能和稳定的运转。除了使用各种传动系统设计工具之外，机械设计师还需要了解传动系统的基本原理和构成要素。传动系统通常由几个部件组成，包括齿轮、皮带、链条、轴承和传动轴等。机械设计师需要了解不同部件之间的相互作用，并根据设计要求选择合适的部件。机械设计师还需要考虑传动系统的实际应用环境。不同的应用环境会对传动系统产生不同的影响，例如温度、湿度、腐蚀和振动等。机械设计师需要根据应用环境的要求选择合适的材料和设计方案，以确保传动系统能够在不同的应用环境下稳定运转。传动系统设计是机械设计中非常重要的一部分。机械设计师需要使用各种传动系统设计工具，并结合传动系统的基本原理和构成要素，考虑到应用环境的要求，设计出高效、稳定、可靠和耐久的传动系统。这需要机械设计师具备全面的专业知识和技能，并不断学习和掌握最新的传动系统设计技术和工具。

除了上述提到的传动系统设计工具和基本原理，机械设计师还需要掌握传动系统设计的一些关键技术和方法，以确保设计出高效、稳定、可靠和耐久的传动系统。以下是一些常用的传动系统设计技术和方法。

(1) 前置设计：前置设计是指在传动系统设计之前，先进行全面的需求分析和系统规划，确定设计目标和要求，以便在传动系统设计过程中更加高效和有针对性地进行工作。前置设计可以帮助机械设计师快速定位传动系统的瓶颈和问题，并采取有效的措施进行解决。

(2) 材料选择：传动系统的材料选择是非常关键的一步。不同的材料具有不同的物理和化学性质，会对传动系统的性能产生重要影响。例如，对于高速传动系统，机械设计师通常会选择高强度的合金钢材料，而对于低速传动系统，则可以选择一些耐磨性较好的工程塑料材料。机械设计师需要根据传动系统的要求，选择合适的材料，并进行充分的材料测试和分析。

(3) 齿轮设计：齿轮是传动系统中非常重要的部件，其设计需要考虑到很多因素，例如齿轮的模数、压力角、齿数、齿面硬度等。机械设计师需要根据传动系统的需求，选择合适的齿轮设计方案，并进行齿轮系统的强度计算和寿命评估。

(4) 皮带传动设计：皮带传动是传动系统中比较常用的一种传动方式，其设计需要考虑到皮带的材料、结构、张力等因素。机械设计师需要根据传动系统的要求，选择合适的皮带材料和结构，并进行皮带张力的计算和控制。

(5) 摩擦学设计：传动系统中存在很多接触和摩擦现象，这些现象会对传动系统的性能产生很大影响。机械设计师需要了解摩擦学原理，并根据传动系统的要求，选择合适的润滑方式和材料，以保证传动系统的稳定性和寿命。

二、分类

根据不同的传动方式，机械传动系统可以分为多种不同类型。

1.齿轮传动

齿轮传动是机械传动中最常用的传动方式之一，它通过不同齿轮的齿数和齿轮的大小比例实现动力传递。齿轮传动有多种类型，例如平行轴齿轮传动、斜齿轮传动、锥齿轮传动等，每种齿轮传动类型都有自己的特点和适用范围。齿轮传动具有传递能力大、传递效率高、稳定可靠等特点，因此被广泛应用于机械设计中。

2.链传动

链传动是一种通过链条将动力传递给机械设备的传动方式。链传动通常由链轮和链条组成，链条通过链轮间的齿孔进行传动。链传动具有结构简单、传递能力强、传递效率高等优点，被广泛应用于机械设计中，例如自行车、摩托车等。

3.带传动

带传动是一种通过传动带将动力传递给机械设备的传动方式。传动带通常由橡胶和带骨架的纤维材料组成，传动带可以通过带轮间的摩擦力实现动力传递。带传动具有结构简单、噪声小、传递能力强等优点，被广泛应用于机械设计中，例如汽车、发电机等。

4.减速器传动

减速器传动是一种通过减速器将电机的高速旋转转换为机械设备所需的低速旋转的传动方式。减速器传动通常由减速器、齿轮、链条等组成，它具有结构简单、传递效率高等优点，被广泛应用于机械设计中，例如各种机械设备、汽车、机床等。

5.蜗轮传动

蜗轮传动是一种通过蜗杆和蜗轮实现的传动方式，它具有传递力矩大、结构紧凑、传递效率高等特点。蜗轮传动通常应用于需要大力矩传递的机械设备中，例如起重机、搅拌机等。

6.皮带传动

皮带传动是一种通过皮带将动力传递给机械设备的传动方式。皮带传动通常由皮带、皮带轮等组成，通过皮带与皮带轮间的摩擦力实现动力传递。皮带传动具有结构简单、噪声小、传递能力强等优点，被广泛应用于机械设计中，例如空调、洗衣机等。

7.滑轮传动

滑轮传动是一种通过滑轮实现的传动方式，它可以通过改变滑轮的大小比例来实现动力的传递。滑轮传动具有结构简单、噪声小等特点，被广泛应用于机械设计中，例如各种起重设备、手动绞盘等。

8.凸轮传动

凸轮传动是一种通过凸轮和凸轮摆杆实现的传动方式，它具有传递能力强、结构简单等特点。凸轮传动通常应用于需要实现往复运动的机械设备中，例如汽车发动机、压力机等。

除了上述8种常见的传动方式外，还有一些特殊的传动方式，例如第9种传动方式——液压传动。液压传动是一种通过液体在管道中流动来传递动力的传动方式。液压传动通常由液压泵、液压管道、液压缸等组成，具有传递能力强、反应灵敏、结构简单等特点。液压传动被广泛应用于大功率、长行程运动的机械设备中，例如挖掘机、铣床等。第10种传动方式是气动传动。气动传动是一种通过气体在管道中流动来传递动力的传动方式。气动传动通常由压缩空气产生的气动泵、气动管道、气缸等组成，具有反应速度快、安全可靠等特点。气动传动被广泛应用于轻便、高速、高效的机械设备中，例如气动打钉枪、气动千斤顶等。第11种传动方式是磁传动。磁传动是一种通过磁力传递动力的传动方式，通常由磁力传动装置、磁性材料等组成，具有不接触、不磨损、寿命长等优点。磁传动被广泛应用于需要实现高速、高精度运动的机械设备中，例如磁悬浮列车、磁力驱动的离心泵等。综上所述，机械设计中的传动系统具有多种分类方式，每种传动方式都具有其特点和适用范围。机械设计人员在实际应用中应结合机械设备的实际需要选择合适的传动方式，以确保机械设备具有高效、稳定、可靠的动力传递能力，从而实现最佳的机械设计效果。

第二节　先进传动系统的发展和应用

一、先进传动系统的发展趋势

机械设计中的先进传动系统发展趋势正在不断变化。在过去几十年里，传动系统的设计和制造一直在追求更高的效率和更低的成本。然而，如今，随着环保意识的提高、能源效率的要求增加以及数字技术的迅速发展，传动系统的设计也正在经历着巨大的变革。

（一）数字化设计

数字化技术的应用是先进传动系统发展的一个主要趋势。数字化技术可以为传动系统的设计、制造、测试等环节提供更加高效、准确的解决方案。例如，采用数字化仿真技术可以在设计阶段对传动系统进行多种方案的比较和优化，降低设计成本和周期。采用数字化制造技术可以提高零部件的精度和一致性，降低生产成本和时间。数字化技术的应用还可以为传动系统的运维和维修提供更加高效的手段，例如智能化监控系统可以实时监测传动系统的状态，进行预警和维护，降低故障率和停机时间。

（二）轻量化设计

轻量化技术是另一个重要的先进传动系统发展趋势。随着环保意识的不断提高和能源效率的要求越来越高，传动系统的轻量化已经成为一个不可忽视的趋势。轻量化技术可以通过优化设计、材料选择、结构创新等方面来实现传动系统的轻量化。例如，采用高强度轻质材料可以在保证传动系统强度和刚度的同时降低重量。

（三）结构优化设计

采用结构优化设计可以减少零部件数量和材料浪费。采用新型润滑油可以降低传动系统的摩擦和能耗。轻量化技术的应用可以大大提高传动系统的能效和使用寿命。智能化技术是先进传动系统发展的另一个重要趋势。智能化传动系统可以通过传感器、数据处理、通信等技术实现对传动系统的自动化控制和优化。例如，采用自适应控制算法可以根据传动系统的状态和负载实时调整传动比和转速，采用故障预测算法可以提前预警传动系统的故障并进行修复。智能化技术的应用可以大大提高传动系统的稳定性和可靠性。

（四）可持续性设计

可持续性不仅是环保问题，更是经济和社会问题。传动系统的可持续性包括环境可持续性、经济可持续性和社会可持续性。环境可持续性包括传动系统的低碳排放和低能耗，经济可持续性包括传动系统的成本和效益，社会可持续性包括传动系统对社会的贡献和影响。可持续性需要从传动系统的整个生命周期考虑，包括设计、制造、使用和维护等环节。例如，采用可再生材料和可降解材料可以减少传动系统的环境负担，采用循环经济模式可以实现传动系统的资源回收和再利用，采用社会责任制度可以实现传动系统的社会效益和可持续发展。

机械设计中的先进传动系统需要具备数字化设计、数字化制造和数字化服务等能力。数字化设计可以通过CAD、CAE、CAM等软件工具来实现。数字化制造可以通过3D打印、激光切割等先进制造技术来实现。数字化服务可以通过远程监控、远程维护等先进服务技术来实现。数字化技术可以提高传动系统的精度和效率，同时可以降低制造成本和加快生产周期。在轻量化技术方面，机械设计中的先进传动系统需要采用轻量化材料、轻量化结构和轻量化设计等技术。轻量化材料包括高强度钢、铝合金、碳纤维等先进材料。轻量化结构包括减小零件尺寸、减小零件数量、减小零件重量等结构优化技术。轻量化设计包括模块化设计、优化设计、可靠性设计等设计方法。轻量化技术可以降低传动系统的重量和惯性，提高传动系统的功率密度和响应速度。在智能化技术方面，机械设计中的先进传动系统需要具备故障诊断、智能控制和自适应技术等能力。故障诊断可以通过传感器、监测系统等技术来实现。智能控制可以通过PID控制、模糊控制、神经网络控制等技术来实现。自适应技术可以通过遗传算法、神经网络算法、模糊算法等智能算法来实现。智能化技术可以提高传动系统的自适应性和智能化水平，同时可以减少故障率和提高运行效率。

二、先进传动系统在各领域的应用

机械设计中的先进传动系统在各个领域中都得到了广泛的应用。下面将就各个领域中的应用情况做详细介绍。机械制造领域是传动系统的主要应用领域之一。传动系统在机械制造领域中的应用主要包括机床、数控机床、印刷机、钢铁厂、风电设备等。这些设备在生产过程中都需要传动系统来实现各种功能，比如传动能量、变换速度、转动方向等。在机床领域，传动系统用于实现机床主轴的旋转，从而实现零件的加工。传动系统的性能对机床的精度、效率和稳定性都有很大影响。随着机床对高速、高精度、高稳定性的要求越来越高，传动系统的性能要求也随之提高。

（一）数控机床领域

在数控机床领域，传动系统用于实现数控机床各轴的运动。传动系统需要具备高精度、高刚度和高可靠性等特点，以满足对运动精度和运动速度的要求。在印刷机领域，传动系统用于实现印刷轮的旋转、印刷胶辊的运动、印刷机架的上下移动等。传动系统需要具备高稳定性、高精度和高可靠性等特点，以满足人们对印刷质量和生产效率的要求。在钢铁厂，传动系统用于实现轧机、连铸机、吊运设备等的运动。传动系统需要具备高负荷、高稳定性和高可靠性等特点，以满足对生产效率和安全性的要求。在风电设备领域，传动系统用于实现风轮和发电机之间的传动。传动系统需要具备高效、低噪声和长寿命等特点，以满足对发电效率和运行稳定性的要求。

（二）汽车制造领域

汽车制造领域是传动系统的另一个主要应用领域。传动系统在汽车制造领域中的应用主要包括变速器、差速器、传动轴等。这些传动系统用于实现汽车的驱动和转向，是汽车性能的重要组成部分。在变速器领域，传动系统用于实现汽车的多挡变速。传动系统需要具备高效、平稳和低噪声等特点，以满足对驾驶舒适性和燃油经济性的要求。随着新能源汽车的发展，变速器也逐渐向电驱系统演进，要求传动系统具备更高的能量转换效率和更好的电控性能。在差速器领域，传动系统用于实现汽车行驶过程中两个车轮的转速差异。传动系统需要具备高可靠性和高稳定性等特点，以满足对行驶稳定性和安全性的要求。随着四轮驱动、电子控制等技术的发展，差速器的传动系统也在不断升级。在传动轴领域，传动系统用于实现发动机和车轮之间的传动。传动系统需要具备高刚度和高耐磨性等特点，以满足对动力输出和耐久性的要求。随着新能源汽车的发展，传动轴的传动系统也逐渐向电驱系统演进，要求传动系统具备更高的能量转换效率和更好的电控性能。

（三）航空航天领域

航空航天领域是传动系统的另一个重要应用领域。传动系统在航空航天领域中的应用主要包括发动机传动、控制面传动、座舱装备传动等。这些传动系统用于实现飞机的飞行和各种装备的运动。在发动机传动领域，传动系统用于实现发动机和飞机旋翼或飞机螺旋桨之间的传动。传动系统需要具备高精度、高可靠性和高耐久性等特点，以满足对发动机性能的要求。在控制面传动领域，传动系统用于实现飞机各个控制面的运动。传动系统需要具备高精度、高刚度和高可靠性等特点，以满足对飞行控制的要求。在座舱装备传动领域，传动系统用于实现飞机座舱内各种装备的运动，如座椅、机翼折叠装置等。传动系统需要具备高精度、高可靠性和低噪声等特点，以满足对座舱舒适性和安全性的要求。除了民用航空领域，传动系统在军用航空领域也有广泛应用。例如，传动系统用于实现直升机的主旋翼传动、尾旋翼传动和炮塔旋转传动等。传动系统需要具备高精度、高可靠性和高耐久性等特点，以满足对装备性能的要求。

（四）机器人领域

机器人领域是传动系统的另一个应用领域。传动系统在机器人领域中的应用主要包括机器人关节传动、机器人末端执行器传动等。这些传动系统用于实现机器人的运动和操作。在机器人关节传动领域，传动系统用于实现机器人各个关节的运动。传动系统需要具备高精度、高刚度和高可靠性等特点，以满足对运动精度和控制性能的要求。在机器人末端执行器传动领域，传动系统用于实现机器人末端执行器的运动。传动系统需要具备高精度、高可靠性和高灵活性等特点，以满足对操作精度和自适应性的要求。总之，先进传动系统在机械设计中的应用非常广泛，涉及汽车、航空航天、机器人等多个领域。传动系统的发展趋势是向高效、高可靠性、高精度、高灵活性、低噪声、低振动、低能耗等方向演进。通过不断优化设计和采用新材料、新工艺、新技术等手段，可以进一步提高传动系统的性能和应用范围，促进机械设备的发展和创新。

第三节　先进传动系统的技术创新和应用案例

随着科技的不断进步，先进传动系统在机械设计中的技术创新和应用案例也在不断涌现。现从以下几个方面详细阐述这些技术创新和应用案例。

一、材料创新

先进传动系统的性能和应用范围受到材料的限制。因此，材料创新是传动系统技术创新的重要方向之一。例如，钛合金在航空航天领域的应用已经比较成熟，而在汽车领域的应用还比较有限。近年来，随着汽车工业的发展，越来越多的汽车零部件开始采用钛合金材料。其中，传动系统中的齿轮、轴等零部件也开始采用钛合金材料。钛合金材料具有高强度、高刚度、低密度、高耐蚀性等优点，可以大幅提高传动系统的性能，延长传动系统的寿命。除了钛合金材料，纳米材料也是传动系统材料创新的重要方向之一。纳米材料具有普通材料所不具备的特殊性能，例如高强度、高韧性、高硬度、高导电性、高导热性等。在传动系统中，纳米材料可以用于制造齿轮、轴、轮毂等零部件，以提高传动系统的性能和寿命。例如，使用纳米碳管制造的齿轮可以大幅提高齿轮的强度和刚度，使其能够承受更大的负荷和更高的转速。

二、结构创新

传动系统的结构对其性能和应用范围也有很大的影响。因此，结构创新是传动系统技术创新的另一个重要方向。例如，无齿变速器是传动系统结构创新的一个典型案例。传统的变速器通常采用齿轮传动方式，需要在不同齿数的齿轮之间进行换挡，从而实现变速。而无齿变速器则通过调整斜面的角度来实现变速，从而避免了换挡过程中的冲击和磨损，提高了传动系统的性能和寿命。另一个传动系统结构创新的典型案例是液压变速器。传统的变速器采用齿轮传动方式，需要通过机械齿接来转换转速，而液压变速器则通过流体的压力来实现转速的调节。液压变速器具有结构简单、调节范围广、适用性强等优点，在工程机械、船舶、铁路等领域得到了广泛应用。

三、智能化创新

随着人工智能、物联网、云计算等技术的不断发展，传动系统的智能化创新也越来越受到关注。智能化传动系统可以通过传感器、控制器、执行器等组件实现自动控制、自适应控制、故障诊断等功能，从而提高传动系统的性能、可靠性和安全性。例如，智能化变速箱可以根据驾驶员的驾驶习惯和行驶环境自动调整变速比，从而实现更加平稳的行驶。智能化船舶传动系统可以根据海况、船速、负载等因素自动调整转速和推力，从而实现更加高效的航行。智能化风力发电机传动系统可以根据风速和风向自动调整转速和角度，从而实现更加高效的发电。除了上述的技术创新和应用案例，先进传动系统还涉及许多其他的技术和应用。例如，电动传动系统、气动传动系统、液力传动系统、齿轮设计软件、传动系统仿真软件等。这些技术和应用的不断创新和发展，将进一步推动机械设计和制造技术的发展，为工业生产和社会发展做出更大的贡献。

总之，先进传动系统在机械设计中的技术创新和应用案例丰富多彩，涉及材料创新、结构创新、智能化创新等方面。这些技术和应用的不断创新和发展，将进一步推动机械设计和制造技术的发展，为工业生产和社会发展做出更大的贡献。

第六章　机械设计中的结构设计

第一节　结构设计的基本概念和原理

机械设计是工程设计的一个重要分支，它涉及各种机械系统和机械产品的设计、制造、安装和使用等方面。机械设计中的结构设计是一个关键环节，它决定了机械产品的性能、可靠性和寿命等重要特征。

一、基本概念

在机械结构设计中，结构是指机械产品的组成部分，包括构成机械产品的各种零部件、装置和机构等。机械设计中结构设计的基本概念包括设计目标、设计流程、设计原则和方法、材料选择以及零件设计等方面。首先，机械结构设计的设计目标是确定机械产品的使用要求和性能参数等。在机械结构设计中，设计目标是指设计者必须明确机械产品的使用要求和性能参数，例如机械产品的负载、速度、精度、可靠性等。只有在明确了这些目标之后，才能进行有效的机械结构设计。同时，设计者还应该充分考虑用户的需求，使机械产品的设计更加符合市场需求和用户要求。其次，机械结构设计的设计流程是指机械产品从设计到制造的过程。设计流程一般包括以下几个步骤：确定设计目标和需求、分析和评估现有机械产品或类似产品的优缺点、确定机械产品的总体结构和主要零部件、进行各个零部件的详细设计、制造和装配各个零部件，最后进行机械产品的测试和试运行等。设计流程是机械结构设计的关键，它决定了机械产品的质量、性能和成本等因素。再次，机械结构设计的设计原则和方法是指机械产品的设计原则和设计方法。设计原则是设计者在进行机械结构设计时应该遵循的一些基本原则。例如，机械结构设计应该符合力学原理、应该尽量简单、应该考虑使用寿命等等。设计方法是指设计者在进行机械结构设计时可以采用的一些方法和技巧。例如，机械结构设计可以采用CAD辅助设计、优化设计等方法，以提高设计效率和质量。最后，机械结构设计中的材料选择和零件设计是影响机械产品性能的重要因素。在进行机械结构设计中，材料选择和零件设计是相互关联、相互制约的。材料选择的好坏直接影响机械产品的使用寿命和性能。零件设计的好坏直接影响机械产品的可靠性和性能。因此，在进行机械结构设计时，需要注意以下几个方面：首先，材料选择应该考虑机械产品的使用环境、使用要求和材料的可获得性。不同的使用环境和使用要求需要不同的材料，例如在高温、低温、高压、高速等特殊环境下，需要使用具有相应特性的材料。此外，材料的可获得性也是一个重要因素，好的材料供应渠道和供货周期可以保证机械产品的生产进度和质量。其次，零件设计应该符合力学原理和材料的力学特性。在进行零件设计时，需要考虑零件的形状、尺寸和结构，以保证零件的强度和刚度等力学特性。同时，还需要考虑材料的强度、韧性、耐磨性等特性，以保证零件的可靠性和耐用性。最后，机械结构设计中的零件设计还需要考虑工艺性和经济性。在进行零件设计时，需要考虑零件的加工难度和加工成本，以保证零件的制造效率和质量。同时，还需要考虑零件的重量和材料的消耗等因素，以保证机械产品的成本控制。总之，机械结构设计的基本概念包括设计目标、设计流程、设计原则和方法、材料选择和零件设计等方面。在进行机械结构设计时，需要充分考虑这些概念，并根据实际情况进行合理的设计，以保证机械产品的性能、可靠性和寿命等重要特征。

二、结构设计原理

机械设计中的结构设计是整个机械设计过程中最重要的环节之一。结构设计涉及机械的形状、尺寸、材料等方面的选择，这些因素直接影响着机械产品的性能、寿命、重量、成本等。在进行结构设计时，需要考虑多方面的因素，其中包括力学、材料学、热力学、流体力学等知识，机械结构设计的基本原理是在满足机械的使用要求的前提下，尽可能地减轻机械的重量并降低机械的成本。因此，在结构设计中需要考虑以下因素：

（1）使用要求：机械的使用要求包括使用环境、使用寿命、使用负荷等因素。在进行结构设计时，需要根据使用要求来确定机械的形状、尺寸、材料等参数。

（2）载荷分析：在结构设计中，需要对机械的各个部件进行载荷分析，以确定机械的受力情况。载荷分析是机械结构设计的基础，只有确定了机械的受力情况，才能进行后续的结构设计。

（3）材料选择：机械的材料直接影响着机械的性能、寿命、重量和成本等。在进行结构设计时，需要根据机械的使用要求和载荷分析结果来选择适合的材料。

（4）形状设计：机械的形状设计是机械结构设计中的关键环节之一。在进行形状设计时，需要根据机械的使用要求和载荷分析结果，确定机械的形状、尺寸等参数。

（5）重量优化：在满足机械的使用要求和受力情况的前提下，尽可能地减轻机械的重量是结构设计的重要目标之一。重量优化可以降低机械的能耗、提高机械的运行效率和使用寿命等。

（6）成本优化：机械的成本包括材料成本、制造成本和使用成本等。

三、结构设计方法

在进行结构设计时，需要根据机械的使用要求和载荷分析结果，尽可能地降低机械的制造成本和使用成本。

（一）载荷分析

载荷分析是机械结构设计的基础，是机械结构设计的重要环节之一。在进行载荷分析时，需要对机械的各个部件进行受力分析，以确定机械的受力情况。载荷分析包括静态载荷分析和动态载荷分析两种。静态载荷分析是指在机械静止状态下，受到静止的载荷作用时，机械内部的应力和变形状态。静态载荷分析可以确定机械各个部件的最大应力和最大变形量，以确定机械的安全系数。静态载荷分析需要考虑机械受力的类型、大小和方向等因素，以及机械的几何形状、材料特性等因素。动态载荷分析是指在机械受到动态载荷作用时，机械内部的应力和变形状态。动态载荷分析需要考虑机械在使用过程中的运动状态、运动速度、运动加速度等因素。动态载荷分析可以确定机械各个部件的应力、变形状态和疲劳寿命等参数，以确定机械的耐久性和可靠性。

（二）机械材料分析

机械的材料是机械性能、寿命、重量和成本等因素的关键因素之一。在进行机械结构设计时，需要根据机械的使用要求和受力情况，选择合适的材料。常见的机械材料包括金属材料、塑料材料、复合材料等。金属材料是机械结构设计中常用的材料之一，主要有铸铁、钢材、铝合金等。金属材料具有强度高、刚度大、耐磨损等优点，但是也有密度大、耐腐蚀性差等缺点。塑料材料是机械结构设计中常用的材料之一，主要有聚乙烯、聚丙烯、聚氯乙烯等。塑料材料具有重量轻、耐腐蚀、绝缘性好等优点，但是也有强度低、刚度小、耐磨性差等缺点。复合材料是机械结构设计中的新型材料，具有轻质、高强度、耐腐蚀等优点，适用于制造高强度、轻量化、高耐久性的机械部件。常见的复合材料包括碳纤维复合材料、玻璃纤维复合材料等。材料选择需要考虑机械的使用要求和受力情况，以及材料的强度、刚度、重量、成本等因素。在进行材料选择时，需要综合考虑各种因素，并根据实际情况进行权衡和取舍。

（三）结构优化分析

结构优化是机械结构设计的重要环节之一，可以通过对机械的结构进行优化，提高机械的性能、减少材料消耗、降低成本等。结构优化包括材料优化、几何优化和拓扑优化等。材料优化是指通过选择合适的材料，提高机械的强度、刚度、耐久性等性能。材料优化需要考虑机械的使用要求和受力情况，以及材料的强度、刚度、重量、成本等因素。材料优化可以提高机械的性能和耐用性，但也会增加机械的成本和重量。几何优化是指通过改变机械的几何形状，提高机械的强度、刚度、耐久性等性能。几何优化需要考虑机械的使用要求和受力情况，以及材料的强度、刚度、重量、成本等因素。几何优化可以提高机械的性能和耐用性，但也会增加机械的制造难度和成本。拓扑优化是指通过改变机械的拓扑结构，提高机械的强度、刚度、耐久性等性能。拓扑优化需要考虑机械的使用要求和受力情况，以及材料的强度、刚度、重量、成本等因素。拓扑优化可以提高机械的性能和耐用性，同时可以减少机械的重量和材料消耗。

（四）结构优化设计

1.工艺设计

工艺设计是机械结构设计的重要环节之一，可以通过合理的工艺设计，提高机械的制造效率和质量，降低成本。工艺设计需要考虑机械的结构特点和制造要求，包括加工工艺、装配工艺、检测工艺等。工艺设计需要与结构设计紧密配合，以确保机械的制造质量和性能。加工工艺设计是指通过选择合适的加工方法和工艺参数，对机械进行加工制造。加工工艺设计需要考虑机械的结构特点和材料特性，以及加工设备和工艺能力等因素。加工工艺设计可以提高机械的制造效率和质量，降低制造成本。装配工艺设计是指通过选择合适的装配方法和工艺参数，对机械进行装配制造。装配工艺设计需要考虑机械的结构特点和装配要求，以及装配设备和工艺能力等因素。装配工艺设计可以提高机械的制造效率和质量，降低制造成本。检测工艺设计是指通过选择合适的检测方法和工艺参数，对机械进行质量检测。检测工艺设计需要考虑机械的结构特点和检测要求，以及检测设备和工艺能力等因素。检测工艺设计可以提高机械的制造质量和可靠性，降低制造成本。

2.结构仿真

结构仿真是机械结构设计的重要手段之一，可以通过数值仿真和实验仿真等方法，对机械的结构进行分析和优化。结构仿真需要考虑机械的受力情况、材料特性和结构特点等因素，以模拟机械在使用过程中的真实情况。结构仿真可以提高机械的设计准确性和性能，减少试制和测试成本，缩短开发周期。数值仿真是指通过计算机模拟和数值计算方法，对机械的结构进行分析和优化。数值仿真可以通过有限元方法、多体动力学方法、计算流体力学方法等进行，以模拟机械在受力和运动过程中的行为。数值仿真可以提供机械结构分析和优化的定量结果，快速评估不同设计方案的性能和可行性。实验仿真是指通过物理实验和测试，对机械的结构进行分析和优化。实验仿真可以通过结构试验、振动试验、疲劳试验等进行，以验证数值仿真结果的准确性和可靠性。实验仿真可以提供机械结构分析和优化的定性结果，发现设计方案中存在的问题和潜在缺陷。

3.结构优化

结构优化是指通过对机械结构进行设计和改进，以提高机械的性能和效率。结构优化需要综合考虑机械的功能要求、工艺制造和成本要求等因素，以达到最优设计的目标。结构优化可以通过优化设计参数、材料选择、结构布局等方法进行。优化设计参数是指通过对机械的设计参数进行优化，以达到最优设计的目标。优化设计参数可以通过数值仿真和实验仿真等方法进行，以确定设计参数的最优值。优化设计参数可以提高机械的性能和效率，降低制造成本。材料选择优化是指通过对机械的材料进行选择和优化，以达到最优设计的目标。材料选择优化需要考虑机械的使用环境、受力情况和成本要求等因素，以选择最适合的材料。材料选择优化可以提高机械的性能和可靠性，降低制造成本。结构布局优化是指通过对机械的结构布局进行优化，以达到最优设计的目标。结构布局优化需要考虑机械的使用环境、受力情况和成本要求等因素，以优化结构布局。结构布局优化可以提高机械的性能和效率，降低制造成本。结构优化是机械结构设计中的重要环节，可以提高机械的性能和效率，降低制造成本。结构优化需要综合考虑机械的功能要求、工艺制造和成本要求等因素，以达到最优设计的目标。结构选型是指根据机械的使用要求和功能要求，选择合适的结构类型和结构形式。结构选型需要考虑机械的使用环境、受力情况和成本要求等因素，以确定最适合的结构类型和结构形式。结构选型可以影响机械的性能和效率，对机械的制造和使用具有重要意义。

第二节　结构设计的方法和工具

机械设计中的结构设计是指在产品的性能、质量、成本和工艺要求的基础上，通过使用机械原理和设计方法，将机械部件和零件组合成系统的过程。在结构设计的过程中，设计师需要进行多方面的分析和计算，才能确保机械系统具有足够的强度、稳定性和可靠性，同时还需要保证机械系统的生产和使用成本尽可能地降低。

一、明确产品使用场景和功能需求

在开始机械结构设计之前，需要先明确产品的使用场景和功能需求。这个过程包括了对产品的使用环境、工作条件、工作任务和使用者需求的了解。对于不同的产品，其使用场景和功能需求也不同，因此需要针对具体产品进行分析和调研，以便为结构设计提供更加准确的基础。明确产品使用场景和功能需求是为了确定结构设计的目标和约束条件。通过了解产品的使用场景和功能需求，可以明确结构设计需要考虑的方面，例如产品所需要具备的功能特性、外形尺寸、重量限制、工作温度、载荷要求等。这些目标和约束条件将会影响后续的分析和设计。

二、分析机械结构的载荷特征

机械结构的载荷特征包括静载荷特征、动载荷特征、热载荷特征和其他载荷特征。在进行结构设计之前，需要对这些载荷特征进行充分的分析和计算。静载荷特征是指机械结构在静止状态下所受的荷载特征，包括重力载荷、支撑载荷和预紧载荷等。

（一）静载荷特征

对于机械结构的静载荷特征，需要进行受力分析和有限元分析，以确定机械结构的强度和稳定性。在进行受力分析时，需要确定机械结构的受力方式，例如张力、压力、弯曲、剪切等。通过计算所受的载荷和受力方式，可以得出机械结构的应力和应变分布情况，以及关键部位的应力集中情况。通过有限元分析可以进一步验证计算结果的准确性。

（二）动载荷特征

动载荷特征是指机械结构在运动过程中所受的荷载特征，包括惯性载荷、冲击载荷和振动载荷等。在进行结构设计之前，需要对这些载荷特征进行分析和计算，以确保机械结构在工作状态下具有足够的强度和稳定性。对于惯性载荷，需要进行动力学分析和惯性计算，以确定机械结构在运动过程中所受的惯性力和惯性矩。通过计算机模拟，可以得出机械结构的动态特性和响应情况，以便进行优化设计。对于冲击载荷，需要进行冲击动力学分析和冲击响应计算，以确定机械结构在受到冲击载荷时的应力和应变分布情况。通过有限元分析和实验验证，可以进一步确定机械结构的强度和稳定性。对于振动载荷，需要进行振动分析和振动响应计算，以确定机械结构在受到振动载荷时的振动特性和响应情况。通过模拟分析和实验验证，可以进一步优化机械结构的设计，以提高其抗震性能和稳定性。

（三）热载荷特征

热载荷特征是指机械结构在工作过程中所受的热应力和热膨胀等载荷特征。对于机械结构的热载荷特征，需要进行热应力分析和热膨胀计算，以确定机械结构在工作温度下的应力和应变分布情况。通过计算机模拟和实验验证，可以进一步确定机械结构的热变形情况和稳定性。在进行热载荷分析时，需要考虑材料的热性质和热膨胀系数等因素，以确保分析结果的准确性。除了上述3种载荷特征外，还有一些其他的载荷特征需要进行分析和计算，例如流体力学载荷、电磁载荷和声学载荷等。这些载荷特征对于不同的机械结构具有不同的影响，需要根据具体情况进行分析和计算。通过对机械结构的载荷特征进行分析和计算，可以确定机械结构需要具备的强度、稳定性和可靠性等性能指标，并为后续的结构设计提供基础数据和设计方向。

三、结构设计方法

在明确了机械结构的使用场景和功能需求，并对其所受的载荷特征进行分析和计算之后，接下来就需要进行结构设计。结构设计是指根据机械结构的使用要求和载荷特征，确定机械结构的外形和内部结构形式，并选择合适的材料和加工工艺，以满足机械结构的使用要求。

在进行结构设计时，需要遵循以下几个步骤：

（1）确定结构形式：结构形式是指机械结构的外形和内部结构形式，包括机械结构的结构类型、结构形状和结构尺寸等。在确定结构形式时，需要考虑机械结构的使用要求和载荷特征，以及机械结构所处的环境条件和加工工艺等因素。

（2）选择材料：材料的选择是机械结构设计的关键步骤之一。在选择材料时，需要考虑机械结构的使用要求和载荷特征，以及材料的物理和机械性能等因素。同时，还需要考虑材料的可加工性、成本和环境友好性等因素，以确保材料的选择既能满足机械结构的使用要求，又能满足生产和环境要求。

（3）确定加工工艺：加工工艺是指机械结构的制造方法和工艺流程，包括材料的加工和成型等过程。在确定加工工艺时，需要考虑机械结构的结构形式和材料特性，以及加工设备和工艺条件等因素。同时，还需要考虑加工工艺的成本和效率等因素，以确保加工工艺的选择既能满足机械结构的制造要求，又能满足生产和成本要求。

（4）进行设计计算：设计计算是机械结构设计的核心内容之一，包括静力学分析、动力学分析、强度分析和稳定性分析等。在进行设计计算时，需要根据机械结构的使用要求和载荷特征，确定机械结构所受的各种应力和应变分布情况，并进行分析和计算，以确定机械结构的强度和稳定性。

（5）进行结构优化：结构优化是指通过设计参数的变化，以获得更好的性能指标和更优的设计方案。在进行结构优化时，需要考虑机械结构的使用要求和载荷特征，以及材料和加工工艺等因素，以确定设计变量的范围和约束条件。同时，还需要选择合适的优化方法和工具，以实现结构优化的目标。

（6）进行实验验证：实验验证是机械结构设计的最终步骤，包括样机制造和性能测试等。在进行实验验证时，需要考虑机械结构的使用要求和载荷特征，以及材料和加工工艺等因素，以确定实验测试的参数和测试方法。同时，还需要对测试结果进行分析和评估，以验证机械结构的性能指标和设计方案是否符合要求。以上是机械结构设计的一般步骤，具体的结构设计方法和流程，还需要根据不同的机械结构类型和使用要求进行调整和优化。

四、结构设计工具

随着计算机技术的不断发展和普及，结构设计工具已成为机械结构设计的重要组成部分。结构设计工具包括CAD软件、CAE软件和CAM软件等。CAD软件是机械结构设计中最基础和最常用的工具之一。CAD软件可以帮助设计人员快速地进行结构形式设计和绘图，提高设计效率和精度。常用的CAD软件包括AutoCAD、SolidWorks、Pro/ENGINEER、CATIA等，其中SolidWorks是机械结构设计中最常用的CAD软件之一。CAE软件是机械结构设计中用于设计计算和分析的重要工具之一。CAE软件可以对机械结构进行静力学、动力学、强度和稳定性等方面的分析和计算，帮助设计人员确定机械结构的强度和稳定性，优化设计方案，提高设计效率和精度。常用的CAE软件包括ANSYS、Abaqus、MSC.Nastran、ADAMS等，其中ANSYS是机械结构设计中最常用的CAE软件之一。CAM软件是计算机辅助制造软件的简称，是机械结构设计中用于确定加工工艺和生成机械结构加工程序的重要工具之一。CAM软件可以根据机械结构的CAD模型，确定加工工艺和加工路径，生成机械结构的加工程序，提高加工效率和精度。常用的CAM软件包括MasterCAM、EdgeCAM、GibbsCAM等，其中MasterCAM是机械结构设计中最常用的软件之一。除了上述3种常用的结构设计工具外，还有一些其他的结构设计工具，如虚拟样机技术、逆向工程技术等，这些工具在特定的机械结构设计场合中也具有重要的应用价值。

机械结构设计是机械设计中的重要分支之一，是机械产品从概念到实现的关键环节。结构设计方法和工具的选择与应用，直接关系到机械结构设计的质量和效率。机械结构设计的方法包括了概念设计、详细设计、结构优化和实验验证等步骤。在每个步骤中，都需要考虑机械结构的使用要求和载荷特征，以及材料和加工工艺等因素，以确定设计方案和优化方向。同时，还需要选择合适的结构设计工具，如CAD软件、CAE软件和CAM软件等，以提高设计效率和精度。总的来说，机械结构设计是一项复杂而又充满挑战的工作，需要设计人员具备扎实的机械工程基础和丰富的设计经验，同时还需要不断学习和掌握最新的结构设计方法和工具，以应对不断变化的市场和技术环境。

第三节　结构设计中的创新研究与案例分析

一、新材料的应用

机械设计中的结构设计是一个非常重要的环节，它直接关系到机械系统的性能和使用寿命。在传统机械结构设计中，常常采用传统材料，如钢、铜、铝等，这些材料具有强度高、韧性好、耐腐蚀等优点，但在某些情况下却无法满足要求，因此需要新材料的应用来解决这些问题。新材料是指那些在材料结构、性能和应用等方面与传统材料有明显不同的材料，包括高强度材料、高温材料、高分子材料、先进复合材料等。这些新材料的应用可以极大地提高机械系统的性能和使用寿命，从而提高机械产品的质量和竞争力。

（一）应用领域

新材料的应用领域非常广泛，涵盖了航空航天、汽车、电子、军工、化工、医疗等多个领域。其中，航空航天和汽车行业对新材料的需求最为迫切，因为这些行业的机械系统有高强度、轻量化、高温稳定性等特性的要求。在航空航天领域，碳纤维复合材料是一种常用的新材料。它具有很高的比强度和比刚度，可以大大降低飞机的重量，提高飞行效率和燃油经济性。同时，碳纤维复合材料还具有很好的耐腐蚀性和抗疲劳性能，可以提高飞机的使用寿命和安全性。在汽车行业，铝合金和镁合金是常用的新材料。它们具有很高的强度和轻量化特性，可以大大减轻汽车的重量，提高燃油经济性和汽车的操控性能。同时，这些材料还具有很好的耐腐蚀性和抗疲劳性能，可以提高汽车的使用寿命和安全性。

（二）应用优势

新材料在机械设计中具有很多优势，主要包括以下几点：许多新材料具有很高的强度和轻量化特性，可以大大减轻机械系统的重量，提高机械系统的负载能力和工作效率。例如，碳纤维复合材料具有很高的比强度和比刚度，是传统材料的数倍甚至数十倍，可以在保持同等强度的前提下降低机械系统的重量，从而提高机械系统的性能和效率。新材料具有较好的耐腐蚀性和抗疲劳性能，可以大大提高机械系统的使用寿命和安全性。例如，在海洋环境下工作的机械系统，需要使用具有很好的耐腐蚀性能的材料，如不锈钢、镍合金等。在高强度和高频率振动环境下工作的机械系统，则需要使用具有很好的抗疲劳性能的材料，如钛合金、镁合金等。新材料具有很好的可塑性和可加工性，可以用于制造更加复杂和精细的机械零部件。例如，高分子材料具有很好的可塑性，可以制造出各种形状和尺寸的零部件，如管道、容器、密封件等。先进复合材料具有很好的可加工性，可以通过不同的加工工艺制造出各种形状和尺寸的零部件，如复杂结构的机翼、螺旋桨等。新材料还具有特殊的功能，可以满足特定的机械设计需求。例如，磁性材料可以应用于电机、发电机、传感器等领域，超导材料可以应用于电磁铁、电感、电容等领域，光学材料可以应用于激光器、光纤通信等领域。

（三）应用案例

新材料在机械设计中有着广泛的应用，下面列举几个典型的应用案例。碳纤维复合材料是一种具有很高比强度和比刚度的新材料，可以用于制造飞机的机身、机翼、舵面等零部件。由于碳纤维复合材料具有很高的强度和轻量化特性，可以减轻飞机的重量，从而提高飞机的性能和效率。例如，波音787梦想飞机就采用了大量的碳纤维复合材料，使得飞机的重量减轻了20%，燃油消耗减少了20%，并且具有更长的航程和更低的噪声。高强度钢是一种具有很高强度和较低重量的新材料，可以用于制造汽车的车身和底盘结构。由于高强度钢具有较好的耐冲击性和耐腐蚀性，可以提高汽车的安全性和使用寿命。同时，高强度钢还具有较好的可塑性和可加工性，可以制造出更加精细和复杂的车身结构，如车身强度环、前梁、后梁等。镁合金是一种具有很好的强度和轻量化特性的新材料，可以用于制造电子设备的外壳、框架等零部件。由于镁合金具有很好的导热性和导电性，可以帮助电子设备散热，提高设备的工作效率和稳定性。同时，镁合金还具有很好的可塑性和可加工性，可以制造出更加精细和轻巧的外壳与框架，如笔记本电脑、平板电脑等电子产品。3D打印材料是一种新型的材料，可以用于制造机械零部件和原型模型。3D打印技术可以将材料直接转化为物体，可以制造出更加精细和复杂的零部件和模型，可以快速地进行样品制造和设计验证。同时，3D打印材料还具有较好的可塑性和可加工性，可以制造出各种形状和尺寸的零部件和模型。

二、先进的制造技术

先进的制造技术是机械设计中的一个重要领域，它涉及从设计到制造的整个过程，是实现机械产品高质量、高效率生产的重要手段。先进的制造技术主要包括数字化制造、柔性制造、智能制造和先进的加工技术等。数字化制造是指通过计算机等技术手段对制造过程进行数字化管理和控制。数字化制造可以提高制造过程的可靠性和精度，减少制造成本，提高生产效率。例如，在机械设计中，数字化制造可以通过计算机辅助设计、虚拟仿真等手段，提高设计效率和精度。柔性制造是指一种能够快速适应不同生产需求的制造方式。柔性制造可以根据市场需求和客户需求及时调整生产线的布局和生产过程，提高生产效率和生产质量。例如，在机械制造中，柔性制造可以实现多种型号的机械产品在同一生产线上生产，降低生产成本，提高生产效率。智能制造是指利用人工智能、物联网等技术手段，实现生产过程的智能化和自动化。智能制造可以提高生产效率和生产质量，减少生产成本。例如，在机械制造中，智能制造可以通过智能检测、智能控制等技术手段，实现对生产过程的实时监测和控制，提高生产效率和生产质量。

先进的加工技术可以实现对机械产品的高精度加工和高效加工，从而提高机械产品的精度和质量。非传统加工技术是指使用能量或物质对工件进行加工的技术，如激光加工、电火花加工、离子束加工等。这些加工技术具有高精度、高效率的特点，可以实现对高难度材料的加工。快速成型技术是一类将材料逐层加工成所需形状的技术，包括光固化、熔融沉积、喷墨成型等技术。快速成型技术具有高效率、低成本、无须模具等特点，可以应对小批量、多品种的生产要求。先进的制造技术对于机械设计的创新研究具有非常重要的作用，可以提高机械产品的质量和效率，降低制造成本，增强市场竞争力。同时，先进的制造技术还可以实现对机械设计的创新，提供了更加广阔的设计空间和更加灵活的制造方式。例如，在数字化制造方面，可以通过虚拟仿真技术对机械产品进行更加全面和精细的设计和分析，进一步提高机械产品的质量和效率。在柔性制造方面，可以根据客户需求快速调整生产过程和生产线的布局，实现更加灵活的生产方式。在智能制造方面，可以通过人工智能和物联网等技术手段，实现机械产品的智能化生产，提高生产效率和质量。在先进的加工技术方面，可以实现对高难度材料的高效加工，开发出更加精密和高效的机械产品。

机械设计中的创新研究需要不断地探索先进的制造技术，将先进的制造技术应用到机械设计中，实现对机械产品质量和效率的提高。同时，需要从实际生产中不断总结和积累经验，逐步完善先进的制造技术的应用，提高机械产品的竞争力和市场占有率。只有不断地探索和创新，才能实现机械设计领域的发展和进步。

三、人机工程学的应用

人机工程学是一门研究人体工程学的学科，它研究如何设计和构建对人类行为和能力的最佳适应性。在机械设计中，人机工程学的应用可以使机械产品更加符合人体工程学的要求，提高机械产品的易用性、安全性和舒适性，从而满足用户的需求并提高用户体验感受。

（一）医疗设备设计应用

一个典型的应用人机工程学的案例是医疗设备的设计。例如，设计一台手术床需要考虑手术者的工作效率和手术操作的难易程度，同时还需要考虑患者的安全和舒适度。在这个过程中，设计师需要使用人机工程学的原理来确保手术床的尺寸、高度、角度和移动方向等都符合人体工程学的要求。在设计手术床的移动系统时，还需要考虑到医生需要的操作空间和手术器械的摆放位置。在考虑患者的安全和舒适度时，设计师需要确保手术床的表面材质和特殊功能能够提供必要的支撑和保护，同时还需要确保手术床的各个部分对患者的身体造成最小的影响。通过应用人机工程学的原理，设计师可以设计出更加符合医生和患者需求的手术床，提高手术效率和手术质量，同时保障患者的安全和舒适度。除了医疗设备，人机工程学的应用还可以延伸到机械产品的设计和生产中。例如，在设计钻孔机时，设计师需要考虑操作者的身高和力量，以确定钻孔机的高度、重量和控制方式等。设计师还需要考虑不同类型的钻孔操作，从而选择不同的钻头和加工方式。在制造过程中，设计师还需要考虑操作者的工作环境和身体疲劳程度，从而选择合适的工作方式和加工工具。通过应用人机工程学的原理，设计师可以设计出更加符合操作者需求和使用习惯的钻孔机，提高钻孔机的效率和可靠性。总之，人机工程学的应用可以提高机械产品的易用性、安全性和舒适性，从而满足用户的需求并提高用户体验感受。通过应用人机工程学的原理，设计师可以更加准确地预测和满足用户的需求，降低机械产品的故障率和维修成本，提高机械产品的生产效率和经济效益。

（二）飞机座椅设计应用

在飞行中，乘客需要长时间坐在座椅上，因此座椅的设计必须符合人体工程学的要求，提供舒适的支撑和足够的空间。在座椅的设计中，设计师需要考虑乘客的身高、体重、坐姿和舒适度等因素，以确定座椅的高度、倾斜角度和座椅宽度等参数。在座椅的材料选择上，设计师需要考虑材料的强度、重量和舒适度等因素，以确保座椅的耐用性和舒适性。此外，座椅的安全性也是设计师必须考虑的问题，例如在紧急情况下，座椅的固定方式、离开方式和逃生通道等。在航空业，应用人机工程学的原理可以使座椅的设计更符合乘客的需求和使用习惯，提高乘客的舒适度和安全性。例如，设计师可以使用可调节头枕和扶手，以便乘客在飞行中可以得到更好的休息和支撑。另外，在机舱内还可以使用良好的空气流通和氧气供应系统，以改善乘客在高海拔环境下的身体状况。通过应用人机工程学的原理，设计师可以设计出更加符合乘客需求的飞机座椅，提高航空公司的竞争力和用户满意度。人机工程学的应用可以提高机械产品的易用性、安全性和舒适性，从而满足用户的需求并提高用户体验感受。通过应用人机工程学的原理，设计师可以更加准确地预测和满足用户的需求，降低机械产品的故障率和维修成本，提高机械产品的生产效率和经济效益。

（三）机器人和智能制造领域

除此之外，人机工程学的应用还可以延伸到机器人和智能制造领域。例如，在设计和开发一款工业机器人时，设计师需要考虑机器人的形状、尺寸、力量和速度等因素，以确保机器人可以准确地完成任务，同时还需要考虑机器人与人类的交互。在这种情况下，应用人机工程学的原理可以使机器人更加容易地被控制和操作，从而提高机器人的生产效率和生产质量。例如，设计师可以使用可编程控制器（PLC）和传感器来监测机器人的动作和位置，以确保机器人可以在工作区域内精确地移动和执行任务。此外，设计师还可以使用虚拟现实技术和模拟软件来模拟机器人的操作和行为，以提高机器人的设计效率和性能。另一个应用人机工程学的案例是智能制造系统的设计。智能制造系统可以自动化地完成生产过程，提高生产效率和质量。在智能制造系统的设计中，应用人机工程学的原理可以使系统更加易用、高效和可靠。例如，在设计智能制造系统的界面时，设计师需要考虑到用户的使用习惯和视觉感受，以提高用户的体验感受。此外，设计师还需要考虑智能制造系统与其他系统的集成，以确保系统的兼容性和稳定性。

总之，人机工程学的应用在机械设计中具有重要意义，可以提高机械产品的易用性、安全性和舒适性，同时还可以提高机械产品的生产效率和经济效益。通过应用人机工程学的原理，设计师可以更加准确地预测和满足用户的需求，从而提高机械产品的竞争力和用户满意度。在未来，随着人机交互技术和智能制造技术的不断发展，人机工程学的应用将在机械设计中发挥更加重要的作用，为用户提供更加优质的机械产品和服务。

第七章 机械设计中的热力学分析与设计

第一节 热力学分析的基本概念和原理

一、概念

机械设计是一门工程学科，它涉及各种机械设备的设计、制造、运行和维护。在机械设计中，热力学是一门非常重要的学科，它研究热能和热力学过程，为机械设计提供了必要的理论基础。下面将详细阐述机械设计中热力学分析的基本概念。

第一，热力学第一定律是机械设计中最基本的概念之一。它表明能量守恒，即能量不能被创建或者破坏，只能以一种形式转化为另一种形式。在机械设计中，我们需要分析能量的转换过程，以确保机械系统的能量平衡。例如，机械设备的动力系统中，能量从燃料中被释放出来，经过发动机、传动装置等部件转化为机械能，最终驱动机械设备工作。如果能量转化的过程中存在能量的损失，就会影响机械设备的效率和性能。因此，在机械设计中，我们需要分析能量转换的过程，以确保机械系统的能量平衡。

第二，热力学第二定律是机械设计中另一个重要的概念。它表明热量不能自发地从低温物体转移到高温物体，而是相反的。在机械设计中，我们需要了解系统中热量的流动方式，以便有效地控制热量的传输。例如，在发动机的冷却系统中，冷却水从高温区域流向低温区域，带走了发动机散发的热量，以保持发动机正常工作的温度范围。在机械设计中，我们需要了解热量的流动方式和传输规律，以便更好地控制机械系统的温度和热量平衡。

第三，热力学中的热力学过程是机械设计中的一个重要概念。热力学过程指的是系统中能量的转移和转化过程，包括热传导、辐射和对流等。在机械设计中，我们需要考虑这些过程的影响，以确保机械系统的性能和效率。例如，在锅炉中，燃料燃烧产生的热量会传导到锅炉内部的水中，使水的温度升高，形成蒸汽，从而驱动涡轮发电机发电。在这个过程中，我们需要考虑热传导、对流和辐射的影响，以确保锅炉的热效率和安全运行。

第四，热力学中的热力学状态是机械设计中的另一个重要概念。热力学状态指的是系统的热力学性质，包括温度、压力、体积、熵等。在机械设计中，我们需要了解系统的热力学状态，以便分析机械系统的性能和效率。例如，在内燃机的工作过程中，燃烧产生的高温、高压气体驱动活塞运动，从而产生功，驱动发动机转动。在这个过程中，我们需要分析气体的热力学状态，以确保发动机的效率和性能。

第五，热力学中的热力学循环是机械设计中的另一个重要概念。热力学循环指的是在一定条件下，系统所经历的一系列热力学过程。在机械设计中，我们需要分析机械系统所处的热力学循环，以了解机械系统的性能和效率。例如，在蒸汽轮机中，水从锅炉中蒸发成蒸汽，驱动涡轮旋转，最终通过发电机产生电能。在这个过程中，我们需要分析蒸汽轮机所处的热力学循环，以确保蒸汽轮机的效率和性能。

综上所述，热力学分析是机械设计中非常重要的一个环节，它涉及能量的转换、热量的传输、热力学过程、热力学状态和热力学循环等。在机械设计中，我们需要深入了解热力学的基本概念和原理，以便分析机械系统的性能和效率，优化机械系统的设计和运行，提高机械设备的可靠性和经济性。

二、原理

机械设计中的热力学分析是以热力学为基础，通过分析和计算能量转换和热量传递等过程来评估机械系统的性能和效率。下面将分别从热力学基本原理、热力学循环和热力学状态等方面来介绍机械设计中的热力学分析原理。首先，热力学基本原理是机械设计中热力学分析的基础。热力学基本原理包括能量守恒定律、热力学第一定律和热力学第二定律等。能量守恒定律指的是能量在物理系统内部的转移和转换过程中，总能量守恒，即能量不会凭空消失或增加。在机械设计中，我们需要根据能量守恒定律来分析和计算机械系统中的能量转换过程，以确定机械系统的效率和能量损失。热力学第一定律是指热量和机械功之间的关系。热力学第一定律表明，在机械系统中，热量和机械功可以相互转换，它们之间存在一定的关系。在机械设计中，我们需要根据热力学第一定律来计算机械系统中的能量转换效率和热量损失情况，以确定机械系统的性能和效率。热力学第二定律是指热量的不可逆性。热力学第二定律表明，热量只能从高温物体流向低温物体，热量的传递过程是不可逆的。在机械设计中，我们需要根据热力学第二定律来分析和计算机械系统中热量的传递和损失，以确定机械系统的热效率和能量利用率。其次，热力学循环是机械设计中热力学分析的另一个重要原理。热力学循环指的是在一定条件下，系统所经历的一系列热力学过程。在机械设计中，我们需要分析机械系统所处的热力学循环，以了解机械系统的性能和效率。例如，在内燃机中，气缸内的混合气经历了一系列热力学过程，包括吸气、压缩、燃烧和排气等，最终产生了机械功，我们需要根据热力学循环来计算内燃机的热效率和机械效率。

热力学状态也是机械设计中热力学分析的重要原理之一。热力学状态指的是系统的热力学状态参数，如温度、压力、熵等。在机械设计中，我们需要根据机械系统的热力学状态来确定机械系统中能量的转换和热量的传递过程。例如，在汽轮机中，蒸汽通过高温高压汽轮机转动叶轮产生机械功，然后经过凝汽器降温压缩，重新进入锅炉再次加热，这样的热力学循环中，我们需要根据汽轮机各部分的热力学状态来计算汽轮机的热效率和机械效率。

除了以上的热力学基本原理、热力学循环和热力学状态等，机械设计中热力学分析还涉及许多其他方面的内容，如热传递、传热系数、热扩散等。热传递是指热量从高温区域向低温区域传递的过程，传热系数是指热传递速率与温度差之比，热扩散是指物质在温度梯度下的扩散过程。在机械设计中，我们需要根据热传递、传热系数、热扩散等方面的理论和计算方法，来分析和计算机械系统中的热传递和热损失情况，以确定机械系统的热效率和能量利用率。总之，机械设计中的热力学分析是一门非常重要的学科，它以热力学为基础，通过分析和计算能量转换和热量传递等过程来评估机械系统的性能和效率。在机械设计中，我们需要了解热力学基本原理、热力学循环、热力学状态等方面的内容，同时还需要掌握热传递、传热系数、热扩散等方面的理论和计算方法。只有深入理解和掌握这些内容，才能更好地进行机械系统的热力学分析和设计，提高机械系统的性能和效率。

第二节 热力学分析的方法和工具

一、方法

1.热力学循环分析法

热力学循环分析法是机械设计中常用的一种热力学分析方法，它通过分析机械系统中工作流体的热力学循环过程，从而确定机械系统的热效率、机械效率等性能指标。热力学循环分析法是以热力学循环理论为基础的一种热力学分析方法，其基本原理是通过对机械系统中工作流体的热力学循环过程进行分析，确定系统的热效率、机械效率等性能指标。在进行热力学循环分析时，首先需要确定机械系统中的工作流体以及工作流体所经过的热力学循环过程。在分析过程中，可以采用热力学基本方程、热力学循环图等方法来描述和分析热力学循环过程，从而确定机械系统的热力学性能指标。

在进行热力学循环分析之前，需要先确定机械系统中的工作流体，以便对其热力学循环过程进行分析。常用的工作流体包括水、空气、液态烃类等。在确定工作流体时，需要考虑工作流体的物性参数、传热性能等因素。绘制热力学循环图是进行热力学循环分析的重要步骤之一。热力学循环图是一种将热力学循环过程以图形形式表达出来的工具，可以直观地描述和分析工作流体在热力学循环过程中的状态变化和能量转换。绘制热力学循环图时，需要确定循环过程中的各个状态点以及各个状态点的热力学参数（温度、压力、比焓等）。常用的热力学循环图包括卡诺循环图、布雷顿循环图等。在确定了热力学循环图之后，可以通过计算循环过程中的热量、功率等参数，从而确定机械系统的热效率和机械效率。其中，热效率是指机械系统从热源吸收的热量与所消耗的热量之比，通常用η表示，其计算公式为：

$$\eta = (Q_H - Q_L) / Q_H$$

其中，Q_H表示从热源吸收的热量，Q_L表示向低温热源放出的热量。热效率的大小与机械系统的设计参数有关，如工作流体的物性参数、循环过程中的温度和压力等因素。

机械效率是指机械系统从输入的机械功中所获得的输出机械功与输入机械功之比，通常用η_m表示，其计算公式为：

$$\eta_m = W_{\text{out}} / W_{\text{in}}$$

其中，W_{in}表示输入的机械功，W_{out}表示输出的机械功。机械效率的大小与机械系统的摩擦、损耗等因素有关。

热力学循环分析法广泛应用于机械系统的热力学性能分析和设计中。例如，在内燃机、蒸汽机、制冷空调等机械系统中，可以采用热力学循环分析法来评估其热效率、机械效率等性能指标，从而优化其设计参数，提高其能量利用效率。此外，热力学循环分析法还可以应用于机械系统的故障分析和故障诊断。例如，在内燃机故障诊断中，可以通过分析其热力学循环过程的变化，来判断机械系统是否存在燃烧不完全、燃气泄漏等故障现象。

总之，热力学循环分析法是机械设计中常用的一种热力学分析方法，其基本原理是通过分析机械系统中工作流体的热力学循环过程，从而确定机械系统的热效率、机械效率等性能指标。在进行热力学循环分析时，需要确定工作流体、绘制热力学循环图、计算热效率和机械效率等步骤。热力学循环分析法在机械系统的热力学性能分析、设计和故障诊断等方面具有广泛的应用前景。

2.热传递分析法

热传递分析法是机械设计中常用的一种热力学分析方法，其基本原理是通过分析机械系统中热传递的过程，从而确定机械系统的热力学性能指标。热传递分析法主要应用于机械系统中的换热器、散热器等热传递设备的热力学性能分析和设计。热传递分析法基于热传递定律，根据传热介质的温度、热传递表面的几何形状和表面条件等因素，分析机械系统中热传递的过程。热传递分析法通常包括传热介质的传热性能分析、传热介质的传热流动分析和热传递设备的热力学性能分析等步骤。传热介质的传热性能是指传热介质在传热过程中的传热特性和传热规律。通常采用传热系数来描述传热介质的传热性能，其计算公式为：

$$a = Q / (S \times \Delta T)$$

其中，a表示传热系数，Q表示传热量，S表示传热面积，ΔT表示传热介质的温度差。

传热介质的传热流动是指传热介质在传热过程中的流动状态和流动规律。传热流动分析通常包括流量、流速、流态和流动损失等因素的分析。在热传递设备的设计和分析中，需要根据传热介质的流动规律和传热设备的几何形状等因素，确定传热系数和传热表面的形状和大小等参数。

热传递设备的热力学性能是指热传递设备在传热过程中的能量转换效率和热力学性能指标。常见的热力学性能指标包括热效率、热负荷、传热面积等。在热传递设备的设计和分析中，需要通过热传递分析法，确定传热设备的热力学性能指标，并优化热传递设备的结构和参数，以提高其热力学性能和工作效率。

热传递分析法在机械设计中广泛应用于热传递设备的设计和分析。常见的应用场景包括：换热器是常用的热传递设备之一，主要用于将热量从一个介质传递到另一个介质。在换热器的设计和分析中，需要根据传热介质的传热性能和传热流动规律等因素，确定换热器的传热系数和传热表面的形状和大小等参数，以优化换热器的热力学性能和工作效率。散热器是机械系统中常用的热传递设备之一，主要用于散热和降温。在散热器的设计和分析中，需要根据传热介质的传热性能和传热流动规律等因素，确定散热器的传热系数和传热表面的形状和大小等参数，以提高散热器的热力学性能和工作效率。燃烧室是内燃机等热力机械中的重要组成部分，其热力学性能直接影响机械系统的性能和效率。在燃烧室的设计和分析中，需要根据燃烧过程中的热传递规律和热力学性能指标，确定燃烧室的结构和参数，以提高燃烧室的热力学性能和工作效率。

总之，热传递分析法是机械设计中重要的热力学分析方法之一，通过分析机械系统中的热传递过程，可以确定机械系统的热力学性能指标，优化机械系统的结构和参数，提高机械系统的性能和效率。

3.热力学模拟法

热力学模拟法是一种通过计算机模拟来分析热力学性质和现象的方法。该方法依据热力学理论，将物质和能量等宏观参数抽象成一些数学模型，然后通过计算机模拟这些模型来研究物质和能量之间的相互作用。这种方法具有高度可控性、高效性和准确性，因此被广泛应用于材料科学、化学、生物学等领域的热力学研究中。

热力学模拟法主要包括分子动力学模拟和蒙特卡罗模拟两种方法。分子动力学模拟是一种基于牛顿运动定律和经典热力学理论的计算方法，通过数值计算得到分子间的相互作用力和热力学性质。该方法适用于分子间相互作用较强、动力学过程较快的情况，如固体、液体等物质的研究。而蒙特卡罗模拟则是一种基于统计力学和随机过程理论的计算方法，通过随机抽样的方法来模拟系统的状态，计算系统的热力学性质。该方法适用于分子间相互作用较弱、动力学过程较慢的情况，如气体、稀溶液等物质的研究。

热力学模拟法的核心是构建模型。对于分子动力学模拟，模型需要包括分子的位置、速度、质量、电荷等信息，同时还需要定义分子间的相互作用势函数。在模拟过程中，模型需要按照牛顿运动定律进行数值计算，得到分子的运动轨迹、相互作用力和能量等信息。对于蒙特卡罗模拟，模型需要定义系统的哈密顿量和分配概率，通过随机抽样来模拟系统的状态。在模拟过程中，模型需要利用Metropolis算法或其他相应算法来计算系统状态的变化和热力学性质的变化。

除此之外，热力学模拟法还需要注意模拟过程中的能量和熵的守恒。在分子动力学模拟中，模拟系统的总能量应该保持不变，以确保模拟结果的准确性。在蒙特卡罗模拟中，模拟过程中的能量和熵的变化应该满足热力学第一和第二定律，以保证模拟结果的可信度。热力学模拟法的应用范围非常广泛。例如，在材料科学中，热力学模拟法可以用来研究材料的结构和性能以及材料中不同原子之间的相互作用。在化学中，热力学模拟法可以用来研究反应机制、溶液性质和化学反应速率等问题。在生物学中，热力学模拟法可以用来研究蛋白质结构和功能以及蛋白质与其他分子之间的相互作用。需要指出的是，热力学模拟法虽然具有高效、准确的优点，但也存在一些局限性。例如，热力学模拟法对系统大小、粒子数和计算机计算能力的要求比较高。此外，模拟过程中需要选择合适的模型和参数，否则会影响模拟结果的准确性。因此，在应用热力学模拟法时，需要根据实际情况进行选择和优化。

总之，热力学模拟法是一种重要的热力学分析方法，通过计算机模拟来研究物质和能量之间的相互作用。该方法可被广泛应用于材料科学、化学、生物学等领域的热力学研究中。在应用热力学模拟法时，需要选择合适的模型和参数，并注意模拟过程中的能量和熵的守恒，以获得准确的结果。

二、工具

1.热力学计算软件

热力学计算软件是热力学分析的重要工具之一，可以通过计算机程序来实现热力学计算和分析。常用的热力学计算软件有GROMACS、LAMMPS、VASP、ABINIT、Gaussian、Orca等。这些软件可以用于计算物质的热力学性质，如能量、熵、自由能、热容以及分子动力学、量子化学计算、密度泛函理论计算等。其中，GROMACS是一种广泛应用于生物和材料科学研究的分子动力学软件，可以用于模拟和分析大分子、蛋白质和膜等生物分子系统。LAMMPS是一种通用的分子动力学软件，可以模拟各种固体、液体和气体系统。VASP是一种密度泛函理论计算软件，可以计算材料的结构、热力学性质、电子结构等。ABINIT也是一种密度泛函理论计算软件，主要用于计算分子、凝聚态系统和表面材料的性质。Gaussian和Orca是常用的量子化学计算软件，可以计算分子的电子结构和光谱等。

热力学计算软件的使用需要一定的编程和计算机技能。通常，用户需要编写输入文件，包含需要计算的分子或系统的信息，以及所需计算的热力学性质等参数。然后，将输入文件输入软件中进行计算，软件会自动运行计算并输出结果。用户可以根据输出结果进行进一步的分析和处理。

热力学计算软件的应用范围非常广泛。例如，在材料科学中，热力学计算软件可以用来研究材料的结构和性能以及材料中不同原子之间的相互作用。在化学中，热力学计算软件可以用来研究反应机制、溶液性质和化学反应速率等问题。在生物学中，热力学计算软件可以用来研究蛋白质结构和功能以及蛋白质与其他分子之间的相互作用。需要指出的是，热力学计算软件虽然具有高效、准确的优点，但也存在一些局限性。例如，热力学计算软件对计算机计算能力的要求比较高，特别是在处理大系统、长时间尺度的计算时。此外，计算过程中需要选择合适的模型和计算参数，否则会影响计算结果的准确性和可信度。因此，在使用热力学计算软件进行热力学分析时，需要对计算方法和参数进行深入了解，以便正确地运用计算软件进行分析和预测。另外，热力学计算软件也常常需要和其他计算软件和工具配合使用。例如，在使用分子动力学软件时，需要对系统进行能量最小化和平衡化处理，以达到系统的稳定状态。此外，还可以使用可视化软件对计算结果进行可视化和分析，以便更好地理解计算结果和进行进一步的分析。

总之，热力学计算软件是热力学分析的重要工具之一，可以实现高效、准确的热力学计算和分析。通过使用热力学计算软件，可以研究物质的热力学性质以及分子动力学、量子化学计算、密度泛函理论计算等方面的问题。然而，在使用热力学计算软件进行分析时，需要对计算方法和参数进行深入了解，并注意软件的局限性，以便正确地运用计算软件进行分析和预测。

2.热像仪

热像仪是一种测量物体表面温度分布的仪器，可用于热力学分析和热工学实验中。热像仪通过检测物体发出的红外线辐射来测量其表面温度，并将其转化为数字信号，从而形成物体的热图像。热图像可以显示物体表面的温度分布情况，进而帮助研究人员了解物体的热力学性质。热像仪在热力学分析中的应用非常广泛。例如，在材料研究中，热像仪可以用来测量不同材料的导热性能，从而评估其在高温环境下的稳定性和可靠性。在建筑工程中，热像仪可以用来检测建筑物的热损失和能源浪费情况，从而提高建筑物的节能性能。在电力工程中，热像仪可以用来检测电力设备的热异常和故障，从而提高电力设备的可靠性和安全性。

在使用热像仪进行热力学分析时，需要注意仪器的使用方法和准确性。热像仪的测量精度受到许多因素的影响，例如仪器的分辨率、温度灵敏度、环境温度和湿度等。因此，在使用热像仪进行热力学分析时，需要进行仪器校准和精度评估，并采取适当的措施来保持仪器的稳定性和精度。此外，热像仪也需要与其他热力学分析工具配合使用，以获得更准确的热力学分析结果。例如，在热工学实验中，可以将热像仪与热流计和温度计等仪器配合使用，以获得物体的热传导率和热容量等热力学性质。此外，还可以将热像仪与分析软件配合使用，以处理热图像数据并生成温度分布图、热流图等热力学分析结果。总之，热像仪是热力学分析的重要工具之一，可以用于研究物体的热力学性质、评估其在高温环境下的稳定性和可靠性，以及检测电力设备和建筑物的热异常和故障。在使用热像仪进行热力学分析时，需要注意仪器的使用方法和准确性，同时也需要与其他热力学分析工具配合使用，以获得更准确的热力学分析结果。

对于热像仪的选择和使用，需要根据具体的研究需求和实验条件进行考虑。常见的热像仪包括便携式热像仪和台式热像仪两种。便携式热像仪体积小、重量轻，适用于在野外或现场进行的测量。而台式热像仪则具有更高的测量精度和分辨率，适用于实验室或生产现场等需要精确测量的环境。同时，热像仪的测量范围、灵敏度、分辨率、采样率等参数也需要进行考虑，以满足研究的需求。在使用热像仪进行热力学分析时，还需要注意一些技术细节。例如，由于热像仪测量的是物体表面的温度分布，因此需要保持物体表面的清洁和光亮，以避免干扰信号的产生。此外，在进行测量时需要注意环境温度和湿度的影响，并进行相应的校准和误差分析，以保证测量结果的准确性和可靠性。综上所述，热像仪是热力学分析的重要工具之一，具有广泛的应用领域和研究价值。在进行热力学分析时，可以将热像仪与其他热力学分析工具配合使用，以获得更准确的热力学分析结果。同时，在选择和使用热像仪时，需要根据具体需求和实验条件进行考虑，并注意技术细节，以保证测量结果的准确性和可靠性。

3.热传感器

热传感器是热力学分析中常用的一种工具，可以用于测量物体的温度分布和热流密度等参数，从而分析物体的热力学特性和热传递过程。热传感器主要分为两种类型，即接触式和非接触式热传感器。接触式热传感器通过直接接触物体表面来测量物体的温度分布和热流密度等参数。常见的接触式热传感器包括热电偶、热敏电阻和热膜传感器等。其中，热电偶是一种将两种不同金属线焊接在一起的传感器，可以将温度转化为电压信号输出。热敏电阻则是一种将电阻值与温度成正比的传感器，通常采用铂电阻材料。而热膜传感器则是一种利用热敏电阻材料制成的传感器，具有快速响应和高灵敏度的特点。

非接触式热传感器则可以通过红外线辐射来测量物体表面的温度分布和热流密度等参数。常见的非接触式热传感器包括红外线热像仪和红外线温度计等。红外线热像仪是一种能够对物体表面进行红外线成像的传感器，可以直观地显示物体表面的温度分布和热流密度等信息。而红外线温度计则是一种直接测量物体表面温度的传感器，通常采用激光测距技术和红外线测量技术来实现高精度的测量。

在使用热传感器进行热力学分析时，需要注意传感器的选择和使用方法。对于接触式热传感器，需要注意传感器与物体表面的接触质量和压力，以避免接触不良和误差的产生。同时，也需要注意热传导的影响，并进行相应的校准和误差分析，以保证测量结果的准确性和可靠性。对于非接触式热传感器，需要注意传感器的测量距离和视场角度等参数，以确保测量的精度和分辨率。此外，还需要注意环境温度和湿度的影响，并进行相应的校准和误差分析。

热传感器作为热力学分析中的一种重要工具，可以用于测量物体的温度分布和热流密度等参数，帮助分析物体的热力学特性和热传递过程。在实际应用中，需要根据具体的应用场景和测量要求选择适合的热传感器，并进行相应的校准和误差分析，以确保测量结果的准确性和可靠性。在工业生产中，热传感器被广泛应用于热处理、焊接、热加工和热成型等领域。例如，在热处理过程中，可以使用热电偶来测量金属材料的温度分布和热流密度等参数，从而控制热处理过程的温度和时间，确保金属材料的机械性能和组织结构的稳定性。在焊接过程中，可以使用热像仪来实时监测焊接区域的温度分布和热流密度等参数，以确保焊接质量和焊接接头的强度和密封性。在热加工和热成型过程中，可以使用热传感器来测量工件表面的温度分布和热流密度等参数，以控制工件的形状和尺寸，并保证工件表面的质量和精度。此外，在科研领域中，热传感器也是热力学分析的重要工具之一。例如，在材料科学和能源领域中，可以使用热传感器来研究材料的热导率、热膨胀系数和热容等热学参数，以了解材料的热力学特性和优化材料的热管理性能。在化学反应和生物学研究中，可以使用热传感器来测量反应物和产物的热效应和热动力学参数，从而揭示反应机制和优化反应条件。

总之，热传感器作为热力学分析中的一种重要工具，具有广泛的应用前景和研究价值。随着传感器技术的不断发展和创新，热传感器的性能和精度也将不断提高，为热力学分析和热管理领域的发展提供更加优质的技术支持和数据支持。

第三节　热力学分析在机械设计中的应用

一、热传导和散热分析

热传导和散热分析是机械设计中非常重要的一个环节。由于机械元件长时间运转或者受到外部热源的作用，会产生大量的热量。这些热量如果不能及时散发，就会导致机械元件温度升高，从而使得机械性能下降或者导致机械元件损坏。因此，热力学分析可以通过有限元方法对机械元件进行热传导和散热分析，预测机械元件的温度分布和热流密度分布等参数，并通过合理的散热设计措施来提高机械元件的散热效率，从而保证机械元件的工作温度和寿命。热传导和散热分析可以通过热力学计算软件进行。这些软件可以使用有限元方法对机械元件进行建模和分析，预测机械元件的温度分布、热流密度分布和热传导等参数。同时，这些软件还可以进行热设计优化，帮助机械设计师选择合适的散热设计措施和材料，以提高机械元件的散热效率。在热传导和散热分析中，需要注意的是，热传导的过程会受到材料热导率、机械元件形状和尺寸、表面传热系数等因素的影响，因此需要综合考虑这些因素。同时，机械元件的散热效率也会受到空气流动和散热面积等因素的影响，因此需要进行合理的散热设计和优化。总之，热传导和散热分析在机械设计中是非常重要的一个环节，能够帮助机械设计师预测机械元件的温度分布和热流密度分布等参数，提高机械元件的散热效率，保证机械元件的工作温度和寿命。

以电子设备散热为例，电子设备在长时间运行后，会产生大量的热量，如果不能及时散热，就会导致设备温度过高，从而影响设备的性能和寿命。因此，在电子设备的设计中，热传导和散热分析是非常重要的一个环节。对于电子设备的散热问题，可以使用热力学分析工具进行热传导和散热分析。首先，需要对电子设备进行建模，包括设备的形状、大小和材料等参数。其次，通过有限元方法对设备进行热传导分析，预测设备的温度分布和热流密度分布等参数。最后，根据预测结果进行散热设计优化，选择合适的散热方式和材料，以提高设备的散热效率。例如，某电子设备的CPU温度过高，需要进行散热设计优化。通过热力学分析工具对CPU进行建模和分析，预测CPU的温度分布和热流密度分布。发现CPU的热量主要集中在CPU的中心部分，而CPU周围的散热片面积过小，不能及时散发热量。因此，需要增大散热片的面积或者增加风扇的转速，以提高散热效率，降低CPU的温度。

通过这样的热传导和散热分析，可以有效地优化电子设备的散热设计，保证设备的工作温度和寿命。类似的分析方法也可以应用于其他机械元件的热传导和散热分析，如汽车发动机、航空发动机等。

二、材料选择和热膨胀分析

热力学分析在机械设计中的应用非常广泛，其中一个重要的应用是材料选择和热膨胀分析。在机械设计中，材料的选择是非常重要的决策，它会直接影响机械部件的性能和寿命。而热膨胀是机械部件在温度变化时产生的重要问题，需要进行分析和设计以确保机械部件的稳定性和可靠性。

（一）材料选择

材料选择是机械设计中的一项重要任务，主要涉及材料的性能和特性方面的选择。在材料的选择过程中，热力学分析可以提供一些有用的指导。首先，我们需要对机械部件在使用过程中可能受到的热负荷进行分析，以确定材料需要具备的热稳定性。具体来说，我们需要研究材料的热膨胀系数、热传导系数、热膨胀温度范围等热学参数，以确定材料能否满足机械部件的要求。其次，我们还需要研究材料的强度和刚度等力学参数，以确保材料能够承受机械部件的工作负荷。最后，我们还需要考虑材料的成本和加工难度等因素，以在满足机械部件性能要求的前提下尽可能降低成本并提高生产效率。举一个实际的例子，假设我们需要设计一个高温气体轴承，该轴承需要能够承受高温、高压和高速运转的工作环境。在这种情况下，我们可以通过热力学分析来选择适合的材料。首先，我们需要研究材料的热稳定性，确定材料能够承受高温环境下的热膨胀和热应力。其次，我们需要考虑材料的强度和刚度，以确保轴承能够承受高速旋转的工作负荷。最后，我们需要考虑材料的成本和加工难度等因素，以选择最经济、最实用的材料。基于这些考虑，我们可以选择高温合金作为轴承的材料。

（二）热膨胀

热膨胀是机械设计中的另一个重要问题。由于热膨胀的存在，机械部件在温度变化时，可能会产生变形和应力，从而影响机械部件的性能和寿命。为了解决这个问题，我们需要进行热膨胀分析，并在机械设计中采取相应的措施。在热膨胀分析中，热力学分析可以提供一些重要的工具和方法。首先，我们需要研究材料的热膨胀系数，以确定材料在温度变化时的膨胀程度。具体来说，我们需要研究材料的线膨胀系数和体膨胀系数等参数，并对其进行热力学计算。其次，我们需要考虑机械部件的几何形状和结构特点，以确定机械部件在温度变化时的变形程度。最后，我们还需要考虑机械部件的工作环境和使用条件，以确定机械部件需要具备的热稳定性和热膨胀控制措施。举一个实际的例子，假设我们需要设计一台高精度的光学仪器，该仪器需要能够在不同的温度环境下精确测量物体的尺寸和形状。在这种情况下，我们需要进行热膨胀分析，以确保仪器在不同温度环境下的精度和稳定性。具体来说，我们可以通过热力学计算确定仪器材料的线膨胀系数和体膨胀系数，并考虑仪器的几何形状和结构特点，以确定仪器在温度变化时的变形程度。此外，我们还可以采取一些热膨胀控制措施，如使用热膨胀系数小的材料、采用特殊的结构设计等，以确保仪器在不同温度环境下的精度和稳定性。

综上所述，热力学分析在机械设计中的材料选择和热膨胀分析方面具有重要的应用价值。通过热力学分析，我们可以更加准确地确定材料的性能和特性，选择适合的材料和设计方案，并采取相应的热膨胀控制措施，以确保机械部件的稳定性和可靠性。

三、热应力分析和热设计优化

热力学分析在机械设计中的另一个重要应用是热应力分析和热设计优化。由于热膨胀和温度梯度的存在，机械部件受热作用时，可能会产生热应力和热裂纹等问题，从而影响机械部件的性能和寿命。为了解决这些问题，我们需要进行热应力分析，并采取相应的热设计优化措施。在这个过程中，热力学分析可以提供一些重要的工具和方法。

首先，我们需要进行热应力分析，以确定机械部件在受热作用时产生的热应力和应变程度。具体来说，我们需要研究材料的热膨胀系数和热导率等参数，并考虑机械部件的几何形状和结构特点，以确定机械部件在受热作用时的应力和变形程度。其次，我们需要进行热设计优化，以减少机械部件在受热作用时产生的热应力和应变程度。具体来说，我们可以采用一些优化措施，如减小机械部件的热膨胀系数、优化结构设计、采用隔热材料等，以减少机械部件在受热作用时的应力和变形程度，提高机械部件的稳定性和可靠性。举一个实际的例子，假设我们需要设计一台高温熔接机，该机器需要能够在高温环境下稳定运行，从而保证熔接效果和质量。在这种情况下，我们需要进行热应力分析，并采取相应的热设计优化措施。具体来说，我们可以通过热力学计算确定机器材料的热膨胀系数和热导率，并考虑机器的几何形状和结构特点，以确定机器在高温环境下的应力和变形程度。此外，我们还可以采用一些热设计优化措施，如采用隔热材料、优化结构设计等，以减少机器在高温环境下的应力和变形程度，提高机器的稳定性和可靠性。综上所述，热力学分析在机械设计中的热应力分析和热设计优化方面具有重要的应用价值。通过热力学分析，我们可以确定机械部件在受热作用时产生的热应力和应变程度，从而采取相应的热设计优化措施，提高机械部件的稳定性和可靠性。在实际应用中，热力学分析已经被广泛应用于航空航天、能源、汽车制造等领域，成了现代机械设计不可或缺的工具和方法。

　　除了上述应用外，热力学分析还可以应用于机械部件的热损伤分析、热冲击分析、热应力松弛分析等方面。例如，在高速列车的设计中，车体的受热作用会导致车体变形和应力集中等问题，从而影响列车的稳定性和安全性。为了解决这些问题，需要进行热应力分析和热设计优化，以减少车体在受热作用下产生的热应力和应变程度。此外，还需要进行热损伤分析和热冲击分析，以确定车体在高温环境下的损伤程度和安全性能。总之，热力学分析在机械设计中具有广泛的应用价值和实际意义。通过热力学分析，我们可以深入了解机械部件在受热作用下的行为和性能，从而采取相应的热设计优化措施，提高机械部件的稳定性和可靠性。因此，热力学分析已经成为现代机械设计不可或缺的工具和方法之一，有着重要的理论意义和实际应用价值。

第八章 机械设计中的噪声、振动与减震控制

第一节 噪声、振动与减震的基本概念和原理

一、噪声

噪声是机械设计中必须考虑的一个重要因素，其定义为不期望的声音，通常由振动产生。在机械系统中，噪声来自机械运动、液体和气体流动以及电子元件等多个方面，它们共同产生的噪声会给机器的性能、寿命和使用环境带来负面的影响。因此，在机械设计中，噪声的控制和降噪是非常重要的。

（一）噪声主要特征

噪声的主要特征是声压级和频率。声压级是指声音的强度，通常用分贝（dB）来表示。频率是指声音的振动频率，通常用赫兹（Hz）来表示。机械系统中的噪声可以分为结构噪声、流体噪声、电磁噪声等多个类型。结构噪声是机械系统振动所产生的声音，主要来自机械结构本身的共振。当机械结构受到外力作用时，其结构会发生共振，产生噪声。例如，汽车的底盘和发动机都是机械结构，会在运行时产生噪声。为了控制结构噪声，可以采用优化结构设计、改变材料性质、调节系统参数等方法。流体噪声是由流体运动引起的噪声，主要来自气体和液体的流动。当气体和液体通过管道、喷嘴、阀门等器件时，会产生喷涌、湍流、压力变化等现象，从而产生噪声。例如，风扇、风机、水泵等机械设备的噪声主要来自液体和气体的流动。为了控制流体噪声，可以采用优化流道设计、增加消声器、采用阻尼材料等方法。电磁噪声是由电子元件产生的噪声，主要来自电子元件内部的电场和磁场。当电子元件内部的电场和磁场发生变化时，会产生电磁辐射和电磁波，从而产生噪声。例如，电力变压器、电子设备等都会产生电磁噪声。为了控制电磁噪声，可以采用优化电路设计、增加电磁屏蔽、降低电源的噪声等方法。

除了以上3种类型的噪声之外，机械系统中还有其他类型的噪声，如风噪声、摩擦噪声、齿轮噪声等。每一种类型的噪声都有其特定的原因和产生机制，需要在机械设计中针对性地进行控制和降噪。

（二）噪声的控制和降噪

在机械系统中，噪声的控制和降噪主要可以从3个方面入手：源头控制、传输途径控制和接收端控制。源头控制是通过改变机械系统的结构、材料、参数等来降

低噪声的产生，是最有效的控制方法。例如，在汽车设计中，可以采用低噪声的轮胎、隔音材料、减震系统等来控制结构噪声。在风机设计中，可以采用流场优化、减震垫、降噪风叶等来控制流体噪声。传输途径控制是通过加装隔声材料、隔音罩、消声器等来阻隔噪声的传播，从而减少噪声对环境的影响。例如，在飞机发动机设计中，采用隔音罩来减少发动机噪声的传播。在机房设计中，采用隔声材料来减少机器噪声的传播。接收端控制是通过改善接受者的环境来降低噪声对人体的影响，例如，采用耳塞、耳机等来隔绝噪声。

综上所述，噪声是机械系统设计中必须考虑的一个重要因素，需要通过控制和降噪来保证机械系统的性能和寿命，并保障使用者的健康和舒适。在机械设计中，需要综合考虑多个因素，采用合适的方法和措施来降低噪声的产生和传播，从而满足使用者对机器的要求。

二、振动

振动是机械系统中的一个普遍存在的现象，它是由于机械系统中的物体发生周期性的位移或变形而产生的。机械系统中的振动可以分为自由振动和强迫振动两种类型。自由振动是由于机械系统在没有外力作用下的自身固有特性而引起的振动，其频率和振幅均是固有特性的函数。强迫振动则是由于外界作用力引起的振动，其频率和振幅与作用力的特性有关。

机械系统中的振动不仅会影响机器的性能和寿命，还会对使用者造成不利的影响，如产生噪声、振动等。因此，在机械设计中，需要对机械系统中的振动进行分析和控制，以保证机械系统的稳定性、可靠性和舒适性。振动的分析和控制主要涉及振动特性的测试与分析、振动的控制与降噪、振动的模拟与优化设计。

（一）振动特性的测试与分析

振动特性的测试与分析是振动控制的基础，通过测试和分析机械系统的振动特性，可以确定机械系统的固有频率、阻尼特性等参数，为振动的控制提供依据。测试和分析振动特性的方法主要有模态分析、频响分析、有限元分析等。

（二）振动的控制与降噪

振动的控制与降噪是机械设计中的重要问题。通过合理的机械结构设计、材料选择、减震降噪措施等方法，可以控制机械系统中的振动，从而提高机械系统的性能和寿命，并降低机械系统对环境的影响。例如，在汽车设计中，可以采用减震系统、隔音材料等来降低汽车的振动和噪声。在航空航天领域，可以采用减震措施来控制航天器的振动，保证其稳定性和可靠性。振动的模拟与优化设计是一种有效的机械设计方法。通过建立机械系统的振动模型，可以模拟机械系统在不同工况下的振动特性，并对机械系统的结构和参数进行优化设计，以达到降低振动和提高机械系统性能的目的。例如，在电动机设计中，可以通过建立电机的振动模型，优化电机结构和参数，以达到减少电机振动和噪声的效果。

（三）振动的控制和优化设计

在机械设计中，振动的控制和优化设计需要考虑多种因素，如机械系统的工作条件、工作环境、机械结构的特性等。通常采用的方法包括增加结构的阻尼、加强结构的刚度、采用隔振材料等措施。例如，在工程机械领域，通常采用液压减震器、弹性减震器等措施来降低机械振动和噪声。此外，振动控制和优化设计还需要考虑机械系统的材料特性。不同的材料在振动特性上表现不同，因此需要选择合适的材料来控制机械系统中的振动。例如，在飞机设计中，需要选择轻量化的材料，如复合材料和钛合金，以减轻机身重量，降低振动和噪声。总之，机械系统中的振动是一种不可避免的现象，需要进行有效的控制和优化设计。通过合理的测试分析、控制降噪、模拟优化等措施，可以提高机械系统的稳定性、可靠性和舒适性，从而满足用户的需求。

三、减震

机械设计中的减震是指通过减少机械系统中的振动和冲击，提高系统的稳定性和可靠性，从而保护机械设备和提高其使用寿命。减震的基本概念是机械系统的振动，而减震的原理则是通过采取一系列措施来抑制振动和冲击的传递。

在机械设计中，减震是非常重要的，特别是在那些需要高精度和高速运转的机械系统中，如飞机、高速列车、船舶、重型机械等。这些机械系统往往需要在复杂的环境条件下运行，受到外力的干扰和自身的振动影响，容易出现严重的振动和冲击，因此需要采取减震措施来保证其正常运行和使用寿命。

（一）减震原理

减震的原理可以分为3个方面，即减少振动源、减少振动传递和增加能量消耗。其中，减少振动源是通过改善机械系统结构和工艺，降低系统本身的振动频率和幅值来实现的。减少振动传递则是采用隔振措施，如弹簧隔振、液体隔振、空气隔振等，将振动和冲击从振动源传递到其他部件上的能量减少，从而达到减震效果。增加能量消耗则是通过采用吸震材料、阻尼器、缓冲器等来消耗振动能量，减少振动幅值和频率。比如，汽车在行驶过程中经常受到路面的震动和冲击，容易产生振动和噪声。为了保证车辆的安全和舒适性，汽车设计中采用了多种减震措施。

其中，车身的悬挂系统采用了弹簧隔振和液体隔振，将车轮受到的震动和冲击通过减震系统吸收和消耗掉。车辆的底盘和车身采用了吸震材料和阻尼器，将振动和噪声通过消耗振动能量来减少。这些减震措施有效地降低了汽车的振动和噪声，提高了驾驶舒适性和安全性。

（二）减震设计

在机械设计中，减震是一个重要的概念，它涉及如何减少机械系统中产生的振动和冲击，以提高机械设备的性能和寿命。减震的原理是通过改变机械系统中的能量流动方式，将机械振动和冲击的能量转化为其他形式的能量，以降低机械系统的振动水平。减震的基本原理是采用弹性材料或者减震器等装置，在机械系统中引入额外的能量耗散机制。这些机制可以吸收机械振动和冲击的能量，并将其转化为其他形式的能量，如热能或声能，从而减少机械系统的振动和冲击。通常，减震器的设计考虑到减小机械系统中振动和冲击的传递路径，以便有效地将振动和冲击的能量转化为其他形式的能量。例如，汽车悬挂系统就是一种常见的减震装置，用于减少车辆在行驶过程中产生的振动和冲击。悬挂系统中使用的弹簧和减震器就是减震装置的核心部件。弹簧可以吸收由于路面的不平整造成的振动，同时减震器则将振动和冲击的能量转化为热能，从而保持车辆的稳定性和舒适性。另一个例子是船舶结构的减震设计。在海上运行时，船舶很容易受到波浪的影响，产生大量的振动和冲击。为了减少这些振动和冲击，设计师通常采用弹性支撑系统和缓冲材料等装置。这些装置可以吸收海浪的能量，并将其转化为其他形式的能量，如热能或声能，以减少机械系统的振动和冲击。

除了弹性材料和减震器外，其他减震装置还包括液体减震器、气体减震器、活塞减震器等。这些减震装置的原理都是将机械振动和冲击的能量转化为其他形式的能量，以降低机械系统的振动水平。总之，减震是机械设计中一个重要的概念。

第二节　噪声、振动与减震的分析方法和工具

一、噪声的分析方法和工具

在机械设计中，噪声是一个重要的考虑因素，因为它可以对人的健康和舒适感造成负面影响，也会影响机械设备的性能和寿命。因此，在机械设计过程中，需要对噪声进行分析和评估。以下是机械设计中噪声的分析方法和工具的详细介绍：

（1）噪声源识别：确定噪声的来源。在机械设备中，可能的噪声源包括发动机、齿轮、轴承、风扇等。通过观察、测试或仿真等方法，可以确定噪声的来源和

特性。

（2）噪声传播路径分析：在确定噪声源之后，需要对噪声的传播路径进行分析。噪声传播路径包括空气传播、结构传播和传导传播等。通过分析噪声传播路径，可以确定噪声的传播方向和路径，为后续的噪声控制措施提供指导。

（3）噪声评估：评估噪声的强度和频率特征是噪声控制的重要步骤。可以使用声级计、频谱分析仪、噪声源识别器等工具对噪声进行评估。声级计可以测量噪声的声压级，频谱分析仪可以分析噪声的频率特征，噪声源识别器可以帮助确定噪声的来源。

（4）噪声控制措施：在确定噪声的来源、传播路径和特性之后，需要采取控制措施来降低噪声。常用的控制措施包括隔离、吸声、减震、降噪材料等。通过控制措施可以降低噪声水平，提高机械设备的性能和寿命，保障使用者的健康和舒适度。

（5）噪声仿真：噪声仿真是一种快速、高效的噪声分析方法。通过使用噪声仿真软件，可以对机械设备的噪声进行预测和评估。噪声仿真可以帮助设计师在设计阶段就进行噪声分析和控制，避免在生产和使用阶段出现噪声问题，同时可以减少设计周期和成本。

在机械设计中，噪声是一个不可忽视的因素。通过对噪声的源、传播路径、特性和控制措施进行分析和评估，可以有效地控制和降低噪声，提高机械设备的性能和寿命，同时保障使用者的健康和舒适度。噪声仿真作为一种快速、高效的噪声分析方法，在机械设计中也有着重要的应用。需要注意的是，噪声控制是一个综合性的工作，需要考虑多种因素，包括材料、结构、设计、制造等方面，才能取得最佳的噪声控制效果。另外，随着科技的不断进步和发展，新的噪声分析方法和工具也在不断涌现。例如，人工智能技术可以用于噪声预测和控制，虚拟现实技术可以用于噪声感知和评估等。这些新技术的应用可以进一步提高噪声控制的效率和精度，为机械设计提供更加全面和深入的支持。

总之，在机械设计中，噪声控制是一个必不可少的工作。通过对噪声的分析和控制，可以有效提高机械设备的性能和寿命，同时保护使用者的健康和舒适度。需要注意的是，噪声控制是一个综合性的工作，需要考虑多种因素，使用合适的方法和工具进行分析和评估，才能取得最佳的噪声控制效果。

二、振动的分析方法和工具

机械设计中的振动分析是机械设计中的重要环节之一。在机械设计中，振动分析旨在研究机械设备在使用过程中的振动情况，分析机械设备的振动特性和振动响应等，为机械设计提供有效的参考和支持。以下是机械设计中常用的振动分析方法：

①模态分析法是一种常用的振动分析方法，它通过求解机械设备的固有振动模态和固有频率等，得到机械设备的振动特性和振动响应等。在模态分析中，常用的求解方法包括有限元法、边界元法、模型试验法等。

②频率响应法是一种用于分析机械设备在外力作用下的振动响应的方法，它通过求解机械设备的频率响应函数，得到机械设备的振动响应和振动特性等。在频率响应法中，常用的求解方法包括有限元法、边界元法、模型试验法等。

③时域分析法是一种用于分析机械设备在时间域内的振动情况的方法，它通过分析机械设备的振动信号，得到机械设备的振动特性和振动响应等。在时域分析法中，常用的分析方法包括快速傅立叶变换、小波变换等。

④阶跃响应法是一种用于分析机械设备在受到阶跃信号作用下的振动响应的方法，它通过对机械设备施加阶跃信号，得到机械设备的阶跃响应曲线，从而分析机械设备的振动特性。

⑤传递函数法是一种常用的振动分析方法，可以用于预测机械设备的振动响应和振动特性等。传递函数法的基本原理是通过求解机械设备的传递函数，得到机械设备的振动响应和振动特性。

在实际的机械设计中，除了上述常用的振动分析方法外，还有许多其他的振动分析方法和工具，例如振动传感器、振动测试仪、FFT分析仪、虚拟试验软件等，这些工具和方法可以帮助机械设计师更准确地分析机械设备的振动特性和振动响应，从而提高机械设备的设计质量和可靠性。

振动传感器是一种常用的振动测试工具，它可以测量机械设备在使用过程中的振动情况。振动传感器可以分为加速度传感器、速度传感器和位移传感器等，可以通过连接数据采集器等设备进行数据采集和分析，用于振动分析。振动测试仪是一种专门用于机械设备振动测试的工具，它可以对机械设备进行振动测试和分析，获得机械设备的振动特性和振动响应等信息。振动测试仪通常包括振动传感器、数据采集器、分析软件等。FFT分析仪是一种常用的信号分析工具，可以对机械设备的振动信号进行快速傅立叶变换（FFT），从而得到机械设备的振动频谱和频率响应等信息。FFT分析仪通常包括振动传感器、数据采集器、分析软件等。虚拟试验软件是一种常用的机械设计工具，可以用于机械设备的振动分析和计算。虚拟试验软件通常包括有限元分析模块、频域分析模块、时域分析模块等，可以满足不同的振动分析需求。虚拟试验软件的优点在于可以在计算机上进行虚拟试验，可以快速获得机械设备的振动特性和振动响应等信息，节省试验成本和时间。在进行振动分析时，需要根据不同的振动特性和振动响应需求选择合适的分析方法和工具，同时需要进行合理的数据处理和分析，以获得准确的振动特性和振动响应信息，为机械设备的设计提供有效的参考和支持。

三、减震的分析方法和工具

在机械设计中，减震是一种重要的手段，可以有效地减少机械设备在运行过程中的振动和噪声。为了实现有效的减震效果，机械设计师需要根据不同的振动特性和减震需求，选择合适的减震方法和工具进行分析和优化。

1.减震方法

弹簧隔振法是一种常用的减震方法，通过在机械设备的支撑结构上安装弹簧或弹性材料，使机械设备与支撑结构之间形成一定的弹性接触，从而减少机械设备在运行过程中的振动和冲击。弹簧隔振法适用于低频振动和小振幅振动的减震。例如，在汽车悬架系统中，通过在车轮与车架之间安装弹簧和减震器，可以有效地减少车辆在行驶过程中的振动和冲击。液体隔振法是一种利用液体的黏性和流动特性来实现减震的方法，通过在机械设备的支撑结构中安装液体隔振器，可以使机械设备与支撑结构之间形成一定的液体接触，从而减少机械设备在运行过程中的振动和冲击。液体隔振法适用于高频振动和大振幅振动的减震。例如，在船舶的机舱中，通过在主机和船体之间安装液体隔振器，可以有效地减少主机在运行过程中的振动和噪声。活动支撑法是一种通过改变机械设备的支撑结构刚度和阻尼特性来实现减震的方法，通过在机械设备的支撑结构中增加活动支撑，可以使机械设备在运行过程中具有一定的位移和角度调整能力，从而减少机械设备在运行过程中的振动和冲击。活动支撑法适用于高频振动和大振幅振动的减震。

2.减震工具

有限元分析是一种常用的减震工具，可以通过建立机械设备的有限元模型，分析机械设备在运行过程中的振动特性，进而评估不同减震方案的效果。有限元分析具有高精度、高效率的特点，在机械设计中得到了广泛的应用。例如，在汽车悬架系统的设计中，可以通过有限元分析评估不同弹簧刚度和减震器阻尼特性对悬架系统减震效果的影响。

动力学分析是一种基于机械设备运动学和动力学原理，对机械设备在运行过程中的振动和冲击进行分析和优化的方法。通过动力学分析，可以定量评估机械设备在不同运行状态下的振动特性，找出振动源，优化机械设备的支撑结构和减震方案。例如，在航空发动机的设计中，可以通过动力学分析确定发动机在飞行过程中的振动源和传播途径，进而优化发动机的支撑结构和减震方案，减少机舱内的噪声和振动。

模态分析是一种基于机械设备固有振动特性的分析方法，可以通过建立机械设备的模态模型，分析机械设备在不同振动模态下的振动特性和振动传播途径，进而优化机械设备的支撑结构和减震方案。例如，在船舶设计中，可以通过模态分析评估不同支撑结构对船舶在不同波浪条件下的振动特性的影响，优化船舶的支撑结构和减震方案，提高船舶的航行稳定性和舒适性。

总之，在机械设计中，减震是一种重要的手段，可以有效地减少机械设备在运行过程中的震动和噪声。机械设计师需要根据不同的振动特性和减震需求，选择合适的减震方法和工具进行分析和优化，以提高机械设备的性能和可靠性。

第三节　噪声、振动与减震控制在机械设计中的应用

噪声控制是机械设计中一个重要的方面，因为噪声会影响机械系统的性能、可靠性和安全性，同时也会影响用户的舒适感受和健康。因此，在机械设计中，需要采取一系列的噪声控制措施来降低机械系统中的噪声。

一、噪声控制

首先是源控制，这种控制方式主要是通过减少噪声的源头来降低噪声的产生。具体而言，可以采用减少机械系统中部件的振动、加强部件的密封、优化结构设计等方法来降低机械系统中的噪声源。例如，在风电机组设计中，为了降低机组的噪声，可以采用风机叶片的阻尼材料、减震器、降噪罩等来减少机组的噪声。其次是传递控制，这种控制方式主要是通过减少噪声在机械系统中的传递来降低噪声的产生。具体而言，可以采用隔振、隔声等措施来减少噪声的传递。例如，在地铁隧道的设计中，可以采用橡胶隔离垫、隔声墙、隔离带等措施来减少地铁列车在隧道中运行时产生的噪声传递。最后是接受控制，这种控制方式主要是通过采取合适的保护措施来保护人体免受噪声的伤害。具体而言，可以采用耳塞、耳罩等措施来降低噪声对人体的影响。例如，在工厂车间的设计中，可以为工人配备合适的耳罩来降低噪声对工人的危害。

除了上述3种噪声控制措施，还有一些其他的技术和方法可以用于噪声控制。

其中比较常用的方法包括主动噪声控制、被动噪声控制和混合噪声控制。主动噪声控制是一种通过反馈控制的方式来消除噪声的控制方法。它基于一种反馈原理，即在感知到噪声时，控制系统会发出一种与噪声相反的信号来抵消噪声。这种控制方法需要使用专门的传感器和控制器，并且需要进行复杂的信号处理，因此在实际应用中比较困难。被动噪声控制是一种通过消除噪声传播路径上的能量来控制噪声的方法。它主要依靠隔声材料、隔声墙、隔离垫等被动隔声措施来实现。这种控制方法不需要额外的能源，可以有效地降低噪声，但是隔声材料的重量和体积较大，因此在实际应用中需要对系统进行结构优化。混合噪声控制是一种综合运用多种噪声控制技术的方法。通过不同的控制方法相互协调，可以实现更有效的噪声控制效果。例如，在汽车内部的噪声控制中，可以同时采用主动噪声控制、被动噪声控制和接受控制等多种方法，从而实现更全面的噪声控制效果。综上所述，噪声控制在机械设计中是一个重要的方面，需要采取多种措施来降低噪声。在实际应用中，需要根据不同的场景和需求来选择合适的噪声控制方法。通过综合应用不同的噪声控制技术，可以实现更好的噪声控制效果。

二、振动控制

振动控制是机械设计中一个重要的领域，其目的是在机械系统中降低或消除由于机械运动引起的振动。振动不仅会影响机械系统的稳定性和可靠性，还会产生噪声、损伤设备和降低工作效率等不利影响。因此，振动控制在机械设计中的应用非常广泛，下面将详细介绍振动控制的方法和应用。振动控制的方法主要有两种：主动控制和被动控制。主动控制是通过在机械系统中引入一些控制力或控制力矩来消除振动。被动控制是通过在机械系统中增加某些元件或改变机械系统的结构来减小振动。

（一）主动振动

主动振动控制是指通过在机械系统中引入一些控制力或控制力矩来消除振动。这种控制方法需要采用一些传感器和控制器，通过对振动信号进行处理，产生一些控制信号来实现振动的消除。主动振动控制可以分为开环控制和闭环控制两种方式。开环控制是指直接根据振动信号的幅值、频率和相位等参数来产生控制信号。这种控制方法简单易行，但容易受环境变化和系统参数变化等因素的影响。环控制是指通过将机械系统中的振动信号作为反馈信号来产生控制信号。这种控制方法相对于开环控制更加稳定可靠，但需要对反馈信号进行处理，因此比较复杂。主动振动控制技术主要包括自适应控制、模型参考自适应控制和模糊控制等方法。这些方法具有很好的控制效果，可以在机械系统中实现振动的消除和控制。

（二）被动振动

被动振动控制是指通过在机械系统中增加某些元件或改变机械系统的结构来减小振动。被动振动控制方法包括质量阻尼和刚度控制两种方式。质量阻尼控制是指通过在机械系统中增加阻尼材料来减小振动。阻尼材料可以消耗机械系统中的振动能量，从而达到减小振动的目的。常用的阻尼材料包括橡胶、聚氨酯泡沫、阻尼材料复合板等。这些材料具有很好的阻尼效果，可以有效地减小机械系统中的振动。刚度控制是指通过改变机械系统的结构或增加某些元件来改变机械系统的刚度，从而减小机械系统的振动。常用的刚度控制方法包括添加支撑结构、增加柔性连接件和改变结构设计等。这些方法可以有效地改变机械系统的刚度，从而减小振动。除了质量阻尼和刚度控制之外，被动振动控制还可以通过添加减震器来实现。减震器是一种能够消耗振动能量的元件，常见的减震器包括弹簧减震器、液体减震器和压电减震器等。这些减震器具有不同的结构和工作原理，可以根据具体情况选择适合的减震器来实现振动控制。

（三）振动控制应用

在机械设计中，振动控制的应用非常广泛。例如，汽车、火车和飞机等交通工具中都需要进行振动控制，以提高乘坐舒适度和安全性。另外，在机械加工、精密加工和光学加工等领域中，振动控制也是非常重要的。例如，在精密加工中，振动会对加工质量产生很大影响，因此需要进行振动控制。在机械设计中，振动控制的应用还有很多其他方面，这些应用都可以提高机械系统的稳定性、可靠性和工作效率，同时还可以减少噪声和损伤设备等不利影响。总之，振动控制在机械设计中的应用非常广泛，其目的是降低或消除由于机械运动引起的振动。振动控制的方法主要有主动控制和被动控制两种方式，其中主动控制需要采用传感器和控制器来实现，而被动控制则需要改变机械系统的结构或增加某些元件来实现。在机械设计中，振动控制的应用非常广泛。

三、减震控制

减震控制在机械设计中的应用也非常广泛。随着现代工业的不断发展，工业生产的速度和效率也不断提高，但同时也带来了更大的振动和噪声问题。为了提高生产效率和生产环境的舒适度，减震控制成了一个必不可少的环节。减震控制的目的是减少机械系统中因振动而产生的能量损耗和机械部件的磨损，同时还能减少噪声的产生。减震控制的方法和手段有很多种，例如使用减震器、改变机械系统结构、降低机械系统运转速度等。

建筑物在自然灾害和人为因素的影响下会发生不同程度的震动，给人们的生命财产带来威胁。为了减轻建筑物的震动，建筑减震控制技术应运而生。建筑减震控制主要是通过使用减震器、改变结构等手段，来降低建筑物的振动。例如，日本东京的东京塔就是一个采用减震技术的建筑物。它的设计采用了液压式减震器，通过减震器的阻尼来控制建筑物的振动，从而使其在地震等自然灾害中具有更好的抗震性能。

机械减震器是机械系统中最常用的减震控制手段之一。它通常由弹簧、减震垫和减震支架等组成。机械减震器可以在机械系统运转时吸收和消耗振动能量，从而达到减少振动的目的。机械减震器广泛应用于汽车、飞机、船舶等交通工具以及工业机械设备等领域。例如，一些重型机械设备常常需要在振动环境中工作，如挖掘机、振动筛等，这些设备的振动会影响设备的工作效率和寿命。使用机械减震器可以有效地减少设备的振动，提高设备的工作效率和寿命。

总之，减震控制在机械设计中具有广泛的应用前景和发展潜力。在未来，随着科技的不断进步和创新，减震控制技术将越来越成熟和完善。例如，随着新型材料和新型结构的发展，减震器的设计和制造将变得更加精细和高效。另外，随着智能化和自动化技术的发展，机械减震控制系统将具有更加智能化和自适应性，能够更加精准地调节减震控制效果，从而提高机械系统的运行效率和稳定性。噪声、振动和减震控制是机械设计中非常重要的环节。它们的应用可以有效地降低机械系统的噪声和振动，提高机械系统的稳定性和寿命，保障生产环境的安全和舒适。在未来，随着科技的不断进步和创新，这些技术将变得更加成熟和完善，为人们创造更加舒适和安全的生产环境。以现代汽车为例，它的整车噪声主要由引擎噪声、排气系统噪声、空调系统噪声、轮胎和路面噪声等多个因素组成。这些噪声会对驾驶员的安全和舒适性造成影响，也会对汽车的市场竞争力产生不利影响。因此，现代汽车在设计中非常注重噪声控制。汽车噪声控制的方法包括：采用减震垫和减震器来减少震动，使用降噪材料和隔音材料来隔离噪声，采用主动噪声控制和降噪算法来抑制噪声等。这些措施可以有效地减少汽车的噪声，提高驾驶员的舒适性和汽车的市场竞争力。

第九章　机械设计中的可靠性与安全性设计

第一节　可靠性与安全性设计的基本概念和原理

一、可靠性设计的基本概念和原理

机械设计中的可靠性设计是指在设计过程中考虑机械系统或部件的可靠性，以确保其能够在设计寿命内稳定运行，不发生故障或失效。可靠性设计的基本概念和原理包括以下几个方面。

（一）基本概念

首先，可靠性设计的核心是预测和评估机械系统或部件的寿命和可靠性。通过分析机械系统或部件的工作环境、载荷特点、材料特性、制造工艺等因素，建立可靠性模型和寿命模型，进行可靠性评估和寿命预测，确定可靠性指标和设计寿命。其次，可靠性设计要考虑故障和失效的机制和模式。机械系统或部件的故障和失效通常包括疲劳失效、磨损失效、材料失效、结构失效等多种模式。在设计过程中，要对不同失效模式进行分析和评估，确定防止故障和失效的措施，以提高机械系统或部件的可靠性。再次，可靠性设计要注重设计的合理性和可行性。在机械设计中，可靠性设计不仅要满足可靠性要求，还要兼顾生产成本、制造难度、维护便利等实际问题。因此，在设计过程中，要在可靠性、经济性、可制造性等方面进行平衡，确保设计的可行性和可靠性。最后，可靠性设计要采用全寿命周期管理的思想。机械系统或部件的可靠性不仅与设计有关，还与制造、运行、维护等环节密切相关。因此，在设计过程中要考虑全寿命周期管理，从整个生命周期的角度来考虑可靠性问题，确保机械系统或部件在整个生命周期内保持良好的可靠性和稳定性。

（二）基本原理

机械设计中的可靠性设计是一个综合性的问题，要考虑多个方面的因素，并采用科学的方法和先进的工具来实现。可靠性设计是机械设计中不可或缺的一部分，它可以提高产品的质量和可靠性，降低生产成本和维护成本，提高客户满意度，增强企业竞争力。在可靠性设计中，还需要注意以下几个方面。首先，要制定合理的可靠性要求。可靠性要求应该根据产品的使用环境和用户需求来确定，不能过高或过低，否则会影响产品的市场竞争力和用户满意度。其次，要采用科学的试验和测试方法来验证可靠性设计。可靠性设计的可靠性评估是基于假设的可靠性模型和寿命模型进行的，因此需要通过试验和测试来验证可靠性预测的准确性和可靠性评估的正确性。再次，要加强可靠性设计的实践经验积累和知识管理。机械设计领域的知识和经验是非常丰富的，要通过知识管理的方法来积累和传承这些经验和知识，以便更好地指导可靠性设计的实践工作。最后，要注重人机工程学和安全性设计。机械系统或部件的可靠性不仅与机械结构的设计有关，还与人机工程学和安全性设计密切相关。因此，在设计过程中要充分考虑人机工程学和安全性设计的要求，以保障用户的安全和健康。

综上所述，可靠性设计是机械设计中至关重要的一部分，它可以提高产品的可靠性和稳定性，降低生产成本和维护成本，增强企业的竞争力和用户的满意度。在可靠性设计过程中，需要综合考虑多个因素，采用科学的方法和先进的工具，以确保机械系统或部件在设计寿命内稳定运行，不发生故障或失效。

二、安全性设计的基本概念和原理

机械设计中的安全性设计是指在机械系统或部件的设计中，考虑用户的安全和健康问题，采取相应的措施以防止或降低事故风险和人身伤害。安全性设计是机械设计中不可或缺的一部分，它可以保障用户的安全和健康，防止事故的发生，减少企业的损失。

（一）基本原理及概念

安全性设计的基本原理是预防优先、控制风险、保障安全、持续改进。具体来说，安全性设计需要从以下几个方面入手。第一，要在机械设计的早期阶段就充分考虑安全性问题。机械设计的早期阶段是影响机械安全性的关键因素，应该在此阶段进行充分的安全性评估和风险分析，确定相应的安全性要求和控制措施。第二，要采用合理的安全性设计原则和方法。安全性设计的方法包括：安全性标准、安全性规范、安全性设计手册、风险分析和评估、仿真分析等。这些方法可以帮助设计人员有效地识别和控制风险，提高机械系统或部件的安全性能。第三，要注重人机工程学和人因工程设计。人机工程学是一门研究人和机器交互关系的学科，人因工程设计则是将人机工程学的理论和方法应用于产品设计中的过程。在机械设计中，应该充分考虑人机工程学和人因工程设计的要求，以确保机械系统或部件的设计符合人体工程学原理，方便用户操作，降低使用难度和事故风险。第四，要加强安全性设计的实践经验积累和知识管理。安全性设计需要依靠经验和知识的积累，通过知识管理的方法来积累和传承这些经验和知识，以便更好地指导安全性设计的实践工作。第五，要进行持续改进和完善。安全性设计是一个不断完善和改进的过程，需要不断跟进安全性标准和法规的更新和变化，及时进行安全性风险评估和控制措施的调整和改进，以保证机械系统或部件的安全性能不断提高。

（二）安全性设计注意事项

在安全性设计中，还需要考虑以下一些具体的问题。首先，要考虑机械系统或部件在使用中可能产生的事故类型和可能导致事故的原因。比如，在设计工业机器人时，需要考虑机器人与人员的安全距离、机器人的动态性能、安全门的设计等问题，以防止发生意外事故。其次，要考虑机械系统或部件的安全性能指标。安全性能指标包括：机械系统或部件的可靠性、安全性、易用性、维护性等性能。这些指标需要在机械设计的早期阶段确定，并随着机械系统或部件的设计和制造过程进行不断的评估和改进。再次，要考虑机械系统或部件的材料和制造工艺的影响。机械系统或部件的材料和制造工艺会对其安全性能产生影响，因此在安全性设计中需要充分考虑材料和制造工艺的选择和控制，以确保机械系统或部件的安全性能满足设计要求。最后，要考虑机械系统或部件的使用环境和工作条件的影响。机械系统或部件的使用环境和工作条件也会对其安全性能产生影响，因此在安全性设计中需要充分考虑使用环境和工作条件的要求，以确保机械系统或部件的安全性能在不同的环境和条件下都能够得到有效保障。安全性设计需要与其他相关设计要素相互配合，形成协同作用。比如，在机械设计中，安全性设计需要与可靠性设计、易用性设计、维护性设计等相互配合，形成协同作用，以确保机械系统或部件在整个生命周期内能够得到全面的保障。总之，安全性设计是机械设计中的重要组成部分，需要设计人员在整个设计过程中充分考虑，从而确保机械系统或部件的安全性能得到有效保障，同时也能够提高企业的竞争力和经济效益。

三、可靠性工程和失效模式、影响和危害分析

机械设计中可靠性工程是确保机械系统或部件在其整个生命周期内保持稳定可靠运行的工程学科。它涵盖了从产品设计、制造、使用、维护、保养到淘汰的全过程。可靠性工程主要包括可靠性设计、可靠性测试、可靠性分析和可靠性改进等内容。

（一）具体应用

可靠性工程中，失效模式、影响和危害分析是一种常用的分析方法。失效模式、影响和危害分析是一种系统性的方法，可以对机械系统或部件的失效模式进行全面、系统、深入的分析和评估，从而帮助设计人员制订可靠的设计方案和改进措施。失效模式是指机械系统或部件在使用过程中出现的各种失效模式，例如断裂、

疲劳、腐蚀、磨损、变形等。在进行失效模式分析时，需要对机械系统或部件的所有部分进行分析，确定可能出现的失效模式和其可能导致的后果。影响是指机械系统或部件失效后可能带来的影响，例如生产停滞、工人伤亡、财产损失等。在进行失效影响分析时，需要对失效的各种影响进行评估，确定失效后可能带来的各种影响，并进行风险评估和控制。危害是指机械系统或部件失效后可能带来的安全危害，例如电气触电、火灾爆炸等。在进行失效危害分析时，需要对失效的各种危害进行评估，确定失效后可能带来的各种危害，并进行风险评估和控制。

（二）作用分析

对于机械系统或部件的设计人员而言，他们需要通过分析和评估机械系统或部件的失效模式、影响和危害，确定机械系统或部件的弱点，并制定相应的改进措施。在进行失效模式、影响和危害分析时，设计人员需要采用多种分析工具和技术，例如故障树分析、事件树分析、失效模式与影响分析等，以确保分析结果准确、可靠。在进行失效模式、影响和危害分析时，设计人员需要了解机械系统或部件的使用环境、工作条件和使用要求，以便在分析中考虑这些因素。同时，设计人员还需要使用适当的工具和方法，例如故障模式和影响分析（FMEA）、故障模式和影响分析和改进（FMECA）、风险评估和控制等，以确保分析结果准确、可靠。

（三）注意事项

在进行失效模式、影响和危害分析时，需要注意以下几点。第一，应该充分了解机械系统或部件的工作原理和结构特点，以便确定可能出现的失效模式。第二，需要考虑机械系统或部件的使用环境、工作条件和使用要求，以便在分析中考虑这些因素。第三，需要使用适当的分析工具和方法，例如故障模式和影响分析（FMEA）、故障模式和影响分析和改进（FMECA）、风险评估和控制等。第四，需要对分析结果进行风险评估和控制，确定可能带来的各种影响和危害，并采取相应的措施进行控制。第五，需要对分析结果进行跟踪和监控，以确保机械系统或部件的可靠性和安全性。

第二节　可靠性设计在机械设计中的应用

一、设计优化

可靠性设计在机械设计中的应用之一是设计优化。机械设计中的设计优化是指通过对机械结构、零部件和系统的设计进行优化，提高机械设备的可靠性。在机械设计中，应考虑零部件的功能性、受力状况、材料选择、加工工艺等因素，以确保其满足可靠性要求。在机械设计中，优化设计是提高机械设备可靠性的关键。在机械设计过程中，应采用合适的优化方法，对机械结构、零部件和系统进行分析和优化。例如，采用有限元分析法对机械结构进行分析，确定机械结构的受力情况，并对其进行合理的优化设计，以提高机械设备的可靠性。在机械设计中，零部件的选用也是优化设计的重要方面。零部件的选用应考虑其质量、可靠性、性能、耐久性和生产成本等因素。应选用具有高质量、高可靠性和优异性能的零部件，以确保机械设备的可靠性和长期稳定性。例如，在汽车制造中，发动机是汽车最重要的部件之一，其可靠性和性能直接影响汽车的安全性和舒适性。因此，汽车发动机的设计和选材非常重要。为提高发动机的可靠性和性能，发动机设计人员采用了一系列优化设计方法和高质量材料，例如采用复合材料和高强度钢板，提高发动机的耐久性和可靠性。在机械设计中，加工工艺也是优化设计的重要方面。加工工艺的优化设计可以提高机械零部件的精度和质量，从而提高机械设备的可靠性和稳定性。例如，在飞机制造中，机身是最重要的部件之一，其制造需要高精度的加工工艺。为了提高机身的精度和质量，飞机制造商采用了先进的数控加工设备和精密的测量仪器，进行高精度加工和检测，以确保机身的可靠性和安全性。

通过优化机械结构、零部件和系统的设计，采用合适的优化方法和材料以及优化加工工艺，可以提高机械设备的可靠性和稳定性，从而降低机械设备的故障率和维护成本。例如，在机械制造领域，一些企业已经开始采用3D打印技术进行机械零部件的生产。相比传统的加工工艺，3D打印技术具有更高的精度、更快的生产速度、更低的生产成本等优点，可以大幅提高机械零部件的质量和可靠性，进而提高整个机械设备的可靠性和稳定性。另外，在机械设计中，优化设计还可以提高机械设备的安全性。在电梯制造中，电梯的安全性是最为重要的考虑因素之一。电梯设计人员采用了一系列优化设计方法和高质量材料，以确保电梯的稳定性和安全性。电梯轿厢的制造需要高精度的加工和装配，以确保轿厢的稳定性和安全性。同时，电梯的安全装置、电气控制系统、制动系统等也需要采用高质量的零部件和优化的设计方案，以确保电梯的安全性和稳定性。总之，在机械设计中，优化设计是提高机械设备可靠性和安全性的重要手段之一。优化设计需要考虑多个方面，如机械结构、零部件的选用、加工工艺等，通过合理的优化设计，可以提高机械设备的可靠性和稳定性，降低机械设备的故障率和维护成本，同时提高机械设备的安全性。

以汽车制造为例，优化设计可以提高汽车的可靠性和安全性。汽车是现代社会最重要的交通工具之一，安全性和可靠性是车辆设计中最为重要的考虑因素之一。在汽车制造中，优化设计可以从多个方面入手，如车身结构、动力系统、悬挂系统、制动系统等。首先，车身结构的优化设计可以提高汽车的安全性和可靠性。汽车的车身结构决定了车辆的稳定性和抗撞击性能。现代汽车的车身结构采用了一系列高强度材料和复合材料，如高强度钢板、铝合金、碳纤维等，可以大幅提高车辆的抗撞击能力和稳定性。其次，动力系统的优化设计也可以提高汽车的可靠性和安全性。动力系统是汽车的核心部件之一，需要采用高质量的零部件和合理的设计方案。例如，汽车发动机需要采用高品质的发动机油、滤清器等，以保证发动机的正常运转。同时，动力系统还需要采用高效的冷却系统、排放系统等，以确保汽车的安全性和可靠性。另外，悬挂系统和制动系统的优化设计也可以提高汽车的可靠性和安全性。悬挂系统决定了汽车在行驶过程中的稳定性和舒适性，需要采用高质量的零部件和优化的设计方案。制动系统是汽车安全性的重要保障，需要采用高品质的制动片、制动盘、制动液等，以确保汽车的制动效果和安全性。

综上所述，优化设计是提高机械设备可靠性和安全性的重要手段之一。在汽车制造中，优化设计可以从车身结构、动力系统、悬挂系统、制动系统等多个方面入手，通过合理的设计方案和高品质的零部件，可以大幅提高汽车的可靠性和安全性。

二、质量控制

质量控制是可靠性设计在机械设计中的重要应用之一。它指的是通过控制制造过程中的各个环节，保证机械设备的质量符合设计要求，从而提高机械设备的可靠性和安全性。在机械制造领域中，质量控制通常分为3个方面：产品设计质量控制、制造过程质量控制和产品测试质量控制。

首先，产品设计质量控制是确保机械设备质量的第一步。产品设计阶段是机械设备制造过程中最为关键的环节之一，决定了设备的功能、性能和可靠性等重要指标。因此，必须进行严格的产品设计质量控制，包括设计评审、设计验证和设计变更等，以保证设计方案的合理性和可行性。其中，设计评审是重要的质量控制手段之一，它可以发现设计中的问题并进行改进。例如，在汽车制造领域中，设计评审被广泛应用于新车型的开发中。通过评审会议，设计团队可以共同探讨并解决新车型中存在的设计问题，从而保证汽车质量符合设计要求。其次，制造过程质量控制是实现机械设备质量控制的关键环节。在制造过程中，需要通过严格的过程控制和检验控制，保证设备的加工精度、工艺流程、材料选择和加工质量等符合设计要求。这需要采用适当的质量控制工具和技术，如SPC（统计过程控制）、FMEA（失效模式与影响分析）和PDCA（计划—实施—检查—行动）等，以提高制造过程的稳定性和一致性。例如，在飞机制造领域中，采用FMEA技术可以对制造过程中存在的风险进行评估和控制，从而提高飞机制造的质量和可靠性。最后，产品测试质量控制是确保机械设备质量的最后一步。产品测试阶段是机械设备制造过程中的重要环节之一，主要用于验证设备的功能、性能和可靠性等指标是否符合设计要求。通过适当的测试手段和方法，如可靠性测试等，可以发现产品中存在的问题并进行改进，以提高设备的可靠性和安全性。例如，在电子设备制造领域中，可靠性测试被广泛应用于电子产品的质量控制中。通过进行温度、湿度、振动等各种环境测试，可以发现电子产品中存在的问题并进行改进，从而提高产品的可靠性和安全性。

总之，质量控制是可靠性设计在机械设计中的重要应用之一。通过对产品设计、制造过程和产品测试等环节的严格控制，可以确保机械设备的质量符合设计要求，从而提高机械设备的可靠性和安全性。值得注意的是，质量控制不是一次性的活动，而是需要在整个制造过程中持续不断地进行。只有通过不断地进行质量控制，才能确保机械设备的质量和可靠性达到最优水平。举个例子，以机床制造为例。机床是机械制造过程中重要的加工工具，其精度和稳定性对加工质量和生产效率有着直接的影响。因此，在机床制造过程中，需要进行严格的质量控制，以确保机床的质量符合设计要求。首先，在机床的产品设计阶段，需要进行严格的设计评审和设计验证，以保证机床的设计方案的合理性和可行性。其次，在机床的制造过程中，需要采用适当的质量控制工具和技术，如SPC、FMEA和PDCA等，以提高机床的制造质量和稳定性。最后，在机床的测试阶段，需要进行各种测试，如静态精度测试、动态精度测试和稳定性测试等，以验证机床的功能、性能和可靠性等指标是否符合设计要求。通过这些质量控制措施，可以确保机床的质量和可靠性达到最优水平，为机械制造提供坚实的保障。总之，质量控制是可靠性设计在机械设计中的重要应用之一，通过对产品设计、制造过程和产品测试等环节的严格控制，可以提高机械设备的可靠性和安全性，为机械制造提供保障。

三、维护管理

可靠性设计在机械设计中的应用之一是维护管理。维护管理是机械设备的后期管理过程，其目的是确保机械设备在使用过程中的可靠性和安全性。机械设备的可靠性和安全性不仅取决于产品设计和制造过程，还取决于后期的维护管理过程。

在机械设备的使用过程中，由于各种原因，例如磨损、老化、损坏等，机械设备可能会出现故障和问题。如果没有及时进行维护和修理，就会对设备的可靠性和安全性造成影响。因此，维护管理是确保机械设备在使用过程中可靠性和安全性的重要手段。维护管理包括预防性维护、修复性维护和升级性维护等多种类型。其中，预防性维护是最为重要的一种维护方式。它通过定期检查和维护机械设备，预防机械设备出现故障和问题，从而保证机械设备的可靠性和安全性。修复性维护则是在机械设备出现故障和问题时，对机械设备进行及时修复和维护，以保证机械设备的正常运行。升级性维护则是在机械设备需要升级和改进时，对机械设备进行升级和改进，以提高机械设备的可靠性和安全性。

（一）应用场景

在电力行业中，发电机是重要的机械设备之一。发电机的可靠性和安全性对电力系统的稳定性和可靠性有着重要的影响。因此，在发电机的使用过程中，需要进行严格的维护管理。预防性维护方面，需要对发电机进行定期的检查和维护，包括检查发电机的绝缘性能、润滑系统、冷却系统等。修复性维护方面，需要在发电机出现故障和问题时，进行及时的修复和维护，如对发电机的转子、定子、绝缘材料等进行检查和维修。升级性维护方面，需要对发电机的改进和升级，如采用新的材料和新的设计方法，以提高发电机的可靠性和安全性。另外，机床的维护管理也是非常重要的。机床是制造业中常用的机械设备，其可靠性和安全性直接影响到产品质量和生产效率。在机床的使用过程中，机床可能会出现故障和问题，如刀具磨损、轴承损坏等。如果没有进行及时的维护和修理，就会对机床的可靠性和安全性造成影响，甚至会导致生产事故的发生。

（二）维护管理措施

为了确保机床的可靠性和安全性，在机床的维护管理方面需要采取多种措施。首先，需要对机床进行定期的保养和维护，包括对机床的润滑、冷却、清洁等方面进行维护。其次，需要对机床的各个部件进行定期的检查和维护，如对刀具、轴承、导轨等方面进行检查和维修。另外，在机床的维护管理方面，还需要加强对机床操作人员的培训和管理，以确保机床的正确使用和维护。维护管理的实施需要依靠信息化技术，例如维修管理系统和设备管理系统等。维修管理系统是通过对机械设备的故障和维修记录进行管理和分析，实现对机械设备的预防性维护和修复性维护的有效管理。设备管理系统则是通过对机械设备的运行状态进行实时监测和分析，实现对机械设备的预警和预防性维护的有效管理。通过信息化技术的应用，可以实现对机械设备的全生命周期管理，提高机械设备的可靠性和安全性。

综上所述，可靠性设计在机械设计中的应用之一是维护管理。维护管理是确保机械设备在使用过程中可靠性和安全性的重要手段，包括预防性维护、修复性维护和升级性维护等多种类型。在机械设备的维护管理过程中，需要采取多种措施，如定期地检查和维护、加强对操作人员的培训和管理等。通过信息化技术的应用，可以实现对机械设备的全生命周期管理，提高机械设备的可靠性和安全性。

第三节　安全性设计在机械设计中的应用

一、风险评估和预防措施

安全性设计是机械设计中的关键环节，用以确保机械设备的安全运行。在机械设备的设计中，风险评估和预防措施是安全性设计的重要部分。这一部分内容旨在评估使用机械设备可能带来的危险和风险，并采取适当的预防措施来降低或消除这些风险。

（一）风险评估

在机械设备的设计过程中，风险评估是确保其安全性的关键步骤。评估的主要目的是确定机械设备使用过程中可能存在的危险和风险，然后通过采取相应的预防措施来降低或消除这些风险。风险评估需要对机械设备的所有组件、部件、功能、操作过程等进行全面的分析和评估，并基于评估结果确定适当的措施。在风险评估中，应该尽可能多地考虑各种不同情况下的风险，并在设计过程中采取相应的措施来预防这些风险。举个例子，对于一个具有旋转部件的机械设备，在评估风险时，应该考虑旋转部件可能带来的损伤和伤害，并评估在使用过程中可能出现的各种情况下旋转部件的危险程度。这可能包括考虑人员误入危险区域、操作员忘记关闭安全门等各种情况下可能出现的危险。在评估的基础上，可以采取预防措施，如添加安全防护罩、安装传感器和断路器等，以减少或消除旋转部件带来的风险。

（二）预防措施

在进行风险评估后，需要采取适当的预防措施来降低或消除机械设备使用过程中的风险。预防措施的选择应该基于风险评估的结果和机械设备的实际情况。在预防措施的实施过程中，应该充分考虑安全防护罩、安全门、传感器和断路器等安全设备的使用。以机械设备的安全防护罩为例，这是一种常见的安全设备，可以防止人员接触到机械设备的危险部件，降低或消除机械设备的风险。在机械设备的设计中，应该优先考虑采用安全防护罩，以保障使用者的安全。在选择安全防护罩时，应该考虑到机械设备的设计、尺寸和功能等方面的要求，以确保防护罩的安全和有效性。此外，应该考虑安全防护罩的易于安装和拆卸，以方便机械设备的维护和修理。

（三）注意事项

在进行机械设备的设计和制造时，应该遵守相关的标准和法规，以确保机械设备的安全性。机械设备的标准和法规通常包括设计、制造、使用、维护和修理等各个方面的要求。设计师和制造商应该对这些标准和法规有充分的了解，并在机械设备的设计和制造过程中严格遵守这些要求。例如，美国安全协会（American Society of Safety Engineers）颁布了一系列机械设备安全标准，如ANSI B11机械安全标准和ASME机械安全标准等，这些标准规定了机械设备的安全性要求、测试方法、警告标志和安全措施等方面的内容。在机械设备的设计和制造过程中，应该参考这些标准，并确保机械设备满足相应的要求。

总之，风险评估和预防措施是安全性设计在机械设计中的重要应用之一。通过评估使用机械设备可能带来的危险和风险，并采取适当的预防措施来降低或消除这些风险，可以确保机械设备的安全运行。此外，遵守相关的标准和法规也是确保机械设备安全性的重要保障。

二、操作人员的培训和指导

安全性设计在机械设计中的应用之一是操作人员的培训和指导。即使机械设备本身设计安全，操作人员如果不了解正确的操作方法，也可能会发生意外事故。因此，针对操作人员进行培训和指导，是确保机械设备安全运行的重要环节。培训的内容应该涵盖机械设备的安全使用方法、安全操作规程、维护保养知识等。操作人员应该了解机械设备的基本结构、原理和功能，以及使用机械设备的注意事项、危险部位和安全措施等内容。同时，还应该了解机械设备的维护保养知识，包括清洁、润滑、更换部件等方面的操作方法和周期。这些知识不仅可以提高操作人员的操作技能和安全意识，还可以延长机械设备的使用寿命，提高机械设备的效率和性能。培训的形式应该根据实际情况进行选择。培训可以采用讲解、演示、实际操作等形式进行，也可以通过网络教育、在线培训等方式进行。根据操作人员的实际情况和工作需要，可以选择最适合的培训形式，以增强培训效果。培训应该定期进行，并不断完善和更新培训内容。随着机械设备的不断升级和更新，操作人员也需要不断学习和掌握新的操作方法和知识。因此，应该定期对操作人员进行培训和指导，以保持他们的安全意识和操作技能。同时，还应该根据机械设备的实际情况，不断完善和更新培训内容，以适应不同机械设备的要求。

在设计机械设备时，需要考虑操作人员的背景和技能水平。例如，对于一个需要对多个控制器进行编程的机器人系统，需要在设计阶段考虑操作员的编程技能和电气知识水平。如果操作员缺乏必要的技能和知识，那么机器人可能无法按照预期工作，这可能导致严重的安全事故。因此，设计师需要设计易于使用的编程界面，并提供有关编程和电气知识的培训材料，以帮助操作员掌握必要的技能。在设计机械设备时，需要提供详细的操作手册和培训材料。这些材料应该简洁明了、易于理解，涵盖设备的所有方面，包括操作、维护、保养和安全注意事项等。此外，为了确保操作员能够正确地操作设备并遵守安全规定，可以使用图像、视频、模拟等多种方法，使操作员能够更好地理解设备的操作流程和安全要求。在设计机械设备时，还可以考虑使用虚拟现实（VR）和增强现实（AR）技术，为操作员提供逼真的模拟环境和交互式培训。VR和AR技术可以为操作员提供高度互动的实时的反馈，帮助他们快速掌握设备的操作和维护技能，从而提高设备的使用效率和安全性。举个例子，对于一台大型挖掘机，需要专业的操作员才能正确操作。在设计这台挖掘机时，设计师需要考虑操作员的技能和知识水平，并设计易于使用的控制界面和操作手册。此外，可以使用AR技术为操作员提供逼真的模拟环境，让他们在没有真实设备的情况下进行操作培训。这将大大提高操作员的技能水平和安全性。

三、安全性测试和验证

安全性设计是指在设计产品、系统或设备时，考虑并纳入各种安全因素的过程。在机械设计中，安全性设计可以帮助设计师遵守安全标准和法规，从而保障使用者的安全。

（一）安全性测试和验证

安全性测试和验证是确保机械产品安全的重要步骤之一。首先，安全性设计应当始于产品设计概念阶段。在这一阶段，设计师应该首先考虑产品的安全性，确定产品的安全目标和要求。这些目标和要求可能包括避免或减少危险因素、最小化潜在伤害的程度等。同时，设计师还应该在产品设计的早期阶段考虑并纳入适当的安全措施。这些措施可以包括防护设备、安全传感器、机械保护等。这样可以确保在后续的设计过程中，产品的安全性得到充分考虑。其次，安全性设计需要通过多种手段来验证和测试其有效性。其中，安全性测试是评估产品是否符合安全标准和法规的重要方式之一。通过对机械产品的测试，可以确定其在正常操作和异常情况下的安全性能。测试结果可以为产品的安全性设计提供反馈，帮助设计师改进设计。同时，安全性测试还可以帮助确定适当的安全措施和操作规程，以确保产品的安全使用。另外，安全性验证也是确保机械产品安全的重要步骤之一。验证可以确保产品的设计和制造过程符合安全标准和法规，并且产品的性能符合预期。安全性验证可以包括实验室测试、现场测试和模拟测试等。这些测试可以确定产品的安全性能和可靠性，并且确保产品在使用中不会造成危险。

（二）风险评估

安全性设计还可以通过其他手段来保障机械产品的安全。其中，风险评估是一种常用的方法。通过对机械产品的设计、制造和使用过程进行风险评估，可以确定危险因素和安全措施，并建立相应的管理措施和操作规程。这些措施可以确保机械产品在使用中的安全性。假设一个制造商要设计一台自动化的生产线，用于生产电子产品。在设计初期，设计师应该考虑生产线操作的安全性。他们需要确定适当的安全措施，例如安装警示标志、安全门、紧急停机装置等。同时，他们还需要考虑工作人员的安全，例如提供人员培训和操作规程等。在设计过程中，设计师需要使用CAD软件进行建模并对生产线进行虚拟测试，以确定其在正常操作和异常情况下的安全性能。此外，他们还可以通过实验室测试和现场测试等方式进行安全性验证，确保生产线在使用中的安全性。

（三）安全措施制定

除了在设计阶段考虑安全性，制造商还需要在生产过程中实施适当的安全措施。例如，他们需要提供安全培训，确保工人能够正确地操作设备并遵守安全规定。此外，制造商还需要在生产过程中进行安全性测试和验证，以确保设备的性能和安全性符合预期。总之，安全性设计在机械设计中的应用非常重要。通过考虑安全性，设计师可以确保产品符合安全标准和法规，并为使用者提供安全可靠的产品。安全性测试和验证可以帮助设计师改进设计，并确定适当的安全措施和操作规程。此外，风险评估和安全培训等方法也可以帮助制造商确保产品的安全性。

第十章　机械设计中的人机工程学设计

第一节　人机工程学的基本概念和原理

一、人机工程学的定义和基本概念

人机工程学是一门研究人类与机器之间交互关系的学科。它通过研究人类的感知、思考和行为习惯等，设计出符合人类需求和使用习惯的机器产品和系统。人机工程学的核心在于将人的需求和机器的性能相结合，以便更好地满足用户的需求并提高用户的工作效率。在机械产品的设计中，人机工程学被广泛应用，以提高产品的可用性、可靠性和安全性。

人机工程学包括以下几个基本概念：

（1）人类特征：人类特征是指人的身体结构、生理功能、心理特点和认知特点等方面的特征。机械产品的设计必须考虑人的特征，以便设计出符合人体工程学原理的产品。例如，人的手指长度和宽度、眼睛的视觉范围和颜色感知等方面的特点，都会影响机械产品的设计。

（2）机器特性：机器特性是指机器的功能、性能、界面和操作方式等方面的特点。机械产品的设计必须考虑到机器的特性，以便更好地满足用户的需求。例如，机器的操作方式、显示屏的分辨率和对比度等方面的特点，都会影响机械产品的设计。

（3）人机界面：人机界面是人和机器之间的接口。它包括物理界面和软件界面两个方面。物理界面是指机器的外形、按键、控制杆、显示屏等物理部分。软件界面是指机器的操作系统、用户界面、菜单、图标等软件部分。人机界面的设计必须考虑人的感知和认知特点，以便用户能够更容易理解和使用机器。

（4）任务和工作环境：任务和工作环境是指人在使用机器时所处的具体情境。机械产品的设计必须考虑任务和工作环境的特点，以便更好地满足用户的需求。例如，在工业生产现场使用的机器，必须考虑噪声、灰尘、温度等环境因素的影响，以便更好地适应工作环境。

人机工程学的目的是将机器与人的需求相结合，以便设计出更加符合人类需求的机械产品。这种设计方式可以提高产品的可用性、可靠性和安全性，从而提高用户的工作效率和满意度。

在机械产品的设计中，人机工程学可以通过以下几个方面来实现：

（1）人机交互设计：人机交互设计是指通过优化人机交互界面，使用户更容易理解和操作机器。这种设计方式可以提高用户的工作效率和满意度，减少误操作和工作错误的发生。人机交互设计包括物理界面和软件界面，必须考虑人的感知和认知特点，以便用户能够更容易理解和使用机器。

（2）人体工程学设计：人体工程学设计是指通过优化机器的外形、按键、控制杆、显示屏等物理部分，使其符合人体工程学原理。这种设计方式可以减少人在使用机器时的不适感和疲劳感，提高工作效率和满意度。人体工程学设计必须考虑人的身体结构、生理功能、心理特点和认知特点等，以便设计出符合人体工程学原理的产品。

（3）任务分析和工作环境设计：任务分析和工作环境设计是指通过分析任务和工作环境的特点，优化机械产品的设计。这种设计方式可以使机器更好地适应用户的需求和工作环境，提高工作效率和满意度。任务分析和工作环境设计必须考虑任务和工作环境的特点，例如噪声、灰尘、温度等环境因素的影响。

在机械产品的设计中，人机工程学是非常重要的一个方面。通过人机工程学的设计，可以使机器更好地适应人的需求和工作环境，提高工作效率和满意度，减少误操作和工作错误的发生。在实际应用中，人机工程学的设计必须考虑到人和机器的特点，以便设计出更加符合人类需求的机械产品。

二、人机工程学原理：以人为中心的设计

人机工程学原理是以人为中心的设计思想，将人作为设计的主体，从人的角度出发来设计机械产品，使之更符合人的需求和特点，提高使用者的工作效率和满意度。人体工程学是一门研究人的身体结构和功能与环境、机器等因素之间的关系的学科。在机械产品的设计中，人体工程学原理要求将机器的外形、按键、控制杆、显示屏等物理部分进行优化设计，使其符合人体工程学原理。例如，在设计汽车的座椅时，应该考虑到人体的脊柱结构和压力分布，以便设计出符合人体工程学原理的座椅，减少驾驶时的疲劳感和不适感。认知工程学是一门研究人类信息处理和认知过程的学科。在机械产品的设计中，认知工程学原理要求将机器的用户界面进行优化设计，使其符合人的认知特点。例如，在设计手机的操作界面时，应该将常用功能放在易于操作的位置，使用常见的图标和符号，使用户更容易理解和使用。任务分析是一种研究人类完成任务的方法，通过对任务进行分析，确定任务目标、任务步骤和任务环境等因素，以便优化任务的执行效率和安全性。在机械产品的设计

中，任务分析原理要求对用户的任务和工作环境进行分析，以便设计出更符合用户需求的机器。例如，在设计医用注射器时，需要考虑注射的精度、速度和安全性等因素，以便设计出安全性更高、使用更方便的注射器。社会工程学是一门研究人与人之间相互作用和影响的学科。在机械产品的设计中，社会工程学原理要求考虑机器使用者的文化、语言、价值观等因素，以便设计出更符合不同文化和群体需求的机械产品。例如，在设计教学设备时，需要考虑不同学生的文化背景和学习特点，以便设计出更容易使用和学习的设备。

综上所述，人机工程学原理是以人为中心的设计思想，将人作为设计的主体，从人的角度出发来设计机械产品，使之更符合人的需求和特点，提高工作效率和满意度。其中，人体工程学、认知工程学、任务分析和社会工程学原理是人机工程学的重要组成部分。举例来说，现代的智能手机设计中，人机工程学原理得到了广泛应用。在手机的设计中，人体工程学原理要求设计师将手机的外形和尺寸进行优化设计，使之符合人的手掌大小和握持习惯。认知工程学原理要求将手机的操作界面进行简洁明了的设计，使用直观的图标和符号，方便用户使用。任务分析原理要求设计师考虑用户在使用手机时的各种需求和环境因素，以便设计出更加智能化、实用化的手机产品。社会工程学原理要求设计师考虑用户的文化和价值观等因素，以便设计出更符合用户群体需求的手机产品。

在汽车设计中，也可以看到人机工程学原理的应用。例如，在汽车的座椅设计中，人体工程学原理要求将座椅的形状和角度进行优化设计，以适应人体的脊柱结构和压力分布。认知工程学原理要求将车辆的仪表盘和操作系统进行简洁明了的设计，方便驾驶员使用。任务分析原理要求考虑驾驶员在行车过程中的各种需求和环境因素，以便设计出更加安全、便捷的汽车产品。社会工程学原理要求考虑不同驾驶者的文化和驾驶习惯等因素，以便设计出更符合不同驾驶者需求的汽车产品。总之，人机工程学原理的应用可以使机械产品更符合人的需求和特点，提高产品的工作效率和满意度。在现代机械产品的设计中，人机工程学原理已经成为一个必不可少的设计原则，未来也会继续得到广泛应用。

第二节　人机工程学设计在机械产品开发中的应用

一、人体工程学设计在机械产品开发中的应用

人体工程学是研究人类身体结构、功能及其与环境的适应性的学科，它涉及心理、生理、解剖、生物力学、人类工效学等多个方面。在机械产品开发中，人体工

程学设计可以帮助制造商设计出更加符合人类生理和心理需求的产品，提高产品的易用性、安全性和人机交互效率。

1.外观设计

人体工程学设计可以应用于机械产品的外观设计。外观是机械产品的重要组成部分，它不仅影响产品的美观度，还直接影响用户的购买决策和使用体验。人体工程学设计可以通过分析人体各部位的尺寸、比例、形态和颜色感受等，确定产品的外形尺寸、曲线、手感和颜色方案，使产品更符合人们的审美和心理需求。

2.人机界面设计

人体工程学设计还可以应用于机械产品的人机界面设计。人机界面是机械产品与用户进行信息交互的重要接口，它直接关系到产品的易用性和用户体验。人体工程学设计可以通过分析人类视觉、听觉、触觉、运动反应等方面的特点，确定人机界面的布局、字体、颜色、声音、振动等设计参数，使产品的操作界面更符合人类认知和操作习惯，提高产品的易用性和人机交互效率。

3.功能设计

人体工程学设计还可以应用于机械产品的功能设计。功能设计是机械产品的核心部分，它关系到产品的性能和安全性。人体工程学设计可以通过分析人体在使用产品时的运动和力学特征，确定产品的功能设计参数，如按钮、开关、手柄、踏板、把手等的尺寸、形状、位置和力度等，以确保产品操作的舒适性、安全性和效率性。

4.实践案例

以电动自行车为例，人体工程学设计可以通过分析人体在骑行时的身体姿势、手脚的运动轨迹、力度和频率等，确定电动自行车的车架、座椅、把手、脚踏板、刹车等的位置、形状和力度等参数，以确保骑行的舒适性、安全性和效率性。此外，电动自行车的人机界面设计也需要考虑人体工程学因素，如显示屏的大小、位置和颜色，按钮的大小、位置和力度，操作手柄的形状和位置等，以确保操作的便捷性、直观性和易用性。这些人体工程学设计的应用可以提高电动自行车的用户体验和市场竞争力。另外一个例子是智能手机的设计。人体工程学设计可以应用于智能手机的外形设计、人机界面设计和功能设计。在外形设计方面，人体工程学设计可以分析人手的大小、握持力和使用姿势等，确定智能手机的尺寸、曲面、重量和手感等参数，以提高用户的握持舒适性和视觉体验。在人机界面设计方面，人体工程学设计可以分析人类视觉、听觉和触觉的特点，确定智能手机的操作界面的布局、字体、颜色和声音等设计参数，以提高用户的操作便捷性和直观性。在功能设计方面，人体工程学设计可以分析人类使用智能手机的频率和时间等特点，确定智能手机的电池寿命、充电速度、摄像头质量和通信功能等参数，以提高智能手机的性能和实用性。

综上所述，人体工程学设计在机械产品开发中的应用十分广泛。通过考虑人体的生理和心理特征，制造商可以设计出更符合人类需求的产品，提高产品的易用性、安全性和人机交互效率，从而提高产品的市场竞争力和用户满意度。

二、操作界面设计在机械产品开发中的应用

在机械产品的开发中，操作界面设计是至关重要的一环，它直接关系到产品的易用性、人机交互效率和用户体验。操作界面设计是指通过图形、文字、声音和触摸等方式，向用户展示产品的信息和功能，以及接收用户的指令和反馈，实现人机交互的过程。在这个过程中，操作界面设计需要考虑用户的生理和心理特点，使得产品的操作界面可以简单、直观、易用，从而提高产品的市场竞争力和用户满意度。

1.用户群体需求

操作界面设计需要考虑的第一个因素是产品的用户群体。不同的用户群体有不同的习惯、文化、教育背景和认知能力等，需要针对不同的用户群体，设计不同的操作界面。例如，对于老年人群体，他们的视力、听力和手指的灵敏度都会随着年龄的增长而下降，因此需要设计大字体、高对比度和简单明了的操作界面，以便老年人可以轻松操作。而对于年轻人群体，他们通常更加注重界面的美观和创意性，需要设计出富有创意和时尚感的操作界面。

2.产品应用环境需求

操作界面设计需要考虑的第二个因素是产品的使用环境。不同的使用环境有不同的光照、温度、噪声和振动等因素，需要考虑这些因素对操作界面的影响。例如，如果产品在强光下使用，需要设计出具有反光、抗眩光和高对比度的操作界面，以便用户可以清晰地看到屏幕上的信息。如果产品在嘈杂的环境下使用，需要设计出具有高音量、清晰明了的提示音和震动反馈的操作界面，以便用户可以清晰地听到提示音和感受震动反馈。

3.功能和交互方式需求

操作界面设计需要考虑的第三个因素是产品的功能和交互方式。不同的产品有不同的功能和交互方式，需要根据产品的特点，设计出符合产品特点和用户习惯的操作界面。例如，对于家用电器，需要设计出具有一键启动、预设模式和智能控制

等功能的操作界面，以便用户可以轻松地操作家用电器。而对于智能手表，需要设计出具有触摸屏、语音控制和手势控制等交互方式的操作界面，以便用户可以轻松地控制手表。

4.实践案例

比如，汽车的操作界面设计直接关系到驾驶员的安全和舒适性，因此需要考虑很多因素。首先是驾驶员的视线问题，操作界面应该设计在驾驶员视线的范围内，以便驾驶员可以轻松地查看并控制操作界面。其次是驾驶员的手部操作，操作界面应该设计成易于掌握和操作的方式，以便驾驶员可以轻松地完成各种操作。例如，汽车的音响系统通常都会设计成具有触摸屏、旋钮和物理按钮等多种操作功能的方式，以便驾驶员可以根据自己的习惯选择合适的操作方式。另外，汽车的操作界面设计还需要考虑驾驶员的心理状态和习惯。例如，驾驶员通常需要在开车的过程中保持专注和警惕，因此需要设计出具有简洁、直观和易于理解的操作界面，以便驾驶员可以在短时间内完成操作，并尽量避免分散注意力。另外，驾驶员的操作习惯也需要考虑，例如，很多驾驶员习惯于使用左手操作方向盘上的控制按钮，因此需要设计出符合左手操作习惯的操作界面。

总的来说，操作界面设计在机械产品开发中是非常重要的一环，它直接关系到产品的易用性、人机交互效率和用户体验。在操作界面设计过程中，需要考虑用户的生理和心理特点、产品的使用环境、功能和交互方式等因素，以便设计出符合用户需求和产品特点的操作界面。

三、人机交互设计在机械产品开发中的应用

人机交互设计是机械产品开发中非常重要的一环，它关系到产品的使用效率、易用性、可靠性、安全性以及用户体验。人机交互设计的目标是让用户能够轻松地使用机械产品，并且在使用过程中感到舒适、自然和愉悦。

首先，人机交互设计需要考虑用户的行为和心理特征。人类的行为和心理特征是人机交互设计的基础，只有深入了解用户的行为和心理特征，才能设计出符合用户需求和习惯的人机交互界面。例如，对于老年人或者身体不便的用户来说，设计的交互方式应该更加简单、易用、明确，方便他们使用产品。而对于年轻人或者技术人员来说，可以适当提高交互界面的难度，以适应他们的需求。其次，人机交互设计需要考虑产品的使用场景和环境。不同的使用场景和环境会对人机交互产生不同的影响，例如，在工业生产线上使用的机械产品需要考虑噪声、震动、灰尘等环境因素，因此人机交互设计应该更加稳定、可靠、易于清洁等。而在家庭生活中使

用的机械产品，则需要更多地考虑产品的美观性、方便性、易用性等。再次，人机交互设计需要考虑产品的功能和交互方式。产品的功能和交互方式是人机交互设计的关键，它决定了用户在使用产品时的体验和效率。例如，工业机器人的交互方式通常采用编程控制，而家用电器则可以采用语音控制、触摸屏控制、物理按钮控制等多种方式。最后，举个例子，苹果公司的产品设计一直以来都是以用户体验为核心，其中人机交互设计起到了非常重要的作用。例如，苹果的手机采用了简洁、直观的界面设计以及多点触控、语音助手等多种交互方式，让用户可以轻松地完成各种操作。此外，苹果的产品设计还注重产品的外观设计以及与人体工程学相匹配的产品尺寸和重量，以便用户可以更加舒适地持有和使用产品。

总的来说，人机交互设计在机械产品开发中的应用非常广泛，它可以提高产品的使用效率、易用性、可靠性、安全性和用户体验，进而提升产品的市场竞争力。因此，人机交互设计在机械产品开发中的应用至关重要。除了苹果公司的产品设计之外，还有许多其他公司也在人机交互设计方面做得非常好。例如，特斯拉的汽车采用了大屏幕触控控制、语音助手、自动驾驶等多种交互方式并且配备了许多高科技设备，让用户在驾驶和乘坐汽车时感到非常舒适和便捷。另外，微软公司的Surface系列平板电脑采用了可拆卸式键盘、触控笔等多种交互方式，方便用户在不同场景下使用电脑。总之，人机交互设计在机械产品开发中的应用是非常重要的，它需要考虑用户的行为和心理特征、产品的使用场景和环境、产品的功能和交互方式等多个因素，以提供更好的用户体验和效率。只有通过良好的人机交互设计，才能让机械产品更好地服务于人类的需求，实现更高效、更舒适、更安全的使用体验。

第三节　优化机械系统人机交互的方法与技术

一、用户研究

用户研究是优化机械系统人机交互设计中非常重要的一种方法，通过了解用户的需求和行为，可以为机械系统的人机交互设计提供重要的指导和参考，从而提高机械系统的易用性和用户体验。首先，用户研究需要确定研究目标和方法。研究目标是指需要解决的问题和目标，如确定机械系统的用户群体、使用场景、需求和问题等。研究方法可以包括用户调查、焦点小组讨论、用户测试等多种方法，根据研究目标来确定最合适的研究方法。其次，用户研究需要选择合适的研究对象。研究对象可以是机械系统的潜在用户、现有用户、相关领域的专家等。根据研究目标和方法来选择最适合的研究对象，以获得最有价值的研究结果。然后，用户研究需要收集和分析数据。数据收集可以采用多种方法，如问卷调查、访谈、观察、记录用户行为等。根据研究方法和研究对象来选择最合适的数据收集方法。数据分析可以采用多种方法，如定量分析、定性分析、主题分析、故事板等，根据研究目标和方法来选择最合适的数据分析方法。最后，用户研究需要将研究结果转化为设计方案。设计方案可以包括用户需求分析、功能规划、交互方式设计、界面设计等多个方面，根据研究结果来确定最适合用户的设计方案，从而优化机械系统的人机交互设计。

举个例子，苹果公司在设计iPhone时进行了大量的用户研究。他们采用了问卷调查、用户访谈和行为记录等多种方法，从用户的需求和行为特征等多个方面来分析和理解用户。最终，他们通过用户研究得出了iPhone的设计方案，包括使用多点触控屏幕、简单直观的操作界面、自动校正旋转方向、缩放等功能。这些设计方案使得iPhone在市场上得到了广泛的认可，成了一款具有里程碑意义的手机产品。因此，通过用户研究来优化机械系统的人机交互设计是非常重要的，可以为机械系统的设计提供重要的指导和参考，使得机械系统更符合用户的需求和习惯，提高用户的满意度和使用体验。在实际应用中，用户研究可以运用在很多机械系统的人机交互设计中，如智能家居系统、智能工厂设备、自动驾驶汽车等。以自动驾驶汽车为例，自动驾驶汽车的人机交互设计需要考虑驾驶员和乘客的需求和行为特征，以提高其驾驶和乘坐的安全性和舒适性。通过用户研究，可以了解驾驶员和乘客的需求和行为特征，如驾驶员的注意力、反应时间、驾驶技能以及乘客的视觉和听觉感受等，从而为自动驾驶汽车的人机交互设计提供重要的参考和指导。例如，自动驾驶汽车的座椅、仪表盘、控制界面等的设计，可以根据用户的身体尺寸、健康状况、坐姿习惯等因素来进行优化，以提高驾驶员和乘客的舒适度和安全性。同时，自动驾驶汽车的警示声音、警示灯光等的设计，也需要根据用户的听觉和视觉特征来进行优化，以提高其警示效果和有效性。在实际应用中，用户研究可以和其他优化机械系统人机交互设计的方法和技术相结合，如人体工程学、操作界面设计等，以共同优化机械系统的人机交互设计。例如，在自动驾驶汽车的人机交互设计中，可以运用人体工程学的原理来设计车厢的空间布局、座椅高度、仪表盘位置等，以最大限度地提高驾驶员和乘客的舒适性和安全性，同时，也可以运用操作界面设计的方法和技术来设计控制界面、显示屏幕、手柄等，以提高驾驶员和乘客的操作效率和体验。

综上所述，用户研究是优化机械系统人机交互设计的重要方法之一，通过了解用户的需求和行为特征，可以为机械系统的人机交互设计提供重要的参考和指导，提高机械系统的易用性和用户体验。在实际应用中，可以结合其他优化机械系统人机交互设计的方法和技术，以共同优化机械系统的人机交互设计。

二、人机交互设计工具

人机交互设计工具是优化机械系统人机交互设计的重要方法和技术之一。它可以帮助设计师快速创建人机交互设计原型，以评估和优化不同设计方案的易用性和用户体验，从而降低开发成本并提高设计效率。常用的人机交互设计工具包括Axure RP、Sketch、Adobe XD、Figma等。

（一）人机交互设计作用

人机交互设计工具可以帮助设计师快速创建交互设计原型，并提供交互元素、组件库、UI组件、图标、字体等资源，以及丰富的设计模板和布局工具。设计师可以通过拖拽、放置、编辑等操作，快速创建交互原型，模拟用户的操作行为和反应，以评估不同设计方案的易用性和用户体验。此外，人机交互设计工具还支持多种输出格式，如HTML、CSS、JavaScript等，方便开发人员和测试人员使用和参考。以Axure RP为例，它是一款功能强大的人机交互设计工具，可以帮助设计师创建高保真的交互原型，并提供多种交互元素和组件，如按钮、文本框、滚动条、下拉框、列表等。设计师可以通过拖曳、放置、编辑等操作，快速创建交互原型，模拟用户的操作行为和反应，以评估不同设计方案的易用性和用户体验。此外，Axure RP还支持多种输出格式，如HTML、CSS、JavaScript等，方便开发人员和测试人员使用和参考。

（二）人机交互设计工具具体应用方法

在实际应用中，人机交互设计工具可以和其他优化机械系统人机交互设计的方法和技术相结合，如人体工程学、操作界面设计等，以共同优化机械系统的人机交互设计。例如，在机器人操作界面的设计中，可以使用人机交互设计工具来创建交互原型，快速模拟不同操作场景下的用户行为和反应，同时，也可以运用操作界面设计的方法和技术来设计控制界面、显示屏幕、手柄等，以提高操作效率和体验。人机交互设计工具是优化机械系统人机交互设计的重要方法和技术之一，通过快速创建交互原型，模拟用户的操作行为和反应，以评估和优化不同设计方案的易用性和用户体验，从而降低开发成本和提高设计效率。在实际应用中，可以结合其他优化机械系统人机交互设计的方法和技术，以共同优化机械系统的人机交互设计。同时，人机交互设计工具也在不断更新和优化，提供更加丰富和高效的功能和工具，以满足不同设计需求和场景的应用。

除了Axure RP外，还有其他常用的人机交互设计工具。Sketch是一款比较流行的矢量图形编辑工具，也可以用于创建交互原型和UI设计。它提供了多种矢量形状、文本、图标等元素以及丰富的插件和资源库，可以快速创建高质量的交互原型和UI设计。Adobe XD是Adobe公司推出的一款交互设计工具，可以创建高保真的交互原型，并提供多种交互元素和组件，如按钮、文本框、滚动条、下拉框、列表等。Figma是一款基于Web的交互设计工具，可以帮助设计师快速创建高保真的交互原型和UI设计，并支持多人协作和实时预览。在实际应用中，选择合适的人机交互设计工具需要考虑多个因素，如设计需求、团队规模、预算等。同时，也需要掌握一定的人机交互设计知识和技能，以更好地应用工具进行优化机械系统人机交互设计。

综上所述，人机交互设计工具是优化机械系统人机交互设计的重要方法和技术之一，可以帮助设计师快速创建交互原型，以评估和优化不同设计方案的易用性和用户体验，从而提高设计效率和降低开发成本。在实际应用中，需要结合其他优化机械系统人机交互设计的方法和技术，以共同优化机械系统的人机交互设计。同时，也需要选择合适的人机交互设计工具，并掌握相关的人机交互设计知识和技能，以更好地应用工具进行设计。

三、虚拟现实技术

虚拟现实技术（Virtual Reality，简称VR）是一种通过计算机技术创建的、可以让用户感受到身临其境的交互式三维虚拟环境的技术。在机械系统中，VR技术可以应用于人机交互的优化中。下面将从以下几个方面详细介绍VR技术在机械系统人机交互中的应用和优化。

（一）机械系统产品设计中的应用

VR技术可以用于机械系统的产品设计。传统的机械系统产品设计过程中，设计师需要基于二维图纸或模型进行设计，难以真实模拟产品的使用场景和效果。而采用VR技术可以将产品设计转化为三维的虚拟场景，设计师可以通过虚拟现实眼镜或手柄等设备实时查看和操作设计效果，更加直观地感受产品的使用场景和交互体验，从而更好地优化产品的人机交互设计。例如，福特汽车公司在汽车设计中采用VR技术，能够模拟出车内环境，使设计师能够在真实的场景中进行设计和调整，从而提高了汽车内部人机交互的质量和用户体验。其次，VR技术可以用于机械系统的培训和教育。传统的机械系统培训往往需要通过实物模型或现场操作进行，这种方式不仅成本高昂，而且存在安全风险。而采用VR技术可以创建虚拟的机械系统环境，实现对操作流程和使用技巧的模拟和教学，可以大大降低培训成本和安全风险。例如，美国航空航天局（NASA）利用VR技术开发了一套太空漫步模拟器，让宇航员在虚拟的太空环境中进行训练，提高了宇航员的操作技能和应对突发事件的能力。再次，VR技术可以用于机械系统的维修和保养。机械系统在使用过程中需要进行维修和保养，而传统的维修和保养需要依赖于实物模型或现场操作，存在操作风险和人为错误的可能性。采用VR技术可以在虚拟的机械系统环境中进行维修和保养操作，减少了操作风险和人为错误的可能性。

（二）教培领域中的应用

另一个使用虚拟现实技术进行人机交互优化的应用领域是培训和教育。虚拟现实技术可以为机械产品开发的操作者提供虚拟的培训环境，让他们可以在虚拟环境中学习和练习使用机械产品的方法和技巧，而不必直接使用实际的机械产品。这不仅可以减少机械产品的使用成本和风险，还可以增强培训效果并提高学习成效。例如，一些工厂和企业使用虚拟现实技术进行机械产品培训，特别是针对新员工的培训。在虚拟环境中，员工可以模拟实际的机械产品操作，学习如何正确地操作和维护机械产品。这种虚拟培训可以减少机械产品的损耗和维护成本，同时也可以提高员工的培训效果和工作效率。总之，虚拟现实技术是一种有潜力的人机交互优化技术，可以为机械产品开发提供更好的用户体验和更高的效率。虚拟现实技术可以用于机械产品设计和测试、用户研究、界面设计和培训等各个方面。虚拟现实技术的应用将为机械产品的开发和使用带来更多的便利和创新。

四、语音识别技术

语音识别技术是一种优化机械系统人机交互的有力技术。它通过使用人类语言作为输入接口，将用户的语音指令转化为计算机可理解的指令，从而实现人机交互的目的。相比传统的输入方式，如键盘和鼠标，语音识别技术可以提高用户的效率和便利性并减少机械系统操作的负担。下面将详细介绍语音识别技术在机械系统人机交互中的应用。

首先，语音识别技术可以用于机械产品的控制和操作。通过使用语音指令，用户可以控制机械系统的运行和停止、调节机械系统的参数等。这种方式可以提高机械系统的响应速度和精度并减少用户操作的时间和劳动力。其次，语音识别技术还可以用于机械系统的故障诊断和维修。通过使用语音指令，用户可以告知机械系统发生的问题并获得相关的诊断和维修建议。这种方式可以提高机械系统的维修效率和准确性并减少维修的时间和成本。此外，语音识别技术还可以用于机械系统的信息查询和数据管理。通过使用语音指令，用户可以查询机械系统的状态和运行数据，并进行数据分析和处理。这种方式可以提高机械系统的数据处理效率和数据管理的精度，并帮助用户更好地了解机械系统的运行情况和性能表现。最后，语音识别技术还可以用于机械系统的用户交互体验优化。通过使用自然语言和语音交互，机械系统可以提供更加友好和个性化的用户界面，并满足不同用户的需求和偏好。这种方式可以提高机械系统的用户满意度和用户体验，并增强机械系统的品牌价值和竞争力。

除了以上几个应用方面，语音识别技术还可以应用于机械系统的人机交互设计、用户研究和虚拟现实等多个领域。总之，语音识别技术是一种高效、便捷、智能的人机交互技术，具有广泛的应用前景和发展空间。在未来，随着语音识别技术的不断创新和发展，它将为机械系统的设计和使用带来更多的机遇和挑战。

五、脑机接口技术

（一）脑机接口技术原理

脑机接口技术是一种新兴的人机交互技术，它可以通过直接读取人脑活动来实现人和计算机或其他智能设备之间的通信和控制。这种技术基于对人脑活动的理解和解码，可以将人的意图和指令转换成计算机可以理解的信号，从而实现对机器的操作。脑机接口技术是优化机械系统人机交互的一种重要技术。传统的人机交互方式往往需要人们通过鼠标、键盘等外部设备与计算机进行交互，这种方式存在着交互效率低、烦琐复杂、不适合残障人士等问题。而脑机接口技术可以通过直接读取人脑活动，实现人机之间的无缝交互，极大地提高了交互效率和便捷性，同时也为残障人士提供了更为便捷的交互方式。在脑机接口技术中，最常用的技术手段是脑电图（EEG）信号的记录和分析。EEG是一种非侵入性的生物电信号，可以记录脑部神经元放电的电流变化。通过分析这些信号，可以获取人脑的电活动模式并将其转化为计算机可以理解的指令。这种技术在医学领域也有广泛的应用，如脑机接口治疗帕金森病、脑机接口辅助瘫痪患者等。另外，除了EEG信号之外，脑机接口技术还可以使用其他生物信号，如功能磁共振成像（fMRI）、近红外光谱（NIRS）等。这些技术都能够提供不同类型的脑活动信号，以供分析和识别，使脑机接口技术的应用范围更加广泛。

（二）脑机接口应用领域

脑机接口技术的应用涉及多个领域，如游戏、医疗、交通、军事等。在游戏领域，脑机接口技术可以实现更加真实的虚拟现实体验，让玩家能够更加自然地与游戏世界进行交互。在医疗领域，脑机接口技术可以帮助瘫痪患者恢复肢体活动功能，治疗帕金森病等疾病。在交通领域，脑机接口技术可以实现对自动驾驶车辆的控制，提高驾驶的安全性和便利性。在军事领域，脑机接口技术可以帮助士兵在战场上进行更加高效、快速的反应和指挥，提高作战效率和胜利的可能性。举个例子，脑机接口技术在医疗领域的应用比较广泛，其中一个典型的应用是帮助瘫痪患者恢复肢体活动功能。瘫痪患者由于中枢神经系统受损，失去了肢体的控制能力，无法进行日常生活中的基本活动。传统的疗法主要是物理治疗和康复训练，效果不佳，需要花费很长时间。而脑机接口技术可以通过直接读取瘫痪患者的脑电图信号，将其转换为肢体动作的指令，并通过电刺激或机械臂等辅助设备来实现对肢体的控制。这种技术可以使瘫痪患者恢复肢体活动功能，提高生活质量和自理能力，减轻家庭和社会的负担。

总的来说，脑机接口技术是一种前沿的人机交互技术，可以实现人脑和计算机等智能设备之间的无缝交互，为人们带来更加便捷和高效的交互方式。其应用范围广泛，包括游戏、医疗、交通、军事等多个领域。虽然脑机接口技术在目前仍存在一些技术难题和安全问题，但是随着技术的不断发展和完善，它有望成为未来人机交互的重要手段，为社会发展和人类福利带来更大的贡献。

第十一章　机械设计中的可持续性设计

第一节　可持续性设计的基本概念和原理

一、基本概念

机械设计中的可持续性设计是指在满足机械产品基本功能的前提下，通过全面考虑经济、环境和社会等方面的因素，对机械产品进行设计，以达到对人类和环境的最小化负荷和最大化利益。可持续性设计是为了保护人类的生存环境，避免因为过度消耗资源和排放污染物而导致的环境危机，是一个重要的工业设计理念。在可持续性设计中，经济因素是重要的考虑因素之一。机械设计师需要将产品的整个生命周期考虑在内，包括原材料的采购、生产、使用、再利用和废弃物的处理等各个环节。在设计过程中，设计师需要注重产品的耐用性、可靠性和维修性，以减少资源的浪费并降低维护和修理成本。此外，还需要考虑产品的能源消耗和使用寿命，以使产品能够在使用过程中减少对环境的影响。环境保护是可持续性设计中不可忽视的因素。机械设计师需要关注产品的材料选择，制造过程中的能源消耗和污染物排放，使用过程中的能源消耗和废气、废水的排放以及废弃物的处理等方面。在材料选择方面，需要优先选择可再生材料或者可回收利用的材料，以减少对自然资源的消耗和对环境的破坏。在生产和使用过程中，需要采用清洁生产技术和节能技术，以减少能源消耗和污染物的排放。同时，还需要考虑产品的环境适应性和可再利用性，以减少对环境的负面影响。社会责任是可持续性设计中的另一个重要方面。机械设计师需要考虑产品对人类社会的影响，包括产品的安全性、可用性、可接受性和可互换性等。在设计过程中，需要考虑产品的人机工程学因素，以保证产品在使用过程中对人体不会造成损害。同时，还需要考虑产品的可用性和可接受性，以保证产品能够满足用户的需求和期望。此外，还需要考虑产品的可互换性，以方便维修和更新换代，减少资源浪费和环境污染。

总之，机械设计中的可持续性设计是一个全面的、系统性的设计理念，需要将经济、环境和社会等方面的因素进行综合考虑。在实际的机械设计过程中，可持续性设计应该贯穿整个设计过程，包括需求分析、概念设计、详细设计、制造、使用、维护和废弃物处理等各个阶段。在需求分析阶段，机械设计师需要了解客户的需求和期望，同时也需要考虑可持续性设计的因素。在概念设计阶段，需要采用可持续性设计的思维方式，考虑产品的生命周期，选择可再生材料、优化设计、提高使用寿命、减少废弃物产生等方面的问题。在详细设计阶段，需要考虑产品的维修性和可靠性，优化制造过程和生产技术，减少能源消耗和污染物排放。在制造阶段，需要采用清洁生产技术，减少废气、废水的排放和废弃物的产生。在使用阶段，需要提高产品的能源利用率和安全性，降低对环境的影响。在维护阶段，需要采用可维修性设计，延长产品的使用寿命。在废弃物处理阶段，需要采用可回收和可再利用的方法，减少废弃物对环境的影响。可持续性设计是未来机械设计的重要方向，是机械设计师的必备技能。在可持续性设计中，需要将环境、经济和社会等多方面因素综合考虑，通过优化设计来减少资源消耗、降低污染物排放、提高产品的使用寿命和可靠性，最大限度地减少对环境的负面影响。同时，也需要将可持续性设计作为一种新的文化理念，推广可持续性的观念，让更多的人加入可持续性的设计中来。只有这样，才能真正实现可持续性的发展，为人类创造一个更加美好的未来。

二、原理

可持续性设计是一种将可持续发展原则应用到机械设计中的设计理念，旨在在产品的生命周期内，尽可能减少对环境和资源的负面影响，同时满足社会经济可持续发展的需求。可持续性设计的核心原理包括资源利用效率、环境友好、社会责任等，以下将详细阐述这些原理。首先，资源利用效率是可持续性设计的核心原则之一。在机械设计中，通过优化设计、材料选择和工艺流程等方面，最大限度地利用资源，减少浪费。同时，机械设计师也需要考虑产品的使用寿命和可维修性等，延长产品的使用寿命，最大限度地减少资源消耗。其次，环境友好是可持续性设计的另一个核心原则。机械设计师需要在设计中考虑产品的整个生命周期，从材料的选择到产品的废弃物处理，最大限度地减少对环境的负面影响。在材料选择方面，应优先选择可再生、可回收和可降解的材料。在设计过程中，应考虑减少能源消耗和污染物排放，采用清洁生产技术和绿色制造技术。在产品使用阶段，应考虑产品的能源利用率和安全性，减少对环境的影响。此外，社会责任也是可持续性设计的重要原则。机械设计师需要考虑产品对社会的影响，包括对消费者、员工、供应商和社会的影响。在设计过程中，应考虑人机工程学和人体工学原理，保障产品的安全性和人体健康。在制造过程中，应遵循公平竞争、遵守法律法规和尊重知识产权等方面的原则。在废弃物处理方面，应采用可回收和可再利用的材料，减少废弃物对环境的影响。

总之，可持续性设计是机械设计的一个重要方向，其原则包括资源利用效率、环境友好和社会责任等。机械设计师应该在设计过程中充分考虑这些原则，通过优化设计、材料选择和工艺流程等方面，最大限度地减少对环境和资源的负面影响，同时满足社会经济可持续发展的需求。只有这样，才能够实现可持续性设计的目标，达到经济、社会和环境的可持续发展。在实践中，机械设计师可以采用一些方法来实现可持续性设计。首先，应采用系统思考的方法来考虑产品的整个生命周期，从设计、制造、使用到废弃物处理等方面，从而减少对环境和资源的负面影响。其次，应采用生态设计的原则，即从生态系统的角度来考虑设计，尽可能地减少对生态系统的破坏。此外，还可以采用生命周期评价的方法来评估产品的环境性能和社会性能，从而找到改进的方向和方法。除了以上方法，机械设计师还应该积极参与可持续性设计的推广和实践。与其他领域的设计师和专家合作，分享经验和知识，推广可持续性设计的理念和原则。同时，应参与可持续性设计的培训和学习，不断提高自己的专业水平和设计能力。总之，可持续性设计是机械设计的一个重要方向，其原则包括资源利用效率、环境友好和社会责任等。机械设计师应该在设计过程中充分考虑这些原则，通过优化设计、材料选择和工艺流程等方面，最大限度地减少对环境和资源的负面影响，同时满足社会经济可持续发展的需求。只有这样，才能够实现可持续性设计的目标，达到经济、社会和环境的可持续发展。

第二节　可持续性设计的方法和工具

一、以重复利用为目的

机械设计中的可持续性设计是指在满足产品功能和性能的前提下，最大化地考虑产品对环境的影响和资源利用效率，以实现可持续发展的目标。其中，设计以重复利用为目的是一种常见的可持续性设计方法。具体而言，这种设计方法要求设计师在设计过程中，尽可能地使用已有的、可重复利用的部件和材料，从而减少对新资源的需求和浪费，降低产品对环境的影响。

（一）汽车设计中应用

在汽车设计中，可以采用可重复利用的轮胎、发动机、变速箱等部件，而不是每一款车型都重新设计和制造这些部件。这不仅可以降低生产成本，提高效率，还可以减少对原材料的需求和对环境的影响。此外，一些汽车制造商也开始采用可重复利用的材料，如再生塑料、废旧轮胎制成的橡胶等，用于车内装饰件和零部件的制造，进一步提高了汽车产品的可持续性。除了汽车设计，可重复利用的设计方法还可以应用于其他机械领域。例如，在工业机器人的设计中，可以采用通用的机器人臂、控制系统等核心部件，再根据不同的应用需求进行个性化设计和组装。这样可以降低生产成本，提高制造效率，同时减少对新资源的需求和浪费。在建筑设计中，也可以采用可重复利用的设计方法。

（二）建筑设计中应用

在公共建筑的设计中，可以采用模块化的设计思路，使得建筑模块可以在不同的场所和用途中重复使用。这样可以减少对新材料和资源的需求，降低建筑垃圾的产生和能源消耗，从而实现可持续发展的目标。总之，以重复利用为目的的可持续性设计方法，不仅可以减少对新资源的需求和浪费，降低产品对环境的影响，还可以降低生产成本，提高制造效率，实现可持续发展的目标。

（三）实践应用方法

以重复利用为目的的可持续性设计方法还有以下一些具体的实践方法。首先，设计师可以采用标准化的部件和模块化的设计思路，使得不同产品之间可以共用同一套部件或模块，从而实现资源利用的最大化。例如，在家电设计中，可以采用标准化的电机、传动系统等，使得不同型号的家电产品可以共用同一套部件，从而降低生产成本，提高制造效率，同时减少对新资源的需求和浪费。其次，设计师可以采用可拆卸和可重组的设计思路，使得产品可以方便地进行拆卸、维修和升级。例如，在电子产品的设计中，可以采用可拆卸的设计思路，使得用户可以方便地更换电池、屏幕等部件，同时降低产品的维修成本和对环境的影响。此外，设计师还可以采用可再制造和循环利用的设计思路，使得产品在使用寿命结束后可以进行再生利用。例如，在纺织品的设计中，可以采用可再制造的纤维材料，使得废弃的纺织品可以进行再生利用，从而减少对新资源的需求和浪费，降低对环境的影响。总之，以重复利用为目的的可持续性设计方法，是一种注重资源利用效率和环境保护的设计思路。通过采用标准化的部件和模块化的设计思路、可拆卸和可重组的设计思路、可再制造和循环利用的设计思路等具体方法，设计师可以最大化地利用已有的资源和材料，减少对新资源的需求和浪费，降低产品对环境的影响，实现可持续发展的目标。

二、以最大限度地减少资源消耗为目的

随着人类经济和科技的不断发展，对资源的消耗和浪费已经成为全球面临的一个严重问题。在机械设计领域，可持续性设计已经成为一个越来越重要的设计思路。以最大限度地减少资源消耗为目的的可持续性设计方法，旨在通过优化产品的设计和制造过程，最大限度地减少对自然资源的消耗和浪费，同时降低对环境的负面影响。在实践中，以最大限度地减少资源消耗为目的的可持续性设计方法具体包括以下几个方面。

（一）设计方法

首先，设计师可以采用轻量化的设计思路，在保证产品强度和耐用性的前提下，尽量减少材料的使用量。例如，在汽车设计中，可以采用轻量化的材料，如铝合金和高强度钢材，从而减少整车的重量，提高燃油效率，同时减少对原材料的需求和浪费。其次，设计师可以采用最小化加工的设计思路，尽量减少材料加工过程中的能源消耗和废弃物的产生。例如，在机械零件的设计中，可以采用3D打印等新型制造技术，通过精确的材料加工来避免废弃物的产生和能源的浪费。此外，设计师还可以采用循环利用和再生利用的设计思路，使得产品的废弃物可以得到再生利用，从而减少对资源的消耗和浪费。例如，在包装设计中，可以采用可回收的材料，使得废弃的包装材料可以进行再生利用，从而减少对新资源的需求和浪费。另外，设计师还可以采用能源高效的设计思路，使得产品在使用过程中能够尽可能地节约能源。例如，在照明设备的设计中，可以采用LED灯具，从而提高能源利用效率，降低能源消耗。

（二）设计实践

以最大限度地减少资源消耗为目的的可持续性设计方法，是一种注重资源效率和环境保护的设计思路。通过采用轻量化的设计思路、最小化加工的设计思路、循环利用和再生利用的设计思路、能源高效的设计思路等具体方法，设计师可以最大限度地减少对自然资源的消耗和浪费，降低产品对环境的影响。

让我们来看几个实际的机械设计案例，说明以最大限度地减少资源消耗为目的的可持续性设计方法的应用效果。首先，我们来看看摩托车的设计。摩托车是一种高性能的交通工具，但是在传统设计中，其设计过程往往忽略了对资源的有效利用。然而，现在越来越多的摩托车制造商开始注重可持续性设计，旨在通过优化产品设计和制造过程，最大限度地减少对自然资源的消耗和浪费。例如，近年来出现了一种名为电动摩托车的新型摩托车。电动摩托车是利用电池提供动力的摩托车，其设计思路就是以最大限度地减少对资源的消耗为目的的可持续性设计方法。相比传统的摩托车，电动摩托车在设计过程中，采用了轻量化的材料，减少了整车的重量。同时，电动摩托车的电池也可以进行再生利用，从而减少了对新资源的需求和浪费。此外，电动摩托车的能源消耗量也远远低于传统摩托车，从而减少了对自然资源的消耗和浪费。其次，我们来看看汽车的设计。汽车是一种被广泛使用的交通工具，但是在传统设计中，汽车的设计往往忽略了对资源的有效利用。然而，现在越来越多的汽车制造商开始注重可持续性设计，旨在通过优化产品设计和制造过程，最大限度地减少对自然资源的消耗和浪费。特斯拉公司的汽车设计就是一个很好的例子。特斯拉汽车采用轻量化的材料和高效的电池技术，从而减少了整车的重量和能源消耗。同时，特斯拉汽车也采用了循环利用和再生利用的设计思路，其电池可以进行再生利用，从而减少了对新资源的需求和浪费。此外，特斯拉汽车还采用了最小化加工的设计思路，采用先进的制造技术，从而减少了能源消耗和废弃物的产生。最后，我们来看看工业机器人的设计。工业机器人是现代工业生产中被广泛使用的自动化设备，但是在传统设计中，其设计往往忽略了对资源的有效利用。然而，现在越来越多的工业机器人制造商开始注重可持续性设计，旨在通过优化产品设计和制造过程，最大限度地减少对自然资源的消耗和浪费。ABB公司的工业机器人设计就是一个很好的例子。ΛBB公司的工业机器人采用了先进的技术和材料，从而在实现高效生产的同时，最大限度地减少了对资源的消耗和浪费。具体来说，ABB公司的工业机器人采用了高效的电机、传感器和控制系统，从而实现了高效的能源利用和生产过程控制。同时，ABB公司的工业机器人也采用了循环利用和再生利用的设计思路，其零部件和材料可以进行回收和再利用，从而减少了对新资源的需求和浪费。此外，ABB公司的工业机器人还采用了模块化设计思路，从而实现了快速组装和更换零部件，减少了废弃物的产生和对资源的消耗。总之，以最大限度地减少资源消耗为目的的可持续性设计方法，在机械设计领域具有广泛的应用前景。通过优化产品设计和制造过程，最大限度地减少对自然资源的消耗和浪费，不仅有利于环境保护，也有助于提高企业的竞争力和可持续发展能力。

三、以最大限度地减少废弃物为目的

以最大限度地减少废弃物为目的的可持续性设计方法，是机械设计领域中的一种重要的可持续性设计方法。该方法的主要目的是在产品设计和制造过程中尽可能减少废弃物的产生和排放，从而降低对自然环境的影响和对资源的浪费。

在机械设计中，采用以最大限度地减少废弃物为目的的可持续性设计方法，可以通过以下几个方面来实现：

（一）设计方法

首先，要采用环保材料。通过使用环保材料，可以有效降低产品在使用和废弃阶段的对环境的污染和破坏，从而达到减少废弃物的目的。例如，在汽车制造领域中，一些汽车制造商开始使用回收的材料，如回收金属、塑料和橡胶等，用于汽车部件的生产，从而减少了对新资源的需求和废弃物的产生。其次，要采用模块化设计。模块化设计可以将产品的不同部分拆分为模块，从而可以更方便地更换和维护，降低了废弃物的产生和排放。例如，若一个机械产品出现故障，传统的处理方法可能是废弃整个产品，但采用模块化设计，只需要更换出现故障的部件，从而避免了整个产品的废弃。再次，要采用循环利用和再生利用的设计思路。在产品设计和制造过程中，要尽可能将产品的零部件和材料进行回收和再利用，从而减少对新资源的需求和废弃物的产生。例如，在机械设备的制造过程中，若采用再生材料代替新材料，可以有效地减少废弃物的产生和排放。最后，要进行可持续性评估和优化。在产品设计和制造过程中，应当考虑产品的整个生命周期，包括生产、使用和废弃阶段。通过对产品生命周期的全面评估和优化，可以有效降低废弃物的产生和排放。例如，在电子设备制造过程中，通过设计可拆卸的组件和模块化结构，可以实现设备的快速维修和更换，从而延长设备的寿命，减少废弃物的产生和排放。

（二）设计过程

以最大限度地减少废弃物为目的的可持续性设计方法是机械设计领域中一种重要的可持续性设计方法。通过采用环保材料、模块化设计、循环利用和再生利用的设计思路以及进行可持续性评估和优化，可以最大限度地减少废弃物的产生和排放，从而降低对自然环境的影响和对资源的浪费。以电动汽车的设计为例，采用以最大限度地减少废弃物为目的的可持续性设计方法，可以有效地减少废弃物的产生和排放，从而降低对环境的影响和对资源的浪费。具体而言，电动汽车的设计应当采用环保材料，如可回收的材料和环保塑料等，以最大限度地减少废弃物的产生和排放。此外，电动汽车的设计应当采用模块化设计，将汽车的不同部分拆分为模块，从而方便更换和维护，避免对整车的废弃。此外，电动汽车的设计还应当采用循环利用和再生利用的设计思路，将汽车的零部件和材料进行回收和再利用，从而减少对新资源的需求和废弃物的排放。最后，电动汽车的设计应当进行可持续性评估和优化，考虑整个汽车生命周期的环保和可持续性问题。

（三）实践设计

在实际应用中，以最大限度地减少废弃物为目的的可持续性设计方法，可以为企业带来经济和社会效益。首先，通过减少废弃物的产生和排放，企业可以降低环保罚款和废弃物处理成本，从而降低企业的经济负担。其次，采用可持续性设计方法可以提高企业形象和品牌价值，满足消费者对环保和可持续性的需求，从而促进产品销售和企业发展。最后，可持续性设计方法还可以促进企业与政府和社会的合作和共赢，共同推动环保和可持续性事业的发展。总之，以最大限度地减少废弃物为目的的可持续性设计方法是机械设计领域中一种重要的可持续性设计方法。通过采用环保材料、模块化设计、循环利用和再生利用的设计思路以及进行可持续性评估和优化，可以最大限度地减少废弃物的产生和排放，从而降低对自然环境的影响和对资源的浪费。在实际应用中，可持续性设计方法可以为企业带来经济和社会效益，促进企业的可持续发展和环保事业的发展。除了电动汽车，设计以最大限度地减少废弃物为目的的可持续性设计方法，在其他机械领域中也有广泛的应用。例如，在农业机械领域中，采用可持续性设计方法可以最大限度地减少农药和化肥的使用，从而减少对土壤和水源的污染，保护农田生态环境。具体而言，农业机械的设计应当采用先进的农业技术，如精准农业技术、智能化农业技术和无人机应用技术等，以最大限度地减少农药和化肥的使用，同时提高农作物的产量和质量。此外，农业机械的设计应当采用环保材料，如可回收的材料和环保塑料等，以最大限度地减少废弃物的产生和排放。同时，农业机械的设计也应当考虑农村环境和生态系统的保护问题，从而促进可持续发展和农村振兴。在机械设计领域，以最大限度地减少废弃物为目的的可持续性设计方法，既是一种责任和义务，也是一种机遇和挑战。对于企业而言，采用可持续性设计方法可以提高企业的环保形象和社会责任感，同时降低企业的成本和风险。对于消费者而言，可持续性设计方法可以提高产品的质量和品牌价值，同时满足消费者对环保和可持续性的需求。对于社会而言，可持续性设计方法可以促进环保和可持续发展事业的发展，同时推动经济和社会的绿色转型和可持续发展。

四、以最大限度地提高效能为目的

以最大限度地提高效能为目的是机械设计领域中一种重要的可持续性设计方法。该方法的目的是通过优化机械设计、提高机械效率、减少能量消耗和废弃物排放等手段，最大限度地提高机械的效能和可持续性，从而满足环保和经济发展的双重要求。

在机械设计中，可持续性设计的方法之一是通过优化设计，提高机械的效率，减少能量的消耗和废弃物的排放，从而达到最大限度地提高机械效能的目的。具体而言，机械设计应当考虑以下几个方面：首先，机械设计应当采用先进的技术和材料。通过采用新型材料、先进的加工技术、先进的控制技术等手段，可以提高机械的精度、可靠性和效率，同时降低机械的能耗和废弃物排放。其次，机械设计应当采用模块化设计思路。通过将机械设计分为多个模块，可以实现模块化生产和组装，从而提高机械的效率和可持续性。同时，模块化设计还可以实现零件的标准化和可替换性，降低机械的维护成本和更新成本，从而提高机械的寿命和可持续性。再次，机械设计应当采用循环利用和再生利用的设计思路。通过将机械设计为可再生利用的形式，可以最大限度地减少机械的废弃物和能源消耗。例如，可再生能源的利用、机械零件的回收和再利用等，可以实现机械设计的循环利用和再生利用，从而提高机械的可持续性。最后，机械设计应当进行可持续性评估和优化。通过对机械设计进行可持续性评估和优化，可以确定机械的可持续性指标和目标，并对机械设计进行可持续性优化，从而最大限度地提高机械的效能和可持续性。

以最大限度地提高效能为目的的可持续性设计方法在机械领域中应用广泛。例如，在汽车领域中，采用可持续性设计方法可以最大限度地提高汽车的燃油效率，减少二氧化碳排放量。在机械工业领域中，可持续性设计可以通过优化工业设备、提高机械效率、减少能源消耗等手段，最大限度地提高机械的效能和可持续性。以工业设备为例，可持续性设计可以采用多种手段来最大限度地提高机械的效能。例如，采用高效率电机和传动系统、优化控制系统、采用先进的工艺和加工技术等，都可以实现机械的效率和可持续性的提高。另外，机械设计中还可以采用节能设计和减排设计的手段来最大限度地提高机械的效能和可持续性。例如，在汽车设计中，采用轻量化设计、优化车身气动性能等手段可以最大限度地提高汽车的燃油效率并减少废气排放量。在机械工业中，采用先进的热交换技术、优化生产流程等手段可以实现机械的能源效率和废弃物排放的最小化。总之，以最大限度地提高效能为目的是机械设计领域中一种重要的可持续性设计方法。通过优化机械设计、提高机械效率、减少能量消耗和废弃物排放等手段，可以最大限度地提高机械的效能和可持续性，从而满足环保和经济发展的双重要求。机械设计中，该方法在汽车、机械工业、航空航天等领域中都有应用。

第三节　可持续性设计在机械设计中的应用

一、材料选择和资源利用

在机械设计中，可持续性设计是实现可持续发展的重要手段。在可持续性设计中，材料选择和资源利用是其中重要的一环。优化材料选择和资源利用可以最大限度地减少资源的消耗和废弃物的产生，从而实现可持续性的目标。

（一）材料选择

材料选择是机械设计中实现可持续性的关键环节。机械设计中应优先考虑可回收、可再利用和可持续的材料，如回收废旧金属、塑料、纸张等资源，以及采用新型的可持续材料，如生物降解材料、再生木材、生物基塑料等，都是实现可持续性的重要选择。此外，通过减少材料的使用量，如轻量化设计、优化结构等方式，也可以最大限度地减少材料的消耗和废弃物的产生。优化资源利用是机械设计中实现可持续性的另一个重要手段。机械设计中通过优化材料切削和加工等手段可以实现资源的最大限度利用和废弃物的最小化。例如，采用先进的数控加工设备和优化的切削参数，可以实现加工过程中废弃物的数量大大降低。同时，采用可重复利用的工装和刀具，也可以实现资源的最大限度利用和废弃物的最小化。机械设计中的材料选择和资源利用可以通过具体的案例进行说明。例如，在汽车设计中，采用轻量化材料可以大大降低车身重量，从而提高汽车的燃油效率和减少废气排放。此外，在机械零部件加工过程中，采用高速切削、先进的切削工艺和材料可以实现材料利用的最大化和废弃物的最小化。

（二）资源利用

在实际的机械设计中，可持续性设计的材料选择和资源利用是必不可少的。通过合适的材料选择和资源利用，可以最大限度地减少资源的消耗和废弃物的产生，从而实现可持续性的目标。因此，机械设计师应该注重可持续性设计，在设计中采用可持续性的原则和方法，为实现可持续发展做出贡献。此外，在材料选择方面，可持续性设计也可以鼓励使用可再生材料和回收材料。可再生材料是指可以通过自然循环过程持续供应的材料，如木材、竹子、麻等。而回收材料是指通过回收利用再生产新的材料，减少对自然资源的消耗，如再生纸、再生塑料等。在机械设计中，使用可再生材料和回收材料不仅可以减少对自然资源的消耗，还可以降低废弃物和污染物的排放，从而实现可持续性发展。举个例子，在汽车制造中，可持续性设计可以鼓励使用可再生材料和回收材料。例如，汽车内饰可以使用竹子、麻等可再生材料，车身和零部件可以使用再生塑料、再生金属等回收材料。同时，汽车设计师也可以在设计过程中考虑如何将材料的使用最小化，以减少资源消耗和废弃物的产生。例如，减少车身材料的使用量、增加车身结构的强度和刚度，以减少汽车总重量，从而提高燃油经济性和减少碳排放。此外，汽车制造企业还可以建立废弃物回收和再利用系统，将废弃物转化为有用的材料，如利用旧轮胎制成防撞材料等，进一步减少资源的消耗。

综上所述，材料选择和资源利用是机械设计中可持续性设计的重要方面。通过鼓励使用可再生材料和回收材料，减少材料的使用量和废弃物的产生，机械设计可以实现资源的最大化利用和减少对自然环境的影响，从而实现可持续性发展。

二、设计重复利用和循环利用

可持续性设计是一种旨在将设计与环境保护和社会可持续性融合在一起的设计方法。它强调在设计和制造过程中减少环境影响、降低资源消耗，同时也关注人类健康、社会公正和经济可持续性。在机械设计中，可持续性设计的应用非常重要，因为机械产品通常需要消耗大量的能源和材料，在生产、使用和处理过程中会产生大量的污染和废弃物。本文将重点讨论可持续性设计在机械设计中的两个方面：设计重复利用和循环利用，并通过举例说明它们在机械设计中的应用。设计重复利用是指设计师在设计新产品时，将现有的零部件和模块重新利用，以减少资源消耗和废物产生。这可以通过模块化设计、标准化和设计库的使用来实现。模块化设计是将产品分解为多个独立的模块，每个模块都有自己的功能，可以被单独设计、制造、测试和维修。这样可以减少产品设计和生产过程中的重复工作，缩短产品开发时间，降低成本，同时也便于零部件的重复利用。标准化可以确保不同的零部件和模块具有相同的尺寸、形状和接口，这样它们可以在不同的产品中重复使用，减少资源浪费和环境污染。设计库是一种集成化的设计工具，可以帮助设计师快速创建和修改产品，避免重复设计和浪费，提高设计效率和质量。举个例子，一家机械公司要设计一款新的装载机，他们可以使用现有的零部件和模块来构建新的装载机。例如，他们可以使用现有的发动机、变速箱和底盘来组装新的车辆。同时，他们也可以使用标准化的零部件和接口，如轮胎、转向系统和座椅，以减少资源消耗和废物产生。在设计过程中，他们可以使用设计库中的模块和部件，以减少设计时间和成本。循环利用是指在产品使用寿命结束后，将其材料和组件重新利用，以减少废物产生和资源消耗。这可以通过设计产品的材料、制造工艺和拆卸方式来实现。材料选择是循环利用的关键，因为某些材料可以更容易地回收和再利用。例如，使用可回收材料，如铝、钢铁和塑料，可以使产品在寿命结束后更容易地回收和再利用。制造工艺也可以影响循环利用的效果。例如，使用可拆卸的连接件和少量焊接可以使产品更容易拆卸和回收。拆卸方式也应该在设计过程中考虑。例如，使用可回收的螺钉和接头，可以使产品更容易拆卸和回收。举个例子，一个机械公司设计了一款铝合金电脑外壳。在设计过程中，他们选择了可回收的铝合金材料，并使用了可拆卸的连接件和少量焊接。在使用寿命结束后，用户可以将外壳拆卸并将铝合金材料回收，用于制造新的产品，从而减少资源消耗和废物产生。综上所述，设计重复利用和循环利用是可持续性设计在机械设计中的两个重要方面。通过模块化设计、标准化和设计库的使用，可以实现设计重复利用，从而减少资源消耗和废物产生。通过材料选择、制造工艺和拆卸方式的考虑，可以实现循环利用，从而减少资源消耗和废物产生。这些方法在机械设计中的应用可以有效地提高产品的可持续性，降低环境影响，并为企业带来经济效益和社会责任感。

三、节能设计和减排设计

可持续性设计是指在产品设计过程中，考虑对环境、社会和经济的影响，以最小化资源消耗、减少废弃物和污染物排放，同时提高产品的质量和寿命。在机械设计中，节能设计和减排设计是可持续性设计的两个重要方面。

（一）节能设计

节能设计是指在机械产品设计中，减少能源消耗，提高能源利用效率的设计方法。它可以通过多种手段实现，包括减少能源消耗、提高能源利用效率、使用可再生能源等。一种常见的节能设计方法是降低机械产品的能耗。例如，对丁电动机，可以通过优化电机结构和工作方式、提高电机效率、减少摩擦等方式来降低能耗。对于液压系统，可以通过降低液压系统压力、优化液压元件结构等方式来减少能耗。另外，使用高效的照明设备、冷却设备和控制设备，也可以在机械产品设计中实现节能的目标。

（二）减排设计

减排设计是指在机械产品设计中，减少污染物的排放，保护环境的设计方法。它可以通过降低产品的材料和能源消耗、使用环保材料、提高产品的可循环性等方式来实现。一种常见的减排设计方法是在产品设计过程中考虑环保材料的使用。例如，在汽车设计中，采用轻量化材料、低碳材料，可以降低汽车的能耗和排放。在建筑设计中，使用低碳材料、节能材料和可再生材料，可以降低建筑的碳排放。另一种减排设计方法是考虑产品的可循环性。在机械产品设计中，通过采用可重复利用、可回收的材料和组件，设计产品的组装方式和结构，可以降低废弃物的产生，减少对环境的影响。例如，在风力发电机的设计中，可以采用可回收的钢铁、铝材等材料，同时考虑机组拆解和回收的方式，从而降低风力发电机在寿命结束后对环境造成的影响。

（三）设计实践应用

节能设计和减排设计是机械产品设计中实现可持续性的两个关键方面。通过降低能耗、提高能源利用效率、使用环保材料、提高产品的可循环性等手段，可以降低产品的资源消耗和污染物排放，提高产品的可持续性和市场竞争力。此外，随着环保意识的不断提高和相关法规的加强，可持续性设计在机械产品设计中的应用也将越来越重要。例如，在汽车工业中，许多汽车制造商正在加大对可持续性设计的投入。如特斯拉公司推出的电动汽车采用了先进的电池技术和轻量化材料，大幅降低了汽车的能耗和碳排放。同时，汽车制造商也开始采用可循环的材料，如废旧轮胎、废旧塑料等，用于汽车内饰的生产。另外，在工程机械领域，可持续性设计也成了行业发展的重要趋势。例如，挖掘机制造商卡特彼勒公司推出的混合动力挖掘机，采用了电池和柴油发动机混合动力系统，大幅降低了机器的能耗和排放。此外，该挖掘机还采用了可重复利用的材料和可拆卸的组件，使得机器更加易于维修和回收。总之，可持续性设计是机械产品设计中不可忽视的一环。通过节能设计和减排设计，可以降低产品的资源消耗和污染物排放，提高产品的可持续性和市场竞争力。随着环保意识的不断提高和相关法规的加强，可持续性设计在机械产品设计中的应用也将越来越重要。

四、提高机械效能

可持续性设计在机械设计中的应用之一就是提高机械效能，即在保证机械性能的前提下，尽可能地提高机械的效率和可靠性，以降低资源消耗和环境污染。机械效能是机械产品性能的重要指标之一，它与机械的工作效率、能源利用率、噪声和振动等方面密切相关。因此，在机械设计中，通过可持续性设计手段提高机械效能，可以有效提高产品的可持续性和市场竞争力。例如，在工业泵领域，工程师可以采用高效节能的泵设计方案，优化泵的结构和材料，提高泵的效率和使用寿命。例如，西门子公司推出的一款高效泵，采用了先进的涡轮设计和磁力传动技术，使得泵的效率比传统泵提高了30%以上。此外，该泵还采用了可重复利用的材料和可拆卸的组件，便于维护和回收，从而实现了可持续性设计的目标。另外，在风电领域，可持续性设计也成了重要的发展方向。风力发电机是一种高效、清洁的可再生能源装备，但是也存在着能效低、噪声大等问题。为此，风电机制造商可以通过采用先进的设计和材料，优化风力发电机的效能。例如，丹麦风电机制造商维斯塔斯公司推出的一款风力发电机，采用了先进的发电机设计和材料，使得风力发电机的效率和可靠性得到了大幅提升。同时，该风力发电机还采用了可重复利用的材料和可拆卸的组件，便于维护和回收。总之，通过提高机械效能，可持续性设计可以有效提高机械产品的可持续性和市场竞争力。

在机械设计中，采用高效节能的设计方案、优化机械结构和材料、提高机械可靠性和使用寿命等手段，可以降低机械产品的资源消耗和环境污染，实现可持续性设计的目标。除了工业泵和风力发电机，可持续性设计在机械设计中提高机械效能的应用还涵盖了其他领域和产品。例如，在汽车领域，汽车制造商可以通过优化发动机和传动系统的设计，提高汽车的能效和动力性能。例如，特斯拉公司推出的一款电动汽车，采用了高效的电动机和电池技术，使得汽车的续航里程和加速性能得到了大幅提升。此外，该电动汽车还采用了可重复利用的材料和可拆卸的组件，便于维护和回收。另外，在制造业中，机床是重要的生产设备之一，也是消耗能源和资源较多的设备。为此，机床制造商可以通过采用高效节能的机床设计方案，提高机床的效率和使用寿命，降低机床的能耗和排放。例如，日本三菱重工业公司推出的一款高效机床，采用了先进的液压和电子控制技术，使得机床的效率比传统机床提高了40%以上。此外，该机床还采用了可重复利用的材料和可拆卸的组件，便于维护和回收。除了上述例子，可持续性设计在机械设计中提高机械效能的应用还有很多。例如，在船舶领域，船舶制造商可以通过采用高效节能的设计方案，提高船舶的燃油利用率和航行速度。在农业领域，农机制造商可以通过优化农机的设计和材料，提高农机的效率和耐用性。在空调和制冷领域，制冷设备制造商可以通过采用高效节能的设计方案，提高制冷设备的效率和可靠性。综上所述，通过提高机械效能，可持续性设计可以有效提高机械产品的可持续性和市场竞争力。在机械设计中，采用高效节能的设计方案、优化机械结构和材料、提高机械可靠性和使用寿命等手段，可以降低机械产品的资源消耗和环境污染，实现可持续性设计的目标。

第十二章 机械设计的可持续性与社会责任

第一节 可持续发展的概念和原则

机械设计可持续发展是指在保障经济、社会和环境可持续性的前提下，优化机械产品的设计、制造、使用和回收利用等全生命周期，达到经济、社会和环境协调可持续发展的目标。

一、可持续发展概念

（一）基本概念

这个概念是在人类面临环境危机和可持续性问题日益凸显的情况下提出的，强调了机械设计的综合性和全局性，需要将生态、社会和经济3个方面进行综合考虑和协调发展。机械产品的制造和使用对环境有着不可忽视的影响，因此需要在机械设计中加强对生态环境的保护。这包括降低机械产品的能耗、减少污染物排放、提高资源利用率等。例如，在汽车设计中，可以采用轻量化设计，减少材料消耗和能耗；在机床设计中，可以采用高效节能的加工技术，降低碳排放和能耗。机械产品的设计和制造需要考虑到社会责任和安全保障问题。这包括保障用户的人身安全、保护环境和社会利益等方面。例如，在食品加工机械的设计中，需要保证加工过程卫生安全，防止对用户健康造成危害。在航空航天器设计中，需要保证飞行安全和环保性。机械产品的设计需要考虑经济效益和资源节约问题。这包括降低机械制造成本、提高生产效率、延长机械寿命等方面。例如，在机床设计中，可以采用高效率的加工方式，降低生产成本和耗能。在电动汽车设计中，可以采用先进的电池技术，提高能源利用率和续航里程。

（二）发展理念

在机械设计中，可持续发展的实现需要兼顾经济、社会和环境3个方面的利益，形成三赢的局面。这需要设计者具有跨学科的综合能力和责任意识，从技术、管理和政策等多个方面入手，不断推进机械设计的可持续发展。从技术方面来看，机械设计需要不断引入先进技术和材料，提高产品的效率、可靠性和环保性。例如，新材料、新工艺、新能源等方面的技术革新可以为机械设计的可持续发展提供支持。另外，机械设计也需要加强对数字化技术的应用，比如计算机辅助设计、仿真模拟等，可以帮助设计者更快速、准确地评估产品的性能和环境影响。从管理方面来看，机械设计需要加强对生命周期成本和环境影响的评估和管理。这包括产品设计阶段的环境评估、生产阶段的环境管控和能源管理、使用阶段的维护和保养以及废弃阶段的回收利用等。通过对生命周期成本和环境影响的综合评估和管理，可以实现机械设计的可持续发展。从政策方面来看，机械设计需要加强对环保、节能和可持续发展的政策引导和支持。政策的支持可以促进技术的创新和推广，鼓励企业投入绿色生产和可持续发展，提高社会和企业的环保意识。

（三）发展方向

在机械设计的可持续发展中，也需要考虑到不同的产业环境和技术背景。例如，在发展中国家，机械设计需要更加注重基础设施建设、能源和环保等方面的需求，而在发达国家，机械设计需要更加注重创新和高端技术的应用。同时，机械设计也需要考虑到不同产业的特点和需求，比如，制造业需要更加注重产品性能和生产效率，而服务业需要更加注重产品的可持续性和环保性。在机械设计的实践中，还需要注重合作和共享。机械设计涉及众多学科和领域，需要不同领域的专家和企业之间进行合作和交流，共同解决技术和管理上的问题。同时，也需要建立可持续发展的知识共享平台，促进各方面的信息交流和技术共享，推动机械设计的可持续发展。除了技术、管理和政策等方面的因素，机械设计的可持续发展还需要注重社会责任和公共参与。机械设计的产品不仅需要具备良好的性能和质量，还需要符合社会公众和政策机构的期望和需求。因此，在机械设计的过程中，需要考虑到社会和公众的需求，积极参与公共事务，保障公众的健康和安全。最后，机械设计的可持续发展还需要注重创新和发展。随着科技的发展和经济的变化，机械设计也需要不断进行创新和发展，满足不同领域的需求和挑战。同时，机械设计还需要注重教育和培训，培养具有可持续发展意识和能力的机械设计人才，推动机械设计的可持续发展。总之，机械设计的可持续发展是一个全局性、系统性、长期性的任务，需要从多个方面入手，通过技术、管理、政策、合作、公众参与等手段，实现可持续发展的目标。机械设计者需要具有跨学科的综合能力和责任意识，积极参与机械设计的可持续发展，为实现经济、社会和环境协调可持续发展做出贡献。

二、可持续发展原则

机械设计可持续发展的原则是指，在机械设计的整个生命周期中，注重经济、环境和社会三方面的可持续发展。这些原则包括以下几个方面：

（一）原则内容

第一，机械设计需要注重资源的节约和利用效率。机械设计应该尽可能地使用可再生资源和可循环利用的材料，降低对非可再生资源的依赖。同时，机械设计也需要注重节约能源，采用节能技术和设备，减少能源消耗和排放。第二，机械设计需要注重环境保护和污染防治。机械设计应该考虑到产品的整个生命周期中对环境的影响，减少对环境的负面影响。比如，在设计过程中考虑到产品的回收利用和处理方式，降低废弃物的产生。同时，机械设计也需要注重减少有害物质的使用和排放，采用环保的生产工艺和材料。第三，机械设计需要注重社会责任和人类健康。机械设计的产品应该符合社会公众的期望和需求，保障人类健康和安全。机械设计者应该注重产品的人性化设计，提高产品的易用性和可靠性。同时，机械设计也需要注重劳动者的权益和福利，保障员工的安全和健康。第四，机械设计需要注重经济效益和社会效益的统一。机械设计的产品应该既满足市场需求，又具备社会价值和贡献。机械设计者需要考虑到产品的经济效益和社会效益的平衡，不断优化产品的设计和生产流程，提高产品的附加值和竞争力。第五，机械设计需要注重创新和可持续发展的协调。机械设计者应该注重创新和技术进步，同时也需要考虑到可持续发展的原则和目标。机械设计者应该积极探索新的技术和管理模式，推动机械设计的可持续发展。

（二）原则应用

机械设计可持续发展的原则是多方面的、综合的、长期的。机械设计者需要从经济、环境和社会等多个角度考虑到产品的整个生命周期，注重资源的节约和利用效率、环境保护和污染防治、社会责任和人类健康、经济效益和社会效益的统一以及创新和可持续发展的协调。机械设计者应该在设计过程中充分考虑到这些原则，通过不断地优化设计和生产流程，推动机械设计的可持续发展。第一，资源的节约和利用效率是机械设计可持续发展的重要原则之一。在机械设计的过程中，应该注重使用可再生资源和可循环利用的材料，降低对非可再生资源的依赖。例如，在产品设计中，可以采用轻量化设计，减少材料的使用量。在生产流程中，可以采用节能技术和设备，降低能源消耗和排放。此外，机械设计者还应该注重产品的回收利用和处理方式，降低废弃物的产生。第二，机械设计应该注重环境保护和污染防治。机械设计者应该考虑到产品的整个生命周期中对环境的影响，采用环保的生产工艺和材料，减少对环境的负面影响。例如，在产品设计中，可以采用环保材料，减少有害物质的使用；在生产流程中，可以采用清洁生产技术，减少污染物的排放。此外，机械设计者还应该注重对有害物质的管理和处理，确保不会对环境和人类健康造成负面影响。第三，机械设计应该注重社会责任和人类健康。机械设计的产品应该符合社会公众的期望和需求，保障人类健康和安全。机械设计者应该注重产品的人性化设计，提高产品的易用性和可靠性，确保产品的安全性能符合标准。此外，机械设计者还应该注重劳动者的权益和福利，保障员工的安全和健康。第四，机械设计应该注重经济效益和社会效益的统一。机械设计的产品应该既满足市场需求，又具备社会价值和贡献。机械设计者需要考虑到产品的经济效益和社会效益的平衡，不断优化产品的设计和生产流程，提高产品的附加值和竞争力。同时，机械设计者也应该注重与社会、政府和其他利益相关者的合作，实现经济另一个重要的原则是资源的最大化利用。机械设计应该优化使用资源的方式，以最大限度地减少浪费。这包括使用可持续的材料和使用经济高效的生产方式。例如，一些新型材料如纳米复合材料、生物基材料和再生材料能够减少对有限资源的依赖，而可再生能源如太阳能和风能能够减少对非可再生资源的消耗。此外，机械设计应该优化生产过程，避免不必要的浪费，如能源浪费、材料浪费和水资源浪费等。在生产和制造过程中，应该遵循可持续发展的原则，以实现资源的最大化利用。另一个重要的原则是生命周期的考虑。机械设计应该从生命周期的角度考虑产品的环保和可持续性。这包括从产品设计、生产、使用和废弃的全过程考虑如何减少对环境的影响。机械产品的设计应该优化整个生命周期，避免资源的过度消耗和环境污染。例如，对于一些大型机械设备，应该考虑其运输和拆解方式，以减少对环境的影响。此外，设计应该考虑到产品的可维护性和可升级性，以延长产品的使用寿命并减少废弃物的产生。第五，机械设计应该注重社会责任。机械产品的设计和制造过程应该尊重人权和劳动权利，遵守相关法律法规和国际标准。此外，机械产品的设计应该考虑到产品对社会的影响，包括产品的安全性、可靠性和可用性等方面。机械产品的设计应该符合社会的期望，以满足人们的需求和提高生活质量。总之，机械设计可持续发展的原则是多方面的，需要综合考虑环境、经济和社会因素。机械设计师应该从可持续发展的角度出发，优化设计，实现资源的最大化利用、生命周期的考虑和社会责任的履行。只有这样，机械设计才能为可持续发展做出贡献，实现经济、社会和环境的协调发展。

第二节　机械设计与可持续性的关系

一、机械设计可以影响资源利用效率

机械设计可以影响资源利用效率，这是机械设计与可持续发展密切相关的一个方面。资源是人类生产生活的物质基础，如何合理利用资源、降低资源消耗，是当前社会面临的一个重要问题。

（一）降低材料消耗和能源消耗

机械设计师可以通过优化机械设计，减少产品的材料消耗和能源消耗，从而提高资源利用效率。机械设计师可以优化产品结构，采用轻量化设计的方法，减少产品所需的材料消耗。在机械设计中，通常会考虑到强度和刚度等要素，导致设计的结构较为复杂、材料较多。然而，优化设计可以在满足产品使用要求的前提下，尽可能地减少材料的消耗，例如采用薄壁结构、骨架结构等轻量化设计方法，以达到材料节约的效果。机械设计师可以优化产品的制造工艺，减少能源消耗。机械产品的制造过程需要大量的能源投入，例如电力、燃气等，而能源的消耗也是对环境造成影响的一个重要因素。机械设计师可以通过选择合适的材料和制造工艺，减少能源消耗，例如采用新型的制造技术和设备，减少生产能耗，实现能源节约。机械设计师还可以通过采用新型的能源系统和节能措施，降低产品的能源消耗。例如，通过采用智能控制系统，调节产品的工作状态和能耗，使得机械产品在工作中能够尽可能地节省能源。此外，机械设计师还可以选择使用可再生能源，例如太阳能、风能等，减少产品的对化石燃料的依赖，从而降低对资源的消耗。机械设计师还可以考虑产品的维修和升级，在产品使用寿命结束后，尽可能地对产品进行维修和更新，以减少资源的浪费和消耗。例如，可以设计易于维修和更换零部件的产品，以提高产品的可维护性和可更新性，延长产品的使用寿命，减少废弃物的产生。

（二）提升资源利用效率

机械设计还可以通过减少废弃物的产生来提高资源利用效率。废弃物的产生是资源浪费的一种形式，而废弃物的处理也需要消耗大量的能源和资源。因此，在机械设计中，应该尽可能地减少废弃物的产生。一些常见的方法包括：采用可重复使用的材料和零件，实现循环再利用和回收利用，以及采用可生物降解的材料来降低对环境的污染。在机械设计中还应该考虑到整个生命周期的资源利用效率。产品在使用过程中会产生不同的影响，如能源消耗、污染、废弃物产生等。因此，机械设计应该考虑到产品的整个生命周期，尽可能地减少对环境的影响。例如，在设计机械产品时，应该考虑到产品的使用效率，尽可能地减少能源消耗。在产品报废后，应该考虑到废弃物的处理方式，尽可能地减少对环境的污染。机械设计可以通过改进产品设计和生产过程来提高资源利用效率。从材料选择到生产过程中的能源消耗，都可以通过优化设计来实现节约和减少浪费。同时，机械设计还可以通过减少废弃物的产生和考虑整个生命周期的资源利用效率来最大限度地减少对环境的影响。这些措施有助于实现可持续发展，保护地球资源，为人类的未来提供更好的生活质量。

当谈到机械设计如何影响资源利用效率时，我们可以进一步详细探讨一些相关的方面，如材料的选择、能源消耗、生产过程中的浪费以及废弃物的处理方式等。材料的选择是影响资源利用效率的重要因素之一。在机械设计中，材料的使用可以影响产品的性能、成本和环境影响。因此，在选择材料时，需要考虑多个因素，如可持续性、可回收性、生产成本、能源消耗、环境影响等。例如，在选择金属材料时，应优先考虑可回收的材料，如铝和钢，而不是不可回收的材料，如铜和铅。此外，还应该考虑使用再生材料和可生物降解材料来减少对环境的影响。能源消耗也是机械设计中影响资源利用效率的重要因素之一。在生产过程中，机械设备的能源消耗是一个不可忽视的问题。因此，在设计机械设备时，需要考虑节能和效率。例如，优化机械的动力系统和传动系统，采用高效的电机和变频器，以及改进控制系统等措施，可以降低能源消耗，提高效率。在机械设备的生产过程中，还会产生浪费，从而影响资源利用效率。这些浪费可能是材料的浪费、能源的浪费或者时间的浪费。为了减少浪费，机械设计需要考虑生产过程中的各个环节，并采取措施来优化这些环节。例如，在生产过程中应该采用可重复使用的模具和夹具，减少材料浪费，使用先进的加工设备和技术，提高生产效率，减少时间浪费，在流程中使用节能设备和智能控制系统，减少能源浪费。最后，废弃物的处理方式也是机械设计中影响资源利用效率的重要因素之一。废弃物的产生是一种资源的浪费形式，同时废弃物的处理也需要消耗大量的能源和资源。为了最大限度地减少对环境的影响，机械设计需要考虑废弃物的处理方式，并采取措施来降低对环境的影响。

二、机械设计可以直接或间接地影响环境

机械设计是一个旨在实现物理过程的科学和工程学科。无论是简单的机械装置，还是复杂的工业设备，它们都可以对环境产生直接或间接的影响。机械设计需要在考虑其性能和效率的同时，还要注意对环境的影响。以下是关于机械设计如何影响环境的详细阐述。

（一）能源消耗

机械设计直接影响环境的方面之一是能源消耗。机械设备的使用通常需要大量的能源，例如燃料、电力等。这些能源的获取和使用可能会导致环境污染、资源消耗和生态系统破坏。因此，在机械设计中考虑能源效率和环保性非常重要，可以通过选择合适的材料、构造和工艺来降低机械设备的能源消耗，减少对环境的影响。

（二）制造和生产阶段影响

机械设计对环境的影响还表现在制造和生产阶段。制造机械设备需要使用大量的材料和能源，并且通常会产生大量的废物和污染物。如果机械设备的制造过程不具备环保性，将会对生态环境和人类健康造成负面影响。因此，在机械设计中，需要考虑可持续性和环保性，采用生产工艺和材料，以减少对环境的影响。

机械设计还可以通过改进机械设备的性能和效率来间接影响环境。例如，机械设备的性能和效率可以影响到产品的生产过程，如果机械设备性能不佳或效率低下，将会产生大量的废物和能源浪费，增加对环境的负担。因此，在机械设计中，需要优化机械设备的性能和效率，减少废物和能源浪费，以减少对环境的负面影响。

（三）材料和构造影响

机械设计还可以通过选择材料和构造来减少机械设备的使用寿命和维护需求，从而减少对环境的影响。例如，采用可再生和可回收的材料，以降低机械设备的生命周期成本和环境影响。此外，设计更简单和易于维护的机械设备，可以减少废弃物和能源浪费，并延长机械设备的使用寿命。

（四）安全性和环保性影响

机械设计还可以通过考虑机械设备在使用过程中的安全性和环保性来减少对环境的影响。例如，采用先进的控制系统和安全装置可以减少机械设备故障和意外，从而减少对环境和人类健康的影响。此外，合理选择和配置机械设备的附属设施和系统，如冷却和净化系统，可以减少机械设备的废气和废水排放，降低对环境的污染。机械设计的影响不仅局限于能源消耗、制造和生产阶段、性能和效率、材料和构造、使用寿命和维护需求以及安全性和环保性等方面。

（五）经济方面影响

机械设计还涉及更广泛的社会和经济因素，这些因素也直接或间接地影响着环境。例如，机械设计的创新和进步可以提高生产过程的效率和生产质量，从而增加公司的收入和市场竞争力，进而带动整个产业的发展，增加就业机会，促进经济发展。但是，这种发展过程也会带来环境的负面影响，如资源消耗、污染和废弃物产生等。

（六）废弃和回收方面影响

在机械设计的生命周期中，除了产品本身的制造、使用和维护阶段，还包括产品的废弃和回收处理阶段。合理的废弃和回收处理方案可以减少机械设备对环境的污染和资源浪费。例如，机械设计可以考虑采用可回收材料、设计可拆卸和可维修的部件以及实现最大限度的材料重复利用等方案。此外，机械设备的设计还可以考虑废弃后的回收利用情况，例如设计可以采用回收的材料制造新的机械设备，或者将废弃的机械设备分解成可回收的部件和材料，减少对环境的影响。

（七）能源及材料设计影响

机械设计还可以通过推广和使用清洁能源、减少化石燃料的使用、提高机械设备的能效等方式，减少对环境的影响。例如，使用可再生能源，如风能、太阳能等，可以减少机械设备对环境的污染和能源消耗。此外，机械设备的能效也是减少能源消耗和对环境的污染的关键因素。通过采用先进的技术和设计，如高效的传动系统、智能控制系统等，可以实现机械设备的高效运转，减少能源消耗和对环境的负面影响。在实际的机械设计中，需要考虑多个因素来最大限度地减少机械设备对环境的影响。例如，在机械设备的设计和制造过程中，需要考虑材料选择、零部件加工和装配过程中的能源消耗、废弃物的产生和处理等方面。在机械设备的使用阶段，需要考虑机械设备的能效、维护和保养等方面，以确保机械设备的正常运转和最大限度地减少能源消耗和对环境的污染。在机械设备的废弃和回收处理阶段，需要考虑废弃物的分类和处理方式、回收材料的利用等方面，以减少对环境的负面影响。

（八）其他影响因素

除了机械设计本身的因素，还有一些外部因素也会影响机械设计对环境的影响。政府政策和法规的制定和实施可以影响机械设计的环保性和能源效率，促进清洁能源的推广和使用，减少化石燃料的消耗和对环境的污染。消费者的选择和需求也可以影响机械设计的环保性和能源效率，例如消费者对可再生能源和节能机械设备的需求越来越高，推动了机械设计的创新和进步，促进了环保和能源效率的提高。总之，机械设计对环境的影响是一个广泛而深入的话题，涉及许多方面，包括能源消耗、生产和制造过程、产品性能和效率、材料和构造、使用寿命和维护需求以及安全性和环保性等方面。机械设计的影响不仅局限于机械设备本身，还包括社会、经济和政治等因素。因此，在机械设计的整个生命周期中，需要综合考虑多个因素，最大限度地减少机械设备对环境的影响，实现可持续发展的目标。

三、机械设计可以影响产品的寿命和可靠性

机械设计对产品的寿命和可靠性有着至关重要的影响。合理的机械设计可以延长产品的使用寿命和提高产品的可靠性，从而降低产品的维护成本和使用成本，提高用户的满意度和信任度。首先，机械设计的材料选择和加工工艺对产品的寿命和

可靠性有着决定性的影响。

（一）产品寿命影响

合适的材料选择可以提高产品的强度、韧性和抗腐蚀性，从而延长产品的使用寿命。例如，高强度钢材的使用可以提高产品的承载能力和抗震能力，从而提高产品的安全性和可靠性。另外，优秀的加工工艺可以保证产品的精度和表面质量，避免因为制造过程中的缺陷导致产品的早期失效。例如，精密机床的使用可以保证零部件的加工精度和表面质量，从而提高产品的寿命和可靠性。

（二）可靠性影响

机械设计的结构和布局对产品的寿命和可靠性也有着重要的影响。合理的结构设计可以减少产品在使用过程中的应力集中和疲劳损伤，从而延长产品的使用寿命。例如，减少零部件的接头数量和增加支撑结构可以有效减少应力集中，提高产品的强度和耐久性。另外，合理的布局设计可以降低产品的使用成本和维护成本，提高产品的可靠性和用户的满意度。例如，将易损件和易维护部件集中放置，便于维护和更换，可以减少维修时间和维修成本，提高用户的使用体验。机械设计的安全性和环保性对产品的寿命和可靠性也有着重要的影响。优秀的安全性设计可以保证产品在使用过程中的安全性和稳定性，避免因为安全事故导致产品的早期失效。例如，合适的防护措施可以避免机械设备因为外界干扰或者误操作导致的事故，保护设备和操作人员的安全。另外，优秀的环保性设计可以减少产品对环境的污染和损害，从而提高产品的可持续性和环保意识，保护自然环境和生态系统。例如，减少废水、废气、废渣的排放，加强对有害物质的控制和治理，可以降低产品对环境的影响，提高产品的可持续性和用户的信任度。

例如，汽车发动机是汽车的核心部件之一，其设计的好坏直接关系到汽车的寿命和可靠性。合理的发动机设计可以提高发动机的动力、燃油效率和排放水平，延长发动机的使用寿命和降低维护成本。例如，发动机的气缸、曲轴、连杆等关键部件的材料选择和加工工艺必须要满足高强度、高精度的要求，保证发动机的耐久性和精度。另外，优秀的发动机结构设计可以减少燃烧室的温度和压力，减少发动机在高温高压环境下的应力集中和疲劳损伤，从而延长发动机的使用寿命。飞机机身是飞机的主要承载结构之一，其设计的好坏直接关系到飞机的安全性和可靠性。合理的机身设计可以提高飞机的强度、刚度和空气动力学性能，保证飞机在高空高速环境下的安全和稳定。例如，机身的材料选择和加工工艺必须要满足高强度、轻量化的要求，保证飞机的空重比和飞行效率。另外，优秀的机身结构设计可以减少机身的振动和共振，减少机身在高速飞行中的应力集中和疲劳损伤，从而延长飞机的使用寿命。综上所述，机械设计对产品的寿命和可靠性有着重要的影响。合理的材料选择、加工工艺、结构设计、布局设计、安全性设计和环保性设计可以延长产品的使用寿命、降低产品的维护成本和使用成本、提高产品的可靠性和用户的满意度。因此，在机械设计过程中，需要注重产品的寿命和可靠性因素，综合考虑各种因素，做出最佳的设计方案，以满足用户的需求和社会的要求。机械设计还有很多其他方面可以影响产品的寿命和可靠性。例如，机械零部件的结构设计、尺寸精度、材料强度和耐磨性等都是关键的设计要素，直接影响产品的使用寿命和可靠性。另外，机械设计还需要考虑到产品的环境适应性和使用安全性，以确保产品在各种恶劣环境和应力下的可靠性和安全性。

第三节 机械设计的社会责任和伦理问题

一、机械设计需要充分考虑产品对环境的影响

机械设计是一门科学，它需要综合考虑产品的性能、质量、成本、安全性和环保性等方面，保证产品在实际使用中具有优异的性能和质量。

（一）环保性因素

在众多因素中，环保性是机械设计中不可忽视的重要因素之一。机械设计需要充分考虑产品对环境的影响，设计出环保型产品，降低产品对环境的负面影响。机械设计需要考虑产品的材料选择。材料是机械产品的重要组成部分，而不同的材料对环境的影响也是不同的。例如，传统的合金材料生产过程需要消耗大量的能源和资源，还会产生大量的废水、废气和废渣等污染物，对环境造成严重的影响。相比之下，新型环保材料的生产过程能够更好地减少能源消耗和污染排放，对环境影响较小。因此，在机械设计中，应该优先选择环保型材料，减少对环境的影响。

（二）污染物影响

机械设计还需要考虑产品的生产过程对环境的影响。传统的生产方式通常会产生大量的废气、废水和废渣等污染物，给环境造成严重的污染。在机械设计中，应该采用更加环保的生产方式，例如，生产过程中减少能源的消耗、采用循环利用的方式等，来降低对环境的影响。机械设计还需要考虑产品的使用过程对环境的影响。机械设备在使用过程中，往往会产生大量的废气、废水和废渣等，对环境造成污染。因此，在机械设计中，应该注重产品的环保性能，例如，减少产品的排放量、改进产品的工作方式等，来降低产品对环境的影响。机械设计还应该充分考虑产品的回收利用。在机械产品的使用寿命结束后，应该尽可能地将其回收利用，减

少资源的浪费和环境的污染。因此，在机械设计中，应该考虑产品的可回收性和可再利用性，设计出具有环保性能的产品，实现对资源的可持续利用。机械设计需要充分考虑产品对环境的影响，并在设计过程中采取相应的环保措施，以减少产品对环境的负面影响。在环保意识日益提高的今天，越来越多的企业和消费者都开始关注产品的环保性能。因此，机械设计师需要更加注重环保性能的设计，为企业和社会创造更多的价值。

（三）注意事项

除了上述提到的几个方面，机械设计还需要注意以下几点，以便更好地实现环保性能的设计。首先，机械设计需要遵守国家和地方的环保法规和标准，确保产品在生产和使用过程中的环保性能达到相应的要求。其次，机械设计需要充分了解用户的需求和使用环境，从用户需求和环境角度出发，设计出更加适合的环保型产品。再次，机械设计需要注重产品的可持续发展性，尽可能地利用可再生资源，减少对非可再生资源的依赖，从根本上实现环保性能的设计。最后，机械设计需要加强与环保领域的交流和合作，了解环保技术的最新进展和趋势，引领环保型机械产品的研发和创新，推动环保型机械产品的发展。在机械设计中，环保性能是一个非常重要的设计因素。机械设计师应该从材料选择、生产过程、产品使用和回收利用等方面出发，采取相应的环保措施，设计出具有环保性能的产品。这样不仅有利于保护环境，减少对资源的浪费，还能够提高产品的竞争力，为企业创造更多的价值。因此，机械设计师应该不断地学习和探索环保性能的设计方法，推动环保型机械产品的研发和创新。机械设计需要充分考虑产品对环境的影响，这是机械设计师应尽的社会责任。机械产品的生产和使用过程中会产生大量的废气、废水、废弃物等，对环境造成一定的污染和负面影响。因此，机械设计师应该在设计过程中注重环保性能的设计，采取相应的环保措施，减少产品对环境的影响，提高产品的环保性能，为企业和社会创造更多的价值。在机械设计过程中，机械设计师需要充分了解用户的需求和使用环境，设计出更加适合的环保型产品，遵守国家和地方的环保法规和标准，加强与环保领域的交流和合作，了解环保技术的最新进展和趋势，推动环保型机械产品的研发和创新。只有这样，机械产品才能真正成为环保型产品，真正满足社会对环保性能的需求和期望。

二、机械设计需要保证产品的安全性

机械设计需要保证产品的安全性是机械设计师应尽的社会责任之一。在机械产品的设计过程中，安全性是一个重要的指标，需要从各个方面进行考虑和设计。

（一）机械产品结构设计

机械产品的结构设计是影响产品安全性的一个关键因素。机械产品的结构应该尽可能简单、合理、稳定，以保证产品的安全性和可靠性。机械设计师需要在设计时考虑各种使用情况下产品的负荷、受力、振动等因素，通过结构设计来提高产品的抗压强度、抗扭强度、抗震性能等。例如，一款钢丝绳起重机的设计，需要考虑起重物的重量、吊升高度、风向、地震等多种因素，通过设计合理的结构、提高钢丝绳的抗拉强度等方式，来保证产品的安全性。

（二）机械产品控制系统设计

机械产品的控制系统设计也是影响产品安全性的重要因素之一。机械设计师需要充分考虑产品在运行过程中出现的各种异常情况，如电源故障、机械故障、传感器失灵等，设计出合理的控制系统来保证产品的安全性。例如，一款自动化生产线的设计，需要考虑到各种故障情况，通过设置安全检测机制、采用冗余设计、设置报警装置等措施，来保证生产线的安全性和稳定性。机械产品的操作安全性也是保证产品安全性的重要因素之一。

（三）用户行为需求设计

机械设计师需要在设计时考虑用户的使用习惯和行为，设计出符合人体工学原理和操作习惯的产品，避免用户在使用过程中出现操作失误、安全隐患等问题。例如，一款高空作业平台的设计，需要考虑用户在高处作业时的安全性问题，通过设计安全防护装置、设置安全警示标志、提供必要的安全培训等措施，来保证用户的安全性。

（四）安全性设计

机械设计需要保证产品的安全性，是机械设计师应尽的社会责任。机械产品的结构设计、控制系统设计和操作安全性设计是影响产品安全性的重要因素，需要机械设计师在设计过程中充分考虑。同时，机械设计师还需要通过严格的质量控制和检测手段来确保产品的安全性。下面，我们将通过具体实例来说明机械设计需要保证产品的安全性的重要性。

①电梯设计的安全性。电梯是一种常见的机械产品，其安全性直接关系到人们的生命财产安全。在电梯设计过程中，需要考虑各种安全因素，如电梯在运行过程中的稳定性、安全装置的可靠性、电梯门的安全性等。例如，电梯在运行过程中需要稳定，一旦出现突然停电或电梯故障等情况，需要保证电梯能够安全停下来，避免人员受伤或财产损失。为此，电梯设计师需要采用多种安全装置，如电梯安全绳、电梯故障自动停机装置等，来保证电梯的安全性。

②飞机设计的安全性。飞机是一种高科技机械产品，其安全性直接关系到人们的生命财产安全。在飞机设计过程中，需要考虑各种安全因素，如飞机在飞行过程中的稳定性、飞机机身的抗拉强度、飞机发动机的可靠性等。例如，飞机在飞行过程中需要稳定，一旦遭遇恶劣天气或机械故障等情况，需要保证飞机能够安全降落，避免人员受伤或财产损失。为此，飞机设计师需要采用多种安全装置，如飞机自动驾驶仪、飞机降落伞等，来保证飞机的安全性。

（五）机械系统的应力和损伤评估

在机械设计中，应力分析用于确定零部件和系统中的应力和应变分布。通过这种分析，设计师可以确定哪些零部件或系统区域受到最大的应力，以及是否存在任何材料疲劳或断裂的迹象。这些数据对于确保产品的安全性至关重要。例如，汽车工程师必须在设计汽车的底盘和车架时考虑多种应力情况，包括高速行驶、颠簸路面以及正面碰撞等。通过使用应力分析软件，设计师可以确定最薄的材料，以及确定需要增加材料的位置。这有助于确保汽车的结构在遇到紧急情况时不会崩溃或破裂。此外，机械系统的损伤评估也是确保产品安全性的重要方面。当机械系统受到损坏时，可能会导致严重的后果，甚至可能威胁到人员的安全。因此，在机械设计中，必须进行损伤评估，以确定机械系统在遭受磨损、腐蚀、疲劳等因素影响时的承受能力。例如，在设计钢桥时，必须考虑氧化、腐蚀和疲劳等因素。如果设计师无法评估这些因素对钢桥的影响，可能会导致钢桥出现裂纹和破裂等严重问题，从而威胁到人员的安全。总之，机械设计必须确保产品的安全性。通过考虑诸如应力和损伤评估等方面，设计师可以在设计过程中发现并解决潜在的安全问题。在设计过程中，需要考虑的安全因素很多，例如机械系统的材料选择、设计的可靠性、故障率等。只有在考虑了所有这些因素之后，才能确保产品的安全性。

三、机械设计师需要考虑产品的社会效益

1.可持续性

随着环保意识的逐渐加强和可持续发展的理念的不断推广，机械设计师在设计新产品时，需要更加注重产品的可持续性。这不仅符合社会发展的需要，也有助于企业在市场竞争中取得更大的优势。材料是机械设计中最基本的元素之一，机械设计师需要考虑材料的可持续性。首先，材料应该是可再生的，这意味着材料可以循环再利用，减少对环境的损害。其次，材料的生产过程应该尽可能地减少对环境的影响，包括减少废气、废水等排放，减少能源消耗等。最后，材料应该具有一定的耐用性和强度，能够保证产品的寿命和安全性，减少因为使用寿命过短而带来的

环境压力。以智能手机为例，传统的手机外壳主要采用塑料材料，这种材料的生产过程对环境的污染较大，同时耐用性也相对较低。而现在越来越多的手机厂商开始采用可生物降解的材料来制作手机外壳，这种材料的生产过程对环境影响较小，同时使用寿命较长，可以有效减少废弃物的产生，提高产品的可持续性。能源是推动社会发展的重要动力之一，机械设计师需要考虑产品的能源消耗和使用方式，以提高产品的可持续性。首先，机械设计师需要尽可能地减少产品的能源消耗，采用高效的能源利用技术，例如节能电机、高效燃烧器等，以减少对环境的影响。其次，机械设计师还需要考虑产品的能源来源，采用可再生能源来替代传统的化石能源，例如太阳能、风能等，以减少对环境的压力。以汽车为例，传统的汽车使用燃油作为能源，但是燃油的使用会产生大量的废气和温室气体，对环境的影响较大。而现在越来越多的汽车厂商开始研发电动汽车，这种汽车使用电能作为动力源，不仅减少了废气和温室气体的排放，同时也使得能源的来源更加多元化，包括太阳能、风能等可再生能源。这种改变有助于提高汽车产品的可持续性。机械设计师需要考虑产品设计的可持续性，包括产品的维修、升级和拆解等方面。首先，产品的设计应该尽可能地简化和标准化，以方便产品的维修和升级。其次，机械设计师还需要考虑产品的拆解和回收，尽可能地减少废弃物的产生，以提高产品的可持续性。以电脑为例，现代电脑的设计越来越注重可持续性。电脑的组成部分经过简化和标准化处理，方便维修和升级。同时，电脑设计师还考虑了产品的拆解和回收，采用可回收材料和设计，使得产品在使用寿命结束后可以得到有效的再利用。机械设计师需要考虑产品的整个生命周期，包括产品的生产、使用、维修、升级和废弃等环节。产品的每个环节都会对环境产生一定的影响，机械设计师需要通过合理的设计和管理，尽可能地减少产品对环境的影响，提高产品的可持续性。以家电为例，现代家电的设计越来越注重产品的整个生命周期的可持续性。从生产开始，家电生产厂商采用可再生能源和环保材料，减少产品对环境的影响。在使用期间，家电设计师采用高效的能源利用技术，例如智能控制系统、高效压缩机等，以减少产品的能源消耗。在维修和升级方面，家电生产厂商提供方便的维修和升级服务，以延长产品的使用寿命。在废弃方面，家电生产厂商采用可回收材料和设计，使得产品在使用寿命结束后可以得到有效的再利用。

2.社会公益

机械设计师在设计产品时，需要考虑到产品对社会公益的影响。社会公益是指一个产品对社会、环境、消费者和生产者等各方面的贡献，是评估一个产品是否具有社会责任感的重要指标。机械设计师需要考虑到产品对社会的贡献。产品的设计应该能够为社会带来正面的影响，比如提高生产效率、减少资源浪费、提高环境质量等。例如，汽车是现代社会不可或缺的交通工具，但它们也带来了许多环境和交通安全问题。机械设计师应该采用更加环保和节能的技术，减少汽车对环境的污染和消耗，同时也要考虑到车辆安全和交通规则的设计，以保障行车安全和交通秩序。机械设计师需要考虑到产品对消费者的贡献。产品的设计应该能够满足消费者的需求和期望，提高消费者的生活质量和健康水平。例如，医疗器械的设计需要考虑到患者的病情和身体特征，以保障医疗效果和患者健康。机械设计师还应该考虑到产品的易用性和安全性，以便为消费者提供更好的使用体验和安全保障。机械设计师需要考虑到产品对生产者的贡献。产品的设计应该能够提高生产者的生产效率和质量水平，减小劳动强度和危险程度。例如，机械生产设备的设计应该考虑到操作人员的安全和劳动环境，以提高生产效率和工作质量。机械设计师还应该考虑到产品的可靠性和维护性，以便为生产者提供更好的工作体验和保障。机械设计师需要考虑到产品对环境的贡献。产品的设计应该能够减少对环境的污染和破坏，保护环境和生态系统的稳定和健康。例如，工业机械设备的设计需要考虑到废气排放和废水处理等环境问题，以保障生态平衡和可持续发展。

除了以上所述的几个方面，机械设计师还需要考虑一些其他的社会公益问题。

①产品的可持续性：产品的设计应该具备可持续性，即在生产、使用和处理过程中能够最大限度地减少对自然资源的消耗和对环境的污染。机械设计师需要关注材料的选择、工艺的优化、能源的利用等问题，以实现可持续发展和绿色生产。

②社会责任和道德问题：机械设计师需要考虑到产品对社会和公共利益的影响，尤其是在涉及人身安全、公共健康和道德伦理等方面。例如，食品机械的设计需要遵守卫生标准和食品安全法规，保障消费者的健康和权益。

③人机工效学问题：机械设计师需要考虑到人类的身体和心理特征，设计出更加符合人机工效学要求的产品，以提高工作效率和生产质量。例如，办公家具的设计需要考虑到人体工学原理，保障员工的健康和舒适。

④可访问性问题：机械设计师需要考虑到不同人群的特殊需求，设计出更加具有可访问性的产品，以便让所有人都能够方便地使用和享受。例如，残疾人士需要使用特殊设计的轮椅和辅助器具，以便他们能够融入社会和生活。综上所述，机械设计师需要考虑到产品对社会公益的影响，这需要从多个方面进行综合考虑和平衡。机械设计师需要具备社会责任感和环保意识，积极寻求创新和改进，为社会创造更大的价值和贡献。

3.文化传承

机械设计是一门既科学又艺术的学科，旨在将机械学原理和工程设计原理融合起来，创造出具有艺术感和实用性的机械产品。在这个过程中，机械设计师不仅需要考虑到产品的功能和性能，还需要考虑到产品的文化价值和传承意义。因此，机械设计师需要将文化传承作为一项重要的考虑因素，来指导他们的设计工作。文化是人类智慧和创造的结晶，是一个民族或地区历史、文化和生活方式的综合体现。机械产品作为一种物质文化遗产，不仅仅是机械本身的功能和性能，更重要的是其所代表的历史和文化。机械设计师应该认识到这一点，将文化传承作为一项重要的任务，来指导他们的设计工作。文化传承的意义主要有以下几个方面：

①促进文化多样性：不同地区和民族的文化都有其独特的特点和魅力，机械产品的设计应该能够体现这些特点和魅力，以促进文化多样性的发展。

②弘扬民族文化：机械产品的设计应该能够反映出民族文化的特点和精神，以弘扬民族文化的传统和优秀传统文化。

③传承文化经典：机械产品的设计应该能够传承文化经典，如古代机械的原理和构造，以便后代能够更好地了解和学习这些经典。

④引领时代发展：机械产品的设计应该能够紧跟时代的步伐，吸收现代科技和艺术元素，以推动机械技术和文化的发展。

机械设计中的文化传承主要是指在机械产品的设计过程中，将文化元素融入产品的形式、构造、功能等方面，以便达到弘扬民族文化、传承文化经典、促进文化多样性等目的。机械产品的外观形式是设计的重要组成部分，形式设计要与产品的功能、性能和文化内涵相结合。在机械设计中，文化元素可以通过形式设计来体现。例如，在某些机械产品的外观设计中，可以融入传统文化的图案、纹饰、色彩等元素，如中国传统的云纹、龙纹、缎带纹等，来弘扬民族文化；在一些古代机械的设计中，可以将文化经典的构造原理和设计方法融入产品的形式设计中，以体现文化的传承和延续。此外，机械设计师还可以通过现代艺术手法，如线条、色彩、造型等，来打造独特、富有现代感的机械产品。机械产品的构造设计是保证其功能和性能的关键因素。在机械产品的构造设计中，设计师可以通过融入文化元素来体现产品的文化内涵。例如，在一些传统机械产品的设计中，可以运用文化经典的构造原理和设计方法，如古代钟表的齿轮传动原理、中国古代的八卦、阴阳等思想，来打造具有文化特色的机械产品。同时，设计师还可以结合现代科技，采用新的材料和工艺，来打造更加精细、高效、智能的机械产品。机械产品的功能设计是其存在的重要目的。在机械产品的功能设计中，设计师可以通过融入文化元素来体现产品的文化价值。例如，在一些民俗机械产品的设计中，可以融入民俗文化的元素，如农耕工具、传统医疗器械等，来体现民俗文化的特点和魅力。同时，在一些文化传承方面有着重要意义的机械产品设计中，如传统乐器、工艺品等，设计师还要注重产品的功能实现和文化内涵的传承。机械设计师要注重创新，以推动机械产品的发展和文化的传承。在机械产品的创新设计中，设计师可以运用现代科技和艺术手法，来打造更加独特、富有创新性的机械产品。例如，设计师可以结合3D打印技术，打造出具有独特形态的机械产品，同时，设计师也可以运用虚拟现实技术，打造出体验感极强的机械产品。除此之外，设计师还可以从文化的角度出发，进行跨界设计和创新，将不同的文化元素融合到机械产品的设计中，打造出具有独特文化内涵的机械产品。举例来说，日本的传统文化中有一种名为和风的风格，它以简洁、优雅、自然的风格为特点，被广泛应用于建筑、家居、服装等领域。机械设计师可以将这种文化风格应用到机械产品的设计中，打造出简洁、美观、实用的机械产品，如日本的传统刨子、锯子等，它们的设计都非常精美、实用，受到了广泛的欢迎。

此外，机械设计师还可以将文化元素与现代科技相结合，打造出具有高科技含量和文化内涵的机械产品。例如，中国的传统文化中有一种名为风车的机械，它的设计原理是利用风力将叶片转动，从而驱动其他机械运转。现代科技可以利用太阳能等可再生能源来驱动风车，从而实现环保节能的效果。通过将传统文化和现代科技相结合，设计师可以打造出既具有文化传承价值，又具有环保节能效果的机械产品。总之，机械设计师需要考虑产品的文化传承，从形式设计、构造设计、功能设计、创新设计等方面来融入文化元素，打造具有文化价值的机械产品。通过这种方式，可以促进文化的传承和发展，提高机械产品的附加值，同时也可以满足消费者对文化产品的需求。

第十三章　现代机械设计的创新研究

第一节　基于人工智能的机械设计创新

一、人工智能在机械设计中的应用概述

1.人工智能在机械设计领域的定义和基本概念

人工智能（Artificial Intelligence，AI）是一种模拟和复制人类智能的技术和方法。在机械设计领域，人工智能可以应用于设计优化、智能化控制、自主决策等方面，以提高设计效率和创新能力。它涵盖了机器学习、深度学习、模式识别、自然语言处理等多个领域的技术和方法。

2.人工智能在机械设计中的优势和潜在应用

人工智能在机械设计中具有多个优势和潜在应用。首先，人工智能可以通过分析和学习大量的数据和模式，发现隐藏在其中的规律和知识，从而优化设计参数、提高设计效率。其次，人工智能可以模拟人类的智能思维过程，实现创新设计和自主决策，突破传统设计方法的局限。此外，人工智能还可以结合虚拟设计和仿真技术，提供全面的设计评估和验证，降低设计风险和成本。

3.人工智能在机械设计中的挑战和限制

尽管人工智能在机械设计中有着广泛的应用前景，但也面临着一些挑战和限制。首先，人工智能需要大量的数据支持，而机械设计中的数据往往是稀缺的，这可能限制了人工智能在机械设计中的应用。其次，人工智能的算法和模型设计需要专业知识和经验，对于设计师来说，掌握相关技术和方法可能需要一定的学习和培训成本。此外，人工智能在机械设计中的应用还需要考虑安全性、可靠性和可解释性等方面的问题。

4.人工智能与传统机械设计方法的比较分析

与传统机械设计方法相比，人工智能方法具有一些显著的差异和优势。传统机械设计方法主要依赖于设计师的经验和直觉，需要大量的人工分析和试错，设计周期较长。而人工智能方法可以通过自动化的数据分析和优化算法，快速地搜索设计空间并找到最佳解决方案。此外，传统机械设计方法在处理复杂系统和大规模数据时存在局限性，而人工智能可以处理多维度的数据和复杂的设计问题。具体比较分析如下：

（1）设计效率和速度。传统机械设计方法需要依赖设计师的经验和手工分析，设计周期较长。而人工智能方法可以利用大量的数据进行自动化的学习和优化，从而加快设计的速度和效率。人工智能能够快速搜索设计空间并生成优化的解决方案，大大缩短了设计迭代的时间。

（2）创新能力。传统机械设计方法受限于设计师的经验和直觉，创新能力有限。而人工智能方法可以模拟人类的智能思维过程，通过学习和推理发现新的设计规律和创新方案。人工智能可以从大量的数据和模式中发现隐藏的知识和规律，为设计师提供创新的灵感和支持。

（3）设计质量和精度。传统机械设计方法在处理复杂系统和大规模数据时容易出现误差和局限性。而人工智能方法可以通过大数据分析和机器学习技术，发现设计中的潜在问题和优化空间，提高设计的质量和精度。人工智能可以辅助设计师进行设计验证和仿真，减少设计中的错误和风险。

（4）自主决策能力。传统机械设计方法需要设计师进行决策和调整，而人工智能方法具有自主决策的能力。人工智能可以根据预设的目标和约束条件，自动选择最佳的设计方案，并通过学习和反馈不断改进和优化。这种自主决策能力可以提高设计的智能化程度和自动化水平。

二、机器学习与深度学习在机械设计中的应用

1.机器学习在机械设计中的基本原理和方法

机器学习是人工智能领域的一个重要分支，其基本原理是通过对大量数据进行学习和模式识别，从而自动提取数据中的规律和知识，并利用这些知识来进行预测和决策。在机械设计中，机器学习被广泛应用于优化设计、模型预测和自动化决策等方面。机器学习在机械设计中的基本方法包括以下几种：

（1）监督学习。监督学习是一种常见的机器学习方法，其基本思想是根据已有的输入和输出数据，通过建立一个映射函数来预测新的输入数据的输出。在机械设计中，监督学习可以用于建立设计参数与设计性能之间的关联模型，从而帮助设计师优化设计参数以达到特定的设计目标。

（2）无监督学习。无监督学习是指从无标签数据中挖掘出数据的内在结构和模式。在机械设计中，无监督学习可以应用于数据聚类和模式识别。通过对大量设计数据进行聚类分析，可以将相似的设计归为一类，从而为设计师提供参考和灵感。

（3）强化学习。强化学习是一种通过智能体与环境之间的交互学习最优策略

的方法。在机械设计中，强化学习可以用于自动化决策和优化设计。设计师可以将机械设计问题建模为强化学习任务，通过智能体与环境的交互来寻找最佳的设计决策方案。

（4）深度学习。深度学习是机器学习的一个分支，它模拟了人脑神经网络的结构和工作方式。深度学习通过多层次的神经网络来学习和提取数据中的特征，并将这些特征应用于设计问题的解决。在机械设计中，深度学习可以用于图像识别、特征提取和预测分析等方面。

2.机器学习在机械设计参数优化和预测中的应用

机器学习在机械设计中的一个重要应用领域是参数优化和预测。通过利用机器学习算法和模型，可以帮助设计师在设计过程中自动寻找最佳的设计参数组合，并预测设计性能。下面将介绍机器学习在机械设计参数优化和预测中的具体应用。

（1）参数优化。机械设计中经常需要优化设计参数以满足特定的性能指标或约束条件。传统的参数优化方法通常需要耗费大量的计算资源和时间，而机器学习可以通过学习已有的设计数据和性能数据，建立参数与性能之间的关联模型，从而通过预测和搜索来寻找最佳的设计参数组合。设计师可以将参数优化问题建模为一个机器学习任务，通过优化算法和模型来自动搜索最优解。例如，可以利用遗传算法、粒子群优化算法等进行参数优化，或者使用基于神经网络的模型来建立参数与性能之间的映射关系。

（2）预测模型。在机械设计中，预测模型是指利用机器学习方法建立设计参数与设计性能之间的关联模型，通过输入设计参数的数值，预测相应的设计性能。通过预测模型，设计师可以在设计阶段快速评估不同设计参数对性能的影响，从而帮助设计师在设计过程中做出更准确的决策。预测模型可以基于监督学习方法，利用已有的设计数据和性能数据进行训练，建立参数-性能映射的回归模型。也可以基于无监督学习方法，从大量的设计数据中发现隐藏的规律和模式，用于预测新的设计参数组合的性能。

（3）参数灵敏度分析。参数灵敏度分析是指通过分析设计参数对设计性能的敏感程度，来评估参数的重要性和影响。机器学习可以应用于参数灵敏度分析，通过建立参数与性能之间的关联模型，分析模型中各个参数对性能的影响程度。这可以帮助设计师识别关键参数，优先考虑对性能影响较大的参数，并进行有针对性的优化。

3.深度学习在机械设计中的基本原理和方法

深度学习是机器学习的一个分支，它通过模拟人脑神经网络的结构和功能来实现对数据的学习和分析。在机械设计中，深度学习已经得到了广泛的应用，可以用于图像识别、特征提取、模型预测等方面。下面将介绍深度学习在机械设计中的基本原理和方法。

(1) 神经网络结构。深度学习的核心是神经网络，它由多个层次的神经元组成。神经网络通常分为输入层、隐藏层和输出层。输入层接收设计数据作为输入，隐藏层通过多个神经元进行数据处理和特征提取，输出层给出相应的设计结果。深度学习中的神经网络可以包含多个隐藏层，每个隐藏层可以有不同数量的神经元。神经网络的结构和层数可以根据具体的设计任务和数据特点进行调整。

(2) 训练过程。深度学习的训练过程是通过大量的样本数据进行模型的训练和优化。在机械设计中，训练数据可以包括设计参数和相应的设计性能数据。训练过程中，神经网络根据输入数据的特征和目标输出进行学习和调整，通过反向传播算法不断优化网络权重和偏置，使网络能够逐渐适应设计数据的模式和规律。

(3) 特征提取。深度学习通过多层次的神经网络结构可以自动地从原始数据中学习和提取特征。在机械设计中，深度学习可以用于提取设计参数和设计性能之间的非线性关系和复杂特征。通过学习和提取特征，深度学习可以帮助设计师理解设计数据的内在规律，并在设计过程中提供有价值的信息和指导。

(4) 模型预测和优化。深度学习可以用于模型的预测和优化。通过已经训练好的深度学习模型，可以输入新的设计参数数据，得到相应的设计性能预测。这可以帮助设计师在设计阶段快速评估不同设计参数组合的性能，从而指导优化设计过程。另外，深度学习还可以与其他优化算法结合

4.深度学习在机械结构设计和性能优化中的应用

深度学习在机械设计中具有广泛的应用，其中包括机械结构设计和性能优化。通过利用深度学习算法和模型，可以帮助设计师实现更高效、更优化的机械结构设计，同时提升机械性能。以下将介绍深度学习在机械结构设计和性能优化中的具体应用。

(1) 结构优化设计。深度学习可以应用于机械结构优化设计，通过学习大量的结构设计数据和性能评估数据，建立机械结构的隐含规律和模式。设计师可以将深度学习模型用于生成新的结构设计方案，预测设计性能，并根据优化目标进行参数调整和优化。深度学习可以辅助设计师进行结构拓扑优化、材料优化、形状优化等方面的设计工作，以实现更轻量化、更强度高的机械结构。

(2) 性能预测和评估。深度学习在机械设计中的另一个重要应用是性能预测和评估。通过学习已有的设计和性能数据，深度学习模型可以预测新的设计参数组

合的性能表现。这可以帮助设计师在设计阶段快速评估不同设计方案的性能，提前发现问题和潜在的改进空间。同时，深度学习还可以用于实时监测和评估机械系统的运行状态和性能，以支持故障诊断和维修决策。

（3）故障预测和优化。深度学习在机械设计中还可以应用于故障预测和优化。通过学习机械系统的工作状态和故障数据，深度学习模型可以预测机械系统的故障发生概率和寿命。这可以帮助设计师在设计过程中考虑故障预防和可靠性设计，提高机械系统的可靠性和维修效率。另外，深度学习还可以通过学习故障数据和维修记录，优化机械系统的维修策略和维修周期，以降低维修成本和减少停机时间。

5.机器学习与深度学习在机械设计中应用实践

机器学习和深度学习在机械设计领域有许多成功的应用案例。下面将介绍一些典型的案例研究。

一是结构优化设计案例。深度学习可以应用于机械结构的拓扑优化和材料优化。例如，研究人员使用深度学习方法在结构拓扑优化中进行了探索，通过学习大量结构设计数据和性能评估数据，深度学习模型可以生成新的结构设计方案，并优化设计参数，以实现结构轻量化和性能提升。

二是故障预测和维修优化案例。深度学习可以用于故障预测和维修优化。例如，研究人员利用深度学习模型对机械系统的传感器数据进行分析和学习，预测机械系统的故障发生概率，并提供维修建议。这样可以提前预防故障发生，减少停机时间和维修成本。

三是参数优化和预测案例。机器学习方法可以应用于机械设计参数的优化和预测。例如，研究人员利用机器学习算法建立了机械设计参数与性能之间的关联模型，通过输入设计参数，预测设计性能。这样可以帮助设计师快速评估不同参数组合的性能，并优化设计。

四是模型预测和优化案例。深度学习可以应用于机械系统的模型预测和优化。例如，研究人员使用深度学习模型对机械系统的工作状态和性能进行预测，以指导优化和调整。深度学习模型可以通过学习大量的运行数据，识别出机械系统的隐含规律和模式，从而实现更有效的优化设计。

三、智能算法在机械设计中的应用

1.智能优化算法在机械设计中的基本概念和分类

智能优化算法是一类基于计算机智能和优化理论的算法，用于解决复杂的优化问题。在机械设计中，智能优化算法可以应用于结构设计、参数优化、拓扑优化等方面，帮助设计师找到最优的设计方案。下面介绍智能优化算法在机械设计中的基本概念和分类。

基本概念：智能优化算法的基本概念是通过模拟自然界中的进化、群体行为、物理现象等过程，来搜索最优解或近似最优解。这些算法通常基于启发式的搜索策略，不依赖于问题的具体数学模型。智能优化算法可以在大规模、高维度和复杂的设计空间中进行搜索，并具有一定的全局搜索能力。

分类：智能优化算法可以根据其具体的工作原理和搜索策略进行分类。常见的智能优化算法包括：

①遗传算法（Genetic Algorithm, GA）：模拟生物进化的过程，通过交叉、变异和选择等操作对设计参数进行迭代优化。

②粒子群优化算法（Particle Swarm Optimization, PSO）：模拟鸟群或鱼群的行为，通过个体间的信息交流和移动来搜索最优解。

③蚁群算法（Ant Colony Optimization, ACO）：模拟蚂蚁在寻找食物过程中的信息素释放和信息素跟随行为，通过信息素的积累和更新来搜索最优解。

④模拟退火算法（Simulated Annealing, SA）：模拟金属退火过程，通过控制温度和能量变化来在搜索空间中寻找最优解。

⑤人工神经网络算法（Artificial Neural Network, ANN）：模拟人脑神经元的连接和学习过程，通过网络的学习和调整来优化设计参数。

2.遗传算法在机械设计中的应用

遗传算法（Genetic Algorithm, GA）是一种基于生物遗传学和进化论的智能优化算法。在机械设计中，遗传算法广泛应用于结构优化、参数优化和拓扑优化等问题。下面介绍遗传算法在机械设计中的应用。

（1）结构优化设计。遗传算法可以用于机械结构的优化设计。设计师通过定义适应度函数，将结构设计问题转化为一个优化问题，遗传算法通过遗传操作（交叉、变异）和选择操作来对设计参数进行迭代优化。设计师可以根据设计需求和约束条件，通过遗传算法生成一系列优化的结构设计方案，以获得更好的性能和效果。

（2）参数优化。遗传算法在机械设计中还可以用于参数优化。设计中存在着多个设计参数需要确定，这些参数对机械性能和效果有着重要影响。通过遗传算法，可以对设计参数进行优化搜索，找到最优的参数组合。例如，在机械系统的动力学模型中，设计师可以使用遗传算法来优化控制参数，以实现最佳的性能和效果。

（3）拓扑优化。遗传算法在机械设计中的另一个重要应用是拓扑优化。拓扑优化是指通过调整材料在结构中的分布，实现结构的轻量化和性能优化。遗传算法可以用于生成新的结构拓扑方案，并通过迭代进化过程中的交叉和变异操作，逐步改进拓扑结构。这样可以实现结构的最优化设计，提高结构的刚度、强度和减重效果。

3.粒子群优化算法在机械设计中的应用

粒子群优化算法（Particle Swarm Optimization, PSO）是一种基于群体智能和社会行为的智能优化算法。它模拟了鸟群或鱼群的行为，在机械设计中被广泛应用于结构优化、参数优化和路径规划等问题。

（1）结构优化设计。粒子群优化算法可以用于机械结构的优化设计。设计师通过定义适应度函数来评估结构设计的性能，然后利用粒了群优化算法迭代地搜索最优解。在粒子群优化中，每个粒子代表一个设计解，通过沿着历史最优解和邻域最优解的方向进行位置更新，逐步优化设计参数。这样，设计师可以得到一系列优化的结构设计方案，并选择其中的最优解作为最终结果。

（2）参数优化。粒子群优化算法在机械设计中还可以用于参数优化。机械设计中存在着多个参数需要进行调整和优化，以达到设计目标和约束条件。通过粒子群优化算法，可以同时优化多个参数，通过迭代搜索过程逐渐逼近最优解。设计师可以定义适应度函数，将参数的优化目标转化为一个优化问题，并利用粒子群算法进行优化搜索。

（3）路径规划。粒子群优化算法在机械设计中的另一个应用是路径规划。例如，对于机器人的路径规划问题，设计师可以使用粒子群优化算法来搜索最优的路径。每个粒子代表一个可能的路径解，通过迭代更新和比较各个粒子的适应度值，算法可以找到最佳路径解决方案。粒子群优化算法具有全局搜索能力和收敛性好的特点，可以有效地应用于机械设计中的优化问题。它通过模拟群体行为和信息交流，实现了对设计空间的快速搜索和探索。设计师可以利用粒子群优化算法提高设计效率，优化设计性能，并找到最佳的设计解决方案。

4.蚁群算法在机械设计中的应用

蚁群算法（Ant Colony Optimization, ACO）是一种基于蚂蚁寻找食物过程的智能优化算法。它模拟了蚂蚁释放信息素和跟随信息素行为的过程，在机械设计中被广泛应用于路径规划、优化设计和调度等问题。具体应用如下。

（1）路径规划。蚁群算法可以应用于机械设计中的路径规划问题。例如，在机器人的路径规划中，设计师可以将机器人的行走路径表示为一个图，蚂蚁可以通过释放信息素和跟随信息素的方式来搜索最优路径。蚂蚁在搜索过程中，通过信息素的蒸发和更新机制，不断更新路径的信息素浓度，从而引导其他蚂蚁更有可能选择较优路径。这样可以实现机器人的高效路径规划。

（2）优化设计。蚁群算法可以用于机械设计中的优化问题。设计师可以将设计参数作为蚂蚁的行动决策，通过释放信息素的方式来优化设计参数的搜索过程。蚂蚁根据设计目标和约束条件，通过释放信息素和跟随信息素的机制，搜索最优的设计参数组合。蚁群算法具有一定的全局搜索能力和自适应性，可以帮助设计师找到更好的设计解决方案。

（3）调度问题。蚁群算法还可以用于机械设计中的调度问题。例如，在生产线的调度中，设计师可以将不同任务或工件表示为蚂蚁，通过蚂蚁释放信息素和跟随信息素的方式来决定任务的执行顺序和时间安排。蚂蚁在搜索过程中，通过信息素的积累和更新来引导其他蚂蚁选择更优的调度方案，从而实现生产线的优化调度。

第二节　智能化机械系统设计与控制

一、智能化机械系统设计的基本原理

1.智能化机械系统设计的概念与定义

智能化机械系统设计是指利用先进的计算机科学、人工智能和控制技术，将智能化和自主化特性融入机械系统的设计过程，以实现系统的智能感知、自适应性和自主决策能力。它综合了机械工程、计算机科学、控制理论和人工智能等学科的知识和技术，旨在提升机械系统的性能、效率和可靠性。智能化机械系统设计的定义包括以下几个方面：

（1）智能感知。智能化机械系统能够通过传感器和数据采集技术实时感知外部环境和内部状态，获取关键的物理量和参数。

（2）自适应性。智能化机械系统具备自我调整和适应能力，能够根据环境变化和任务需求，自动调整系统参数和工作方式。

（3）自主决策。智能化机械系统具备自主决策能力，能够根据感知到的信息和预设的目标，进行决策和控制操作，实现自主的工作和行为。

（4）优化性能。智能化机械系统设计旨在优化系统性能，包括提高系统的效率、减少能耗、增加可靠性和降低故障率。智能化机械系统设计的基本原理是将机械系统的设计与智能化技术的应用相结合，通过对系统的感知、决策和控制过程进行优化，实现系统的智能化和自主化。在设计过程中，需要充分考虑系统的功能需求、环境条件和性能指标，合理选择和应用传感器、控制算法和决策模型，以实现系统的智能化设计和控制。

2.智能化机械系统设计的关键要素

智能化机械系统设计的成功实现依赖于多个关键要素，这些要素共同作用，确保系统能够具备智能感知、自适应性和自主决策能力。以下是智能化机械系统设计的关键要素：

（1）传感器技术。传感器是智能化机械系统感知外部环境和内部状态的重要工具。各种传感器技术，如光学传感器、压力传感器、温度传感器等，能够采集系统所需的物理量和参数。通过传感器的应用，系统能够实时感知并获取关键的信息。

（2）数据采集与处理。数据采集技术用于收集传感器所采集到的数据，并进行处理和分析。数据采集与处理的关键是建立合适的数据采集系统和算法，对原始数据进行滤波、特征提取和数据融合等处理，以得到有用的信息。

（3）控制算法与决策模型。智能化机械系统设计中的控制算法和决策模型用于处理传感器数据并做出相应的决策。控制算法可以根据感知到的信息实时调整系统参数和工作状态，以实现自适应控制。决策模型用于根据系统的目标和约束条件，做出合理的决策和行为。

（4）人工智能技术。人工智能技术在智能化机械系统设计中发挥着重要作用。机器学习和深度学习等技术可以通过对大量数据的学习和模式识别，提高系统的决策能力和智能化水平。人工智能技术可以帮助系统从经验中学习，优化系统的性能和效率。

（5）系统集成与优化。智能化机械系统设计需要将各个关键要素进行有效的集成和优化。系统集成包括传感器、数据采集系统、控制算法和决策模型等的整合，确保系统的协同工作和有效运行。系统优化涉及参数调整、算法优化和决策优化，以提高系统的性能和效率。

3.智能化机械系统设计的基本原理和方法论

智能化机械系统设计是一个复杂的过程，涉及多个学科领域和技术应用。其基本原理和方法论可以总结如下：

（1）系统分析与需求定义。在智能化机械系统设计的初期阶段，需要进行系统分析和需求定义。这包括对系统的功能、性能和约束条件进行分析和规划，明确系统的设计目标和要求。

（2）感知与数据采集。智能化机械系统需要能够感知外部环境和内部状态的信息，这可以通过传感器技术实现。感知阶段涉及传感器的选择、布置和数据采集系统的建立。

（3）数据处理与特征提取。采集到的传感器数据需要进行处理和分析，以提取有用的信息。这包括数据预处理、滤波、特征提取和数据融合等方法，以获得对系统设计和控制有意义的数据。

（4）智能算法与决策模型。智能化机械系统设计需要借助智能算法和决策模型，以实现系统的自适应性和自主决策能力。这包括机器学习、深度学习、模糊逻辑等方法的应用，以及构建合适的决策模型和控制策略。

（5）系统集成与优化。智能化机械系统设计涉及多个组件和模块的集成与优化。这包括传感器、数据采集系统、控制算法和决策模型等的整合和协同工作，以实现系统整体的性能优化。

（6）验证与评估。智能化机械系统设计完成后，需要进行验证和评估，以确保系统满足设计要求和性能指标。这包括系统的仿真、实验验证和性能评估等方法。

智能化机械系统设计的基本方法论包括系统思维、跨学科融合和迭代优化。系统思维强调系统的整体性和相互关联性，注重系统的全局优化。跨学科融合要求机械工程师与计算机科学、控制理论等学科的专业知识和技术相互交叉，共同解决智能化机械系统设计中的问题。

4.智能化机械系统设计的技术挑战与前景展望

智能化机械系统设计在实际应用中面临着一些技术挑战，但同时也有着广阔的前景展望。以下是智能化机械系统设计领域的一些主要技术挑战和前景展望：

（1）复杂性与可靠性挑战。智能化机械系统通常具有复杂的结构和功能，系统的设计和控制需要考虑多个因素的相互影响。此外，系统的可靠性要求也是一个重要挑战，需要解决故障诊断、容错控制和系统可靠性评估等问题。

（2）数据处理与智能算法挑战。智能化机械系统产生大量的数据，如何高效处理和分析这些数据，并应用智能算法进行模式识别和决策是一个挑战。同时，智能算法的设计和优化也是一个复杂的问题，需要综合考虑算法的效率、准确性和可解释性等因素。

（3）跨学科融合与人才培养挑战。智能化机械系统设计需要多个学科的交叉融合，包括机械工程、计算机科学、控制理论等领域的知识和技术。跨学科合作和人才培养是一个挑战，需要培养具备综合技能和跨学科思维的工程人才。

（4）人机协同与用户体验挑战。智能化机械系统设计需要考虑人机协同的问题，使系统能够与人类用户有效交互并满足用户需求。设计人性化的界面和优化用户体验是一个挑战，需要综合考虑人机交互、人因工程和用户体验设计等方面的问题。

（5）前景展望。随着人工智能和智能化技术的不断发展，智能化机械系统设计具有广阔的前景展望。智能化机械系统可以提高生产效率、降低能耗、提高产品质量，并具备更高的灵活性和自适应性。智能化机械系统还可以实现智能制造、自主导航、智能维护等领域的创新。

二、传感器与数据采集技术在智能化机械系统中的应用

1.传感器技术在智能化机械系统中的作用与原理

传感器是智能化机械系统中至关重要的组成部分，它能够感知和采集系统所需的各种物理量和参数，为系统提供实时的环境和状态信息。传感器技术的应用使得智能化机械系统能够具备感知、监测和反馈的能力，从而实现自适应控制、智能决策和优化设计。以下是传感器技术在智能化机械系统中的作用和原理：

（1）实时感知和监测。传感器能够感知和监测系统所需的各种物理量和参数，如位置、速度、压力、温度等。通过传感器的实时数据采集，系统可以了解当前环境和状态的变化，从而做出相应的反应和决策。

（2）数据采集和处理。传感器通过将感知到的物理量转化为电信号或数字信号进行数据采集。采集到的数据可以进行处理和分析，以提取有用的信息和特征。数据采集和处理是智能化机械系统设计中的重要环节，为系统提供决策和控制所需的数据基础。

（3）多样化的传感器类型。传感器技术包括多种类型的传感器，如光学传感器、压力传感器、加速度传感器、温度传感器等。每种传感器类型都有其特定的原理和工作方式。例如，光学传感器通过光信号的变化来感知和测量目标物体的位置和形态，压力传感器通过测量介质的压力来获取系统的压力信息。

（4）传感器网络和通信。在智能化机械系统中，多个传感器可以通过网络进行连接和通信，实现数据的集中管理和共享。传感器网络可以提高系统的可扩展性和灵活性，使得多个传感器之间能够相互协作和协同工作。

（5）智能传感器和多模态传感器。智能传感器具备自主决策和自适应能力，能够根据环境变化和任务要求，动态调整其工作模式和参数。多模态传感器结合了多种传感器的功能，能够提供更全面和准确的信息。

2.常用传感器在机械系统中的应用案例

在智能化机械系统中，常用的传感器种类繁多，用途广泛。它们可以用于感知和监测各种物理量和参数，为系统提供实时的环境和状态信息。具体应用实践如下：

（1）位移传感器。位移传感器用于测量物体的位置或位移。在机械系统中，它们可用于测量机械臂的位置、工件的位置、零件的位置等。例如，光电编码器可以通过测量转子旋转的角度来确定位置，线性位移传感器可以测量线性位置的变化。

（2）压力传感器。压力传感器用于测量液体或气体的压力。在机械系统中，它们可用于测量液压系统中的压力、气动系统中的压力、涡轮机械中的压力等。压力传感器可以帮助监测系统的工作状态，并触发相应的控制动作。

（3）温度传感器。温度传感器用于测量环境或物体的温度。在机械系统中，它们可用于监测机械部件的温度、冷却系统的温度、润滑油的温度等。温度传感器可以帮助系统实现温度控制和过热保护。

（4）加速度传感器。加速度传感器用于测量物体的加速度。在机械系统中，它们可用于监测振动、冲击和运动状态。加速度传感器常用于故障诊断、结构健康监测、运动控制等应用领域。

（5）光电传感器。光电传感器使用光学原理来感知和测量物体的位置、形态和颜色等信息。在机械系统中，它们可用于检测零件的位置、检测物体的存在或缺失、识别物体的颜色等。光电传感器可以实现非接触式检测和测量。

（6）液位传感器。液位传感器用于测量液体的高度或液位。在机械系统中，它们可用于监测储罐或容器中液体的液位，控制液体的供给和排放等。

3.数据采集技术在智能化机械系统中的关键技术与方法

数据采集技术在智能化机械系统中起着至关重要的作用，它能够实时获取系统所需的各种环境和状态信息，为系统的控制、决策和优化提供数据支持。具体如下：

（1）传感器选择与布置。在设计智能化机械系统时，需要选择合适的传感器来感知所需的物理量和参数。传感器的选择要考虑其测量范围、精度、可靠性等因素。同时，传感器的布置位置也很重要，要考虑如何最优地布置传感器，以获取全面、准确的数据。

（2）数据采集与处理。数据采集涉及传感器与数据采集设备之间的连接和数据的实时获取。常用的数据采集方法包括模拟信号采集和数字信号采集。模拟信号采集是将传感器输出的模拟信号转换为数字信号，通过模数转换器进行采集；数字信号采集是直接采集传感器输出的数字信号。采集到的数据需要进行处理和分析，包括滤波、降噪、特征提取等，以获取有用的信息。

（3）数据通信与存储。采集到的数据需要进行传输和存储。数据通信可以通过有线或无线方式进行，如以太网、无线传感器网络等。数据存储可以选择本地存储或云端存储，根据系统要求和应用场景进行选择。同时，数据的安全性和隐私保护也是需要考虑的因素。

（4）数据质量与校准。数据采集的准确性和可靠性对智能化机械系统的性能和效果至关重要。因此，需要对传感器进行校准和定期检测，以确保采集到的数据具有一定的准确性和稳定性。同时，对于特殊环境下的数据采集，如高温、高压等，还需要考虑传感器的耐受能力和适应性。

（5）数据整合与处理平台。智能化机械系统中的数据采集涉及多个传感器和多种数据来源，需要将这些数据整合在一起进行综合处理和分析。数据处理平台可以采用人工智能、机器学习等方法

4.传感器与数据采集技术在智能化机械系统设计中的优化与创新

在智能化机械系统设计中，传感器与数据采集技术的优化与创新可以提升系统性能、功能和可靠性，实现更高水平的智能化。具体表现在：

（1）传感器性能的优化。传感器的性能直接影响到数据采集的准确性和精度。优化传感器的灵敏度、响应时间、稳定性和抗干扰能力，可以提高传感器的性能指标。同时，通过采用新材料、新结构和新工艺，使传感器更小巧、更节能、更可靠，满足智能化机械系统对于多样化和复杂环境的需求。

（2）多模态传感器的应用。传感器的多模态集成可以实现更全面和准确的数据采集。通过集成多种传感器的功能，可以获得更多维度的信息，提高对系统环境和状态的感知能力。例如，结合光学、声学和力学传感器，可以实现对机械系统的形态、振动和力学特性的全面监测。

（3）数据采集系统的智能化。在数据采集系统中引入智能化算法和技术，可以实现对数据的实时处理、分析和决策。例如，使用机器学习算法对采集到的数据进行模式识别和故障诊断，实现智能化的故障预测和预防维护。此外，结合大数据分析和云计算技术，可以实现对海量数据的处理和存储，支持智能化机械系统的决策和优化。

（4）无线传感器网络的应用。传感器与数据采集技术中的无线传感器网络可以实现传感器的无线连接和数据的远程传输。通过无线传感器网络，可以灵活布置

传感器，方便实时数据的采集和监测。此外，结合低功耗和自组织网络技术，可以构建自适应、自组织的传感器网络，实现对大范围、复杂环境的数据采集。

三、智能化决策在机械系统中的应用

智能化决策是指在机械系统中应用人工智能和数据分析技术，通过对采集到的大量数据进行处理和分析，从中提取有价值的信息，并基于这些信息做出智能化决策。智能化决策的应用可以提高机械系统的性能、效率和可靠性，为企业和用户带来更多的价值。具体应用如下：

（一）故障诊断与预测

智能化决策技术可以通过对机械系统的传感器数据进行分析，识别和判断系统的故障和异常情况。通过建立故障模型和算法，可以实现对系统故障的诊断和预测，提前采取相应的维修和保养措施，避免系统停机和故障造成的损失。

（二）维修和保养优化

基于智能化决策的维修和保养优化可以帮助机械系统实现更高效的维修和保养策略。通过对系统运行状态、故障历史和维修记录的综合分析，可以确定最佳的维修时间和方式，避免不必要的停机和维修成本，提高系统的可用性和可靠性。

（三）运行优化和调度

智能化决策技术可以通过对机械系统的运行数据和环境数据的实时监测和分析，优化系统的运行和调度策略。例如，在生产线上，可以通过智能化决策技术对生产任务进行优化调度，使得机械设备的利用率最大化，减少生产停滞时间，提高生产效率。

（四）能耗管理与节能优化

智能化决策技术可以帮助机械系统实现能耗管理和节能优化。通过对能耗数据的实时监测和分析，可以识别出能源消耗的高峰时段和高耗能设备，并采取相应的节能措施和调整策略，降低系统的能耗成本，提高能源利用效率。

（五）质量控制和优化

智能化决策技术可以通过对机械系统的传感器数据进行实时监测和分析，实现对产品质量的控制和优化。通过建立质量模型和算法，可以识别产品质量的异常和不合格项，并及时采取相应措施进行调整和修正，以确保产品的合格率和一致性。

（六）效率提升与生产优化

智能化决策技术可以通过对机械系统的数据进行实时分析和建模，优化生产过程和资源利用，提升生产效率和产能。通过智能化的调度和优化算法，可以实现生产任务的合理分配和资源的有效利用，减少生产过程中的浪费和冗余，提高生产线的运行效率和产量。

（七）风险管理和安全优化

智能化决策技术可以帮助机械系统实现风险管理和安全优化。通过对系统运行数据和安全指标的实时监测和分析，可以识别出潜在的安全隐患和风险，采取相应的措施进行预警和控制。例如，在工业生产中，通过智能化决策技术可以实现对危险操作的监测和控制，减少事故的发生和人员的伤害。

（八）用户体验与个性化定制

智能化决策技术可以通过对用户行为和偏好的分析，实现个性化定制和提供更好的用户体验。通过对用户需求的了解和预测，可以实现对产品功能和性能的个性化定制，满足用户的特定需求，并提供更加便捷和智能化的使用体验。

智能化决策在机械系统中的应用涵盖了故障诊断与预测、维修和保养优化、运行优化和调度、能耗管理与节能优化、质量控制和优化、效率提升与生产优化、风险管理和安全优化，以及用户体验与个性化定制等方面。通过智能化决策的应用，机械系统可以实现更高水平的智能化、自动化和优化化，提高系统性能、效率和可靠性，为企业和用户带来更多的价值和竞争优势。

四、智能化机械系统设计与控制应用实践

（一）基于智能化机械系统的自动化生产线设计与控制

随着工业自动化的不断发展，智能化机械系统在自动化生产线中的应用越来越广泛。基于智能化机械系统的自动化生产线设计与控制旨在实现生产线的高效运行、灵活调度和质量控制。具体表现如下：

（1）设备自动化与协同。通过智能化机械系统，生产线上的设备可以实现自动化操作和协同工作。例如，使用传感器和控制器对设备进行监测和控制，实现自动化的物料传送、装配和包装过程。同时，通过智能化决策技术，可以实现设备之间的协同工作，提高生产线的整体效率。

（2）智能调度与优化。智能化机械系统可以通过对生产线的数据进行实时分析和建模，实现生产任务的智能调度和优化。通过智能化的调度算法，可以根据生产需求和设备状态，合理安排任务的执行顺序和时间，以最大限度地提高生产线的效率和产量。

（3）质量控制与检测。智能化机械系统可以实现对生产过程中的质量控制和产品检测。通过传感器和数据采集技术，可以实时监测生产过程中的关键参数和指

标，以确保产品的质量符合标准要求。同时，通过智能化决策技术，可以对质量异常进行预警和处理，减少次品率和质量问题。

（4）远程监控与管理。智能化机械系统可以实现对生产线的远程监控和管理。通过网络连接和数据传输技术，可以实时监测生产线的运行状态、设备运行数据和生产指标。远程监控系统可以提供实时报警和故障诊断功能，及时发现和解决生产线中的问题，减少停机时间和生产损失。

（5）智能维护与预测。智能化机械系统可以通过对设备运行数据和故障历史的分析，实现设备的智能维护和预测。通过建立设备的健康状态模型和故障预测模型，可以提前预测设备的故障和维护需求，减少计划外停机和维修时间，提高设备的可用性和生产线的稳定性。

（二）基于智能化机械系统的能源管理与优化控制

能源管理和优化是智能化机械系统设计与控制的重要应用领域之一。通过智能化机械系统的设计和控制，可以实现对能源的高效利用、节能和优化调度。以下是一些实践案例：

（1）能源监测与数据采集。基于智能化机械系统，可以实现对能源消耗的实时监测和数据采集。通过传感器和监测设备，可以获取关键能源参数和指标，如电力、水、气等的消耗量和负荷情况。这些数据可以用于能源管理和优化的决策支持。

（2）能源分析与建模。通过对能源消耗数据的分析和建模，可以识别能源消耗的模式和特点，并建立相应的能源模型。通过智能化的数据分析和学习算法，可以预测能源消耗趋势、寻找能源消耗的优化潜力，并制定相应的控制策略。

（3）能源系统集成与管理。智能化机械系统可以实现对能源设备和系统的集成和管理。通过智能化的设备监控和远程控制技术，可以实现能源设备的远程启停、调节和故障诊断。通过智能化的能源管理系统，可以对能源消耗进行实时监控和管理，提供能源消耗的分析报告和节能建议。

第三节　柔性与可变形机构的设计与应用

一、柔性机构与可变形机构的概念与分类

（一）柔性机构的定义与特点

柔性机构是指由柔性材料或结构组成的机械系统，具有较大的变形能力和适应性。与刚性机构相比，柔性机构可以通过材料的柔韧性和结构的变形来实现多样化的运动和适应不同工作环境的需求。柔性机构的特点包括：

①变形性：柔性机构能够在受力作用下产生较大的形变和位移，具有较大的自由度和运动范围。

②柔软性：柔性机构的材料和结构相对柔软，具有较好的柔韧性和变形能力，能够适应不同的工作条件和环境。

③轻量化：柔性机构由柔性材料构成，通常比刚性机构更轻，可以减少整体重量和惯性，提高系统的运动效率和响应速度。

④抗震性：柔性机构的柔韧性和能量吸收能力使其具有较好的抗震性能，能够在地震等自然灾害中减轻结构的损坏和危害。

可变形机构是指具有可变形态和结构的机械系统，能够通过改变形状和结构来实现不同的功能和性能。可变形机构可以根据需求进行形态和结构的调整和变化，以适应不同的工作任务和环境。可变形机构的特点包括：

①变形性：可变形机构具有可变形态和结构的能力，可以通过机械或电控等方式实现形状和结构的调整和变化。

②多功能性：可变形机构可以通过改变形态和结构来实现不同的功能和性能，具有较高的灵活性和多样化的应用场景。

③自适应性：可变形机构能够根据工作环境和需求自动调整和变化，具有一定的智能化和自适应能力。

④高效性：可变形机构可以通过调整结构形态和参数来实现性能的优化和效率的提高，具有较高的能量利用率和运动精度。通过对柔性机构与可变形机构的研究与应用，可以实现机械系统的高度灵活性和适应性，拓展了机械设计的可能性。

（二）柔性机构与可变形机构的分类与比较

柔性机构与可变形机构是机械系统中两种重要的设计概念。它们根据不同的特性和应用需求进行分类与比较，以便更好地理解它们的特点和应用。基于结构特性的分类：

（1）弯曲型柔性机构。该类型的柔性机构主要由弯曲杆件组成，通过弯曲变形实现运动。弯曲型柔性机构可以具有较大的变形能力和灵活性，常用于需要曲线运动或复杂形状变化的应用中。

（2）扭转型柔性机构。该类型的柔性机构主要通过杆件的扭转变形来实现运动。扭转型柔性机构具有较高的扭转刚度和变形能力，常用于需要旋转或扭转运动的应用中。

（3）屈曲型柔性机构。该类型的柔性机构主要通过杆件的屈曲变形来实现运动。屈曲型柔性机构具有较大的屈曲变形能力和自由度，常用于需要弯曲运动或自适应变形的应用中。基于运动特性的分类：

①自由形变型柔性机构：该类型的柔性机构具有较大的自由度和自由形变能力，可以在没有外部控制的情况下进行形状和结构的变化。自由形变型柔性机构常用于需要自适应变形和环境适应能力强的应用中。

②主动控制型柔性机构：该类型的柔性机构可以通过外部的激励和控制来实现形状和结构的变化。主动控制型柔性机构常用于需要精确控制和运动规划的应用中。

柔性机构和可变形机构都具有灵活性和适应性，但在设计和应用上有一些区别。首先，在结构特性上，柔性机构由柔性材料构成，具有较高的柔韧性和变形能力，可以在多个方向上实现柔性运动和变形。可变形机构通过改变机构的几何形态来实现不同的功能和性能，具有结构可变性和适应性。其次，在运动特性上，柔性机构可以实现复杂的曲线运动和柔性变形，具有较大的自由度和连续性运动能力。可变形机构通过改变机构的结构形态和参数，实现不同的运动模式和工作状态。再次，在设计方法上，柔性机构的设计通常涉及材料选择、柔性结构设计、柔性体建模和仿真等方面，需要考虑材料的柔性性能、刚度调节和结构优化。可变形机构的设计涉及形态设计、参数优化和控制方法，需要考虑机构的运动学、动力学特性以及机构的可变形能力。最后，在应用领域上，柔性机构广泛应用于机器人、医疗器械、灵活操控系统等领域，可以实现高度自适应和灵活性的运动和操作。可变形机构常见于航空航天、汽车工程、结构工程等领域，用于实现结构形态的变化和优化，以适应不同工况和需求。

二、柔性机构设计与分析方法

（一）柔性机构建模与仿真分析

在柔性机构的建模方法方面，柔性机构的建模是设计和分析的基础，它可以帮助工程师更好地理解柔性机构的行为和性能。以下是几种常用的柔性机构建模方法：

（1）杆件模型。将柔性机构简化为由连续的杆件组成的系统，其中每个杆件代表一个柔性部件。杆件模型常用于简化的静态分析和动态仿真。

（2）薄壳模型。将柔性机构看作一个薄壳结构，利用薄壳理论进行建模和分析。薄壳模型适用于柔性机构中薄壁结构的分析，如弯曲型柔性机构。

（3）弹性体模型。将柔性机构看作一个弹性体，考虑材料的弹性特性和变形行为。弹性体模型适用于柔性机构中具有较大变形的部件，如扭转型柔性机构和屈曲型柔性机构。

在柔性机构的有限元分析上，有限元分析是一种常用的工程分析方法，可以用于对柔性机构进行结构分析和性能评估。在柔性机构的有限元分析中，以下步骤通常会被执行：

①离散化：将柔性机构离散化为有限数量的单元，如杆件、壳体或体积单元。离散化的精度会影响分析结果的准确性。

②材料建模：为柔性机构的材料属性分配适当的本构模型，如线性弹性、非线性弹性或超弹性模型。

③约束条件：定义柔性机构的边界条件和约束，以模拟实际应用中的约束和支撑。

④荷载应用：施加适当的载荷和外部激励，以模拟柔性机构的实际工作环境。

⑤求解和分析：通过求解有限元方程，获得柔性机构的应力、位移、应变等结果，进行结构分析和性能评估。

在柔性机构的动力学仿真方面，柔性机构的动力学仿真是研究其运动行为和响应的重要手段。通过动力学仿真，可以分析柔性机构在不同工况下的运动特性、动力学性能和载荷响应等。柔性机构的动力学仿真通常包括以下步骤：

（1）建立运动学模型。根据柔性机构的几何形态和连接关系，建立运动学模型，描述各个部件之间的相对运动关系。

（2）确定力学特性。确定柔性机构的材料特性、质量分布、惯性矩阵等力学参数，以便进行动力学分析。

（3）建立动力学模型。基于运动学模型和力学特性，建立柔性机构的动力学模型，包括质点动力学方程、连杆动力学方程、柔性体动力学方程等。

（4）施加外部载荷。根据实际工作条件和应用需求，施加适当的外部载荷和激励，例如力、力矩、速度或位移等。

（5）进行仿真分析。通过数值方法（如数值积分、有限差分法等）求解动力学模型，获得柔性机构在时间上的响应，如位移、速度、加速度、力等。

（6）结果评估与优化。分析仿真结果，评估柔性机构的动态性能，如振动、稳定性、响应速度等，并进行优化设计，改进其性能。

柔性机构的建模与仿真分析方法为设计师和工程师提供了有效的工具和手段，以预测和优化柔性机构的性能，并指导实际制造和应用过程。

（二）柔性机构设计优化

柔性机构设计与分析方法包括建模、仿真分析和优化。在柔性机构设计过程中，需要考虑拓扑优化、材料优化和参数优化等方面。首先是柔性机构的拓扑优化，拓扑优化旨在通过改变柔性机构的结构形态，实现性能和功能的优化。常用的方法包括遗传算法、粒子群优化算法和拓扑优化理论等。在拓扑优化中，通过添加或删除柔性部件、调整柔性连接点位置等方式，改变柔性机构的结构形态，以获得最佳的性能和运动特性。其次是柔性机构的材料优化，材料优化针对柔性机构所使用的材料，旨在提高柔性机构的柔韧性、刚度和耐久性等性能。常用的方法包括材料选择、材料组合和材料参数优化等。在材料优化中，可以考虑使用具有良好柔性特性的材料，或结合不同材料的优势，通过合理的材料组合来实现柔性机构的设计目标。再次是柔性机构的参数优化，参数优化是指通过调整柔性机构的设计参数，使其达到最佳的性能和运动特性。常用的方法包括响应面方法、遗传算法和粒子群优化算法等。在参数优化中，可以考虑调整柔性材料的刚度、长度和形状等参数，以及柔性连接的位置和角度等参数，以实现柔性机构设计的优化。柔性机构设计与分析方法的目标是通过合理的建模、仿真和优化，实现柔性机构的性能和功能的最优化。这些方法可以帮助工程师们在设计过程中更好地理解柔性机构的行为和性能，并提供指导和支持，以满足设计要求和优化目标。

（三）柔性机构的制造与实验验证

柔性机构的制造与实验验证是确保柔性机构设计可行性和性能可靠性的关键环节。它涉及柔性机构的制造技术、传感与控制以及实验验证与性能评估。

柔性机构的制造技术包括传统加工方法和先进制造技术。传统加工方法包括切割、弯曲、焊接等，用于制造柔性部件。而先进制造技术如3D打印、激光切割等则可用于制造复杂形状和微观尺度的柔性结构。在制造过程中，需要确保柔性部件的几何形状、材料特性和连接方式的准确性和一致性，以保证柔性机构的性能和功能。

传感与控制技术在柔性机构中起到关键作用，可以实时获取柔性机构的状态信息并对其进行控制。常用的传感器包括应变传感器、位移传感器、力传感器等，用于测量柔性部件的形变、位置和受力情况。控制算法可用于调节柔性机构的运动和响应，如PID控制、自适应控制和模糊控制等。通过传感与控制技术的应用，可以实现柔性机构的精确控制和实时适应性。

实验验证和性能评估是验证柔性机构设计效果和性能指标的重要手段。通过实验验证，可以对柔性机构的运动、变形和受力进行观测和分析，以验证其设计理念和仿真结果的准确性。

性能评估涉及对柔性机构的力学性能、动力学特性、精度和可靠性等方面的评估。可以采用实验测试、数值模拟和性能指标分析等方法来评估柔性机构的性能和功能的优劣。

柔性机构的制造与实验验证是将柔性机构设计从理论转化为实际应用的重要环节。通过合理的制造技术、传感与控制和实验验证与性能评估，可以确保柔性机构在实际应用中具有良好的性能、可靠性和适应性。

三、柔性与可变形机构在机器人机械设计中的创新应用案例

（一）柔性机构在机器人手臂设计中的应用

柔性机构可以在机器人手臂的关节处应用，实现更大的自由度和灵活性。通过采用柔性关节结构，机器人手臂可以实现更自然、流畅的运动轨迹，使其具备更强的适应性和操作能力。柔性机构手臂还可以具备良好的变形性能，可以根据任务需求进行形态调整和变形，实现更广泛的工作空间覆盖和精确的物体抓取。

（二）可变形机构在机器人运动控制中的应用

可变形机构可以通过调整自身形态和结构的变化来实现机器人的运动控制。例如，采用可变长度连杆或可变形状的构件，可以实现机器人在不同工作场景中的自适应变换和运动规划。可变形机构还可以应用于机器人的形态变化和运动规划，使其能够适应复杂的环境和任务需求。通过调整机器人的形态和结构，可以实现路径规划、避障和灵活的姿态调整。

（三）柔性与可变形机构在机器人感知与适应性中的应用

柔性与可变形机构在机器人感知与适应性方面的应用，可以使机器人具备更高级别的感知和适应性能力。通过集成传感器技术，柔性与可变形机构可以感知环境信息，并根据情况进行形态调整和结构变化，以适应不同工作环境。例如，柔性机构可以通过弯曲传感器感知环境中的障碍物或力的变化，从而调整机器人的运动轨迹或动作，实现避障、力的反馈和环境适应。

（四）柔性与可变形机构在机器人协作与合作中的应用

柔性与可变形机构可以促进机器人之间的协作和合作，提高任务的完成效率和灵活性。通过柔性机构的传感与控制，机器人可以实现传感器信息的共享和力的传递，从而实现精确的协同动作和力的协作。可变形机构的应用也可以实现机器人之间的协调和合作。以下是柔性与可变形机构在机器人机械设计中的创新应用案例的详细介绍：

（1）柔性机构在机器人手臂设计中的应用。弹性材料和柔性关节的应用使机器人手臂具备更好的柔性和可塑性，能够适应复杂的工作环境和形状变化的任务。

柔性手臂可以实现更精确的操作，如细致的物体抓取和柔软表面的触摸。柔性手臂还可以提供更高的安全性能，能够减少对人和周围物体的伤害。

（2）可变形机构在机器人运动控制中的应用。可变长度连杆的应用可以实现机器人的形态变换和步态调整，使其能够在不同的地形和工作环境中平稳移动。可变形状的结构设计可以使机器人实现复杂的运动模式和路径规划，适应多样化的任务需求。可变形机构还可以用于机器人的姿态调整和平衡控制，提高机器人的稳定性和机动性。

（3）柔性与可变形机构在机器人感知与适应性中的应用。弯曲传感器和变形传感器的应用使机器人能够感知和识别环境中的障碍物、力量和变化。柔性与可变形机构可以根据传感器反馈的信息进行形态调整和结构变化，以适应不同的工作环境和任务需求。通过感知和适应能力的提升，机器人能够实现自主导航、自动化操作和智能决策。

柔性和可变形机构可以实现机器人之间的力的传递和信息的共享，促进协同工作和合作操作。通过柔性和可变形结构的变化，机器人能够调整自身形态和运动轨迹，以适应其他机器人的位置和动作，实现精确的协同操作和力的协作。机器人之间的协作和合作可以应用于多个领域，如团队搬运、物体组装和协同搜索等任务。这些应用案例展示了柔性与可变形机构在机器人机械设计中的创新应用，它们为机器人提供了更高的灵活性、适应性和智能性能。通过柔性机构和可变形机构的应用，机器人能够适应不同的工作环境和任务需求，实现更精确、高效的操作。柔性与可变形机构的协作与合作应用可以应用于各种领域，如团队搬运、物体组装和协同搜索等任务。这些应用可以提高机器人系统的整体性能和工作效率，同时减少人工干预和提高自主性。

第四节　精密机械设计与纳米技术

一、纳米技术在机械设计中的基本概念与原理

（一）纳米技术的定义和基本概念

纳米技术是一门研究和应用物质在纳米尺度（尺寸为1~100nm）下的特性、性质和现象的学科。纳米尺度是介于分子尺度和宏观尺度之间的尺度范围，具有特殊的物理、化学和生物学特性。纳米技术利用这些特性，通过控制和操纵物质的结构和性质，创造出具有新颖功能和性能的材料、器件和系统。在纳米尺度下，物质的特性发生了明显的变化。由于表面积和界面效应的增加，纳米材料表现出了较

大的比表面积、高强度、高导电性、高热稳定性等特点。此外，量子效应的出现使得纳米材料在光学、电子和磁学等方面具有与宏观材料不同的特性。纳米技术通过充分利用和控制这些特性，可以设计和制造出具有优异性能的纳米材料、纳米器件和纳米系统。纳米技术的基本概念包括以下几个方面：一是尺度效应，在纳米尺度下，物质的性质和行为与宏观尺度下的不同。例如，纳米材料的光学、电子、磁学等特性受到量子效应的显著影响，呈现出独特的性质和行为。二是自组装，纳米材料具有自组装的能力，可以通过相互作用力在纳米尺度下自发组装成特定的结构和形态。这种自组装能力可以用于制造纳米材料的组装、纳米器件的构建和纳米系统的组合。三是界面效应，纳米材料的界面是其特殊性质的关键所在。纳米材料中的界面可以提供额外的表面积，影响材料的力学、热学、电学和化学性质。研究和控制界面效应对于纳米技术的发展至关重要。四是精确控制和操纵，纳米技术致力于对物质进行精确控制和操纵，包括控制物质的形貌、结构、组成和功能。通过精确控制和操纵，可以实现对材料和器件性能的定制和优化。

（二）纳米尺度特性对机械设计的影响

纳米尺度特性对机械设计产生了深远的影响。在纳米尺度下，物质的性质和行为发生了显著变化，这些变化为机械设计提供了新的机会和挑战。以下是纳米尺度特性对机械设计的主要影响：

（1）增强材料性能。纳米材料具有较大的比表面积和高强度，这使得纳米材料在机械设计中具有优异的性能。通过将纳米颗粒或纳米纤维引入材料基体中，可以显著提高材料的强度、硬度和耐磨性。这种增强效应可以用于设计更轻量化和高性能的机械结构。

（2）特殊的力学行为。纳米材料在力学行为上表现出与宏观材料不同的特点。由于尺寸效应和表面效应的影响，纳米材料的力学行为呈现出非线性、塑性和弹性恢复等特性。这些特殊的力学行为可以用于设计具有可控变形和形状记忆功能的纳米机械结构。

（3）光学和电子性质的调控。纳米材料的尺寸和形态可以调控其光学和电子性质。纳米材料在光学上表现出量子限制效应，例如量子点的荧光性质和等离子体共振现象。这种调控性质使得纳米材料可以用于设计光学传感器、纳米电子器件和光电转换系统。

（4）界面效应的利用。纳米尺度下的界面对于机械设计具有重要影响。纳米材料的界面具有较大的比表面积和高活性，可以用于增强材料的黏附性、摩擦性和耐腐蚀性。通过设计纳米结构和界面，可以实现机械系统的低摩擦、高润滑和抗氧化等特性。

(5)自组装和自修复能力。纳米材料具有自组装和自修复的能力,可以在纳米尺度下实现结构的自组装和损伤的自修复。这种能力可以用于设计具有自修复和自适应功能的纳米机械结构,提高机械系统的可靠性和寿命。

纳米尺度特性为机械设计提供了新的设计思路和方法。通过充分利用纳米尺度特性,可以设计出更轻量、更高强度、更耐磨损、更高效能的机械结构和系统。

(三)纳米技术在机械设计中的原理与工作原理

纳米技术在机械设计中的原理和工作原理涉及纳米材料的制备与处理、纳米结构的设计与组装、纳米尺度特性的调控与利用、多尺度设计与模拟以及实验与测试技术等方面。通过合理应用这些原理和方法,可以实现机械系统的高性能、轻量化和功能化设计。

(1)纳米材料的制备与处理。纳米技术中的关键一步是制备纳米材料,常见的方法包括溶胶凝胶法、气相沉积法、物理气相沉积法等。通过控制制备条件和参数,可以控制纳米材料的尺寸、形态和结构。此外,对纳米材料进行后续的表面修饰、功能化和处理也是重要的工作步骤,以获得所需的性能和功能。

(2)纳米结构的设计与组装。在机械设计中,纳米结构的设计与组装是关键步骤。通过合理设计纳米结构的形状、尺寸和排列方式,可以调控其力学性能、光学性质和电子特性等。纳米结构的组装可以通过自组装、模板法、纳米印刷等技术实现。组装过程中的准确控制和对纳米结构的定位和对齐是关键要素,以确保所得到的结构具有预期的性能和功能。

(3)纳米尺度特性的调控与利用。纳米尺度下的物质表现出与宏观物质不同的特性,如量子效应、尺寸效应和表面效应等。在机械设计中,需要充分理解和调控这些纳米尺度特性,并将其应用于设计中。通过控制纳米材料的尺寸、形状和组成,可以实现材料的特定性能,如增强强度、改善导热性能等。同时,纳米尺度特性还可以用于设计纳米传感器、纳米电子器件和纳米机械系统,以实现高灵敏度、高选择性和智能化的功能。

(4)多尺度设计与模拟。纳米技术在机械设计中常常涉及多尺度的设计和模拟。由于纳米材料和纳米结构的尺寸远小于宏观尺度,需要同时考虑宏观和纳米尺度上的物理行为和相互作用。多尺度设计和模拟可以通过分子动力学模拟、有限元分析和多物理场耦合模拟等方法来实现。这些方法可以帮助工程师理解纳米材料和纳米结构在宏观尺度上的行为,并指导机械系统的设计和优化。

(5)实验与测试技术。纳米技术在机械设计中需要借助先进的实验和测试技术来验证和评估设计的效果。常用的技术包括扫描电子显微镜(SEM)、原子力显微镜(AFM)、透射电子显微镜(TEM)等用于观察和表征纳米结构的形貌和结构。同时，还可以使用拉伸测试机、硬度测试仪等设备对纳米材料的力学性能进行测试。这些实验和测试数据可以用于验证纳米技术在机械设计中的应用效果。

二、精密机械设计的要点与方法

（一）精密机械设计的基本概念和特点

精密机械设计是指在工程设计中注重精度、稳定性和可靠性的机械系统设计。它在许多领域中都起着重要的作用，例如光学仪器、医疗设备、半导体制造等。精密机械设计的要点和方法如下：

（1）精度要求。精密机械设计中最重要的要点之一是精度要求。精密机械系统需要具备高精度和稳定性，能够满足特定的要求和性能指标。设计师需要明确系统的精度要求，并在设计过程中考虑如何实现和保持系统的精度。

（2）结构优化。在精密机械设计中，结构的优化是非常重要的。合理的结构设计可以提高系统的刚度和稳定性，减小振动和变形，从而提高系统的精度。设计师可以利用计算机辅助设计软件进行结构优化，通过分析和模拟来确定最佳的结构形式。

（3）材料选择。材料的选择对精密机械设计至关重要。合适的材料可以满足系统的要求，如高强度、低热膨胀系数、良好的耐磨性等。在选择材料时需要考虑机械性能、物理性质和加工性能等因素，并与系统的工作环境相匹配。

（4）润滑与减摩。在精密机械系统中，润滑与减摩是关键问题。合适的润滑和减摩措施可以降低系统的摩擦和磨损，提高系统的精度和寿命。设计师需要考虑适当的润滑方式和材料选择，并设计相应的润滑系统。

（5）控制与稳定性。精密机械系统的控制和稳定性是设计中需要重点关注的方面。合理的控制系统设计可以实现精密的位置和运动控制，提高系统的稳定性和精度。设计师需要选择合适的传感器和执行器，并设计相应的控制算法和策略。

（二）精密机械设计的目标和要求

精密机械设计的目标是设计和制造出具有高精度、高稳定性和高可靠性的机械系统，以满足特定的工作要求和性能指标。在实现这一目标的过程中，需要考虑以下几个方面：

（1）高精度要求。精密机械设计的首要要求是实现高精度。这意味着机械系统需要能够达到预定的位置、尺寸、角度等要求，具有较小的误差和变形。设计师需要考虑如何通过优化结构、材料选择、控制算法等手段来提高系统的精度。

（2）高稳定性要求。精密机械系统需要具有高稳定性，即在各种工作条件下能够保持稳定的性能和工作状态。稳定性要求涉及系统的结构刚度、材料特性、热膨胀、振动等因素的控制和抑制。设计师需要通过合理的设计和控制手段来确保系统的稳定性。

（3）高可靠性要求。精密机械系统通常用于关键应用领域，对系统的可靠性要求较高。可靠性要求涉及系统的寿命、故障率、维修性等方面。设计师需要考虑材料的耐久性、零部件的可靠性、故障检测和维修等问题，以确保系统在长期运行中的稳定性和可靠性。

（4）环境适应性要求。精密机械系统常常工作在不同的环境条件下，如温度变化、湿度变化、腐蚀环境等。设计师需要考虑系统在不同环境条件下的工作性能和可靠性，并选择合适的材料和防护措施来保证系统的环境适应性。

（5）经济性要求。精密机械设计不仅需要满足高精度和高性能的要求，还需要考虑经济性。设计师需要在满足性能指标的前提下，尽量降低制造成本、维护成本和能源消耗，以提高系统的经济效益。

（三）精密机械设计中的容差分析和优化

在精密机械设计中，容差分析和优化是非常重要的一环。容差是指在实际制造过程中，由于材料、加工等因素的不确定性所引起的尺寸偏差或形状偏差。容差分析和优化的目的是在设计阶段就考虑到这些不确定性，并通过合理的容差策略来控制和减小偏差，以确保设计的精度和可靠性。

（1）容差链分析。首先进行容差链分析，确定设计中各个部件之间的相互关系和传递关系。通过分析和追踪容差传递路径，找出主要的容差贡献来源和敏感区域，为后续的容差控制提供依据。

（2）容差分配和限制。根据容差链分析的结果，合理地分配容差给各个部件和接触面。对于重要的尺寸或关键特征，要设定较小的容差限制，以确保其精度和稳定性。对于次要的尺寸或次要特征，可以设定较大的容差限制，以平衡制造成本和性能需求。

（3）容差堆叠分析。通过容差堆叠分析，评估各个部件的容差叠加效应。容差堆叠分析可以采用传统的数学方法，如向量法、最大–最小法等，也可以借助计算机辅助设计软件进行模拟和仿真。通过分析容差堆叠情况，找出可能导致装配问题或性能下降的关键部位，并采取相应的措施进行优化。

（4）容差优化策略。根据容差分析的结果，制定容差优化策略。这包括选择合适的公差类型（配合公差、功能公差、无公差等）、调整公差数值和分布、采用特殊的加工工艺等。优化策略的目标是最大限度地减小装配问题和性能下降的概率，并确保系统在制造和使用过程中仍能满足设计要求。

三、纳米技术在机械设计中的材料应用

（一）纳米材料在机械结构设计中的应用

纳米技术在机械设计中的材料应用方面，纳米材料的应用可以带来许多优势，如提高机械结构的性能、增加材料的强度和硬度、改善材料的导热性能等。以下是纳米材料在机械结构设计中的一些应用：

（1）强度和硬度提升。纳米材料具有较高的比表面积和较小的晶粒尺寸，因此在机械结构设计中可以利用纳米材料提高材料的强度和硬度。纳米材料的高比表面积可以提供更多的晶界强化效应，而较小的晶粒尺寸可以阻止位错的运动，从而增加材料的塑性变形能力。

（2）摩擦和磨损性能改善。纳米材料具有较高的表面平整度和较小的表面粗糙度，这使得纳米材料在机械结构中可以改善摩擦和磨损性能。纳米材料可以形成更为平滑的表面，并且可以通过添加纳米颗粒或纳米润滑剂来形成耐磨涂层，从而减少摩擦损失和延长机械结构的使用寿命。

（3）降低材料密度。纳米材料通常具有较低的密度，因此可以在机械结构设计中使用纳米材料来降低整体结构的重量。这对于需要减小结构质量、提高运动速度和减小能耗的应用非常有益。

（4）提高导热性能。纳米材料具有较高的热导率，因此在机械结构设计中可以利用纳米材料来提高材料的导热性能。例如，在高功率电子设备的散热结构中，使用纳米材料作为导热界面材料可以提高散热效率，降低温度。

（5）精密加工和制造。纳米材料具有较小的尺寸和较高的制备精度，因此可以应用于精密加工和制造领域。通过纳米材料的精确控制和加工，可以制造出精密结构、微细部件和纳米器件，满足精密机械系统的要求。

（二）纳米润滑材料在机械系统中的应用

纳米技术在机械设计中的材料应用方面，纳米润滑材料的应用可以有效改善机械系统的摩擦和磨损性能。纳米润滑材料具有独特的性质，可以减少摩擦损失、延长机械系统的寿命，并提高其工作效率。以下是纳米润滑材料在机械系统中的一些应用：

（1）纳米润滑薄膜。纳米润滑材料可以制备成薄膜形式，涂覆在机械系统的摩擦表面上，形成润滑膜。这些纳米润滑薄膜可以减少摩擦系数和磨损率，提供更好的润滑效果。纳米润滑薄膜可以应用于各种机械系统中，如发动机、齿轮、轴承等。

（2）纳米添加剂。将纳米颗粒或纳米润滑剂添加到传统润滑剂中，可以改善其润滑性能。纳米添加剂具有较小的粒径和较大的比表面积，可以填充和填平微小的表面缺陷，减少摩擦和磨损。纳米添加剂可以应用于各种润滑系统中，如润滑油、润滑脂等。

（3）纳米固体润滑剂。纳米固体润滑剂是一种利用纳米材料作为润滑剂的新型材料。纳米固体润滑剂可以在机械系统中形成固体润滑膜，减少摩擦和磨损。纳米固体润滑剂具有优异的抗磨损性能和高温稳定性，可应用于高温、高压和恶劣环境下的机械系统。

（4）纳米复合材料。将纳米材料与基础材料组合形成纳米复合材料，可以改善材料的摩擦和磨损性能。纳米材料在复合材料中可以提供增强的界面结合力和润滑效果，从而减少摩擦和磨损。纳米复合材料可以应用于制造机械系统的关键部件和摩擦耗件。

（5）纳米润滑技术。纳米技术还提供了一些先进的润滑技术，如纳米自润滑和纳米界面调控。纳米自润滑是指通过在摩擦表面引入纳米材料，使其自行释放润滑剂，形成纳米润滑膜，从而实现自动润滑效果。纳米界面调控则是通过在摩擦界面上应用纳米材料，调控界面结构和性质，改善摩擦和磨损性能。总的来说，纳米润滑材料在机械系统中的应用可以有效减少摩擦和磨损，提高系统的效率和寿命。这些应用可以广泛涵盖各个领域，包括工业制造、交通运输、航空航天等。然而，在应用纳米润滑材料时，需要考虑材料的制备方法、稳定性、环境友好性以及与其他材料的相容性等问题，以确保其可靠性和可持续性。

（三）纳米复合材料在机械设计中的应用

纳米复合材料是将纳米级的颗粒或纤维嵌入基础材料中形成的材料体系。它具有许多优异的性能，如高强度、高硬度、低密度、优异的热导率和电导率等。这些特性使纳米复合材料在机械设计中具有广泛的应用前景。以下是纳米复合材料在机械设计中的一些应用：

（1）结构材料增强。纳米颗粒或纤维可以被添加到基础材料中，以提高其强度和刚度。例如，在航空航天领域，纳米复合材料被用于制造轻量化的飞机零部件，提高结构的强度和耐久性。

（2）摩擦和磨损控制。纳米复合材料可以用作摩擦材料，用于减少机械系统中的摩擦和磨损。通过添加纳米颗粒或纤维，可以改善材料的摩擦性能，并提高耐磨损能力。

（3）热管理。纳米复合材料具有良好的热导率和热扩散性能，可用于制造散热器、热管和热传导材料。这些材料可以有效地调控机械系统中的温度分布，提高热管理效率。

（4）传感与响应。纳米复合材料可以用于制造传感器和响应材料，用于检测和响应外部环境的变化。通过引入纳米颗粒或纤维，可以改变材料的电学、光学或磁学性质，实现对机械系统的监测和控制。

（5）智能材料和器件。纳米复合材料可以用于制造智能材料和器件，如形状记忆材料和纳米机械系统。这些材料和器件可以响应外部刺激，实现形状、结构或功能的可逆变化，用于设计创新的机械系统。

四、纳米技术在机械设计中的表面工程应用

（一）纳米表面涂层技术在机械设计中的应用

纳米表面涂层技术是将纳米级的材料或涂层应用于机械设计中的表面，以改善材料的性能和功能。这种技术在机械设计中具有广泛的应用，以下是一些常见的应用领域：

（1）摩擦和磨损控制。纳米涂层可以应用在机械系统的摩擦表面上，以减少摩擦系数和磨损率。通过使用纳米颗粒或纤维，可以形成一个均匀且光滑的表面，提供更低的摩擦力和更高的耐磨性能。

（2）耐腐蚀和防氧化。纳米涂层可以在机械部件的表面形成一层防护层，提供良好的耐腐蚀和防氧化性能。这种涂层可以保护机械部件免受化学物质、湿气和高温的侵蚀，延长其使用寿命。

（3）硬度和强度增强。纳米涂层可以显著提高材料的硬度和强度。通过在表面形成纳米颗粒或纤维的堆积结构，可以增加材料的表面硬度，提高其抗压、抗划伤和抗拉强度。

（4）光学性能改善。纳米涂层可以改善机械部件的光学性能。例如，在光学镜片的设计中，纳米涂层可以减少反射和散射，提高透光率和光学清晰度，使其在光学器件中具有更好的性能。

（5）生物兼容性和生物功能。纳米涂层可以赋予机械部件良好的生物兼容性和生物功能。通过在表面引入纳米颗粒或纤维，可以改变材料的表面性质，使其

具有抗菌、抗生物黏附等特性，适用于医疗器械和生物传感器等应用。需要注意的是，纳米表面涂层技术的成功应用需要考虑涂层的制备方法、材料的选择和表面处理等因素。此外，涂层的稳定性、耐久性和成本效益也是设计中需要考虑的重要因素。

（二）纳米表面改性技术在机械系统中的应用

纳米表面改性技术是利用纳米材料或纳米结构对机械系统的表面进行改良，以提高其性能和功能。以下是纳米表面改性技术在机械系统中的一些应用：

（1）润滑性能改善。纳米润滑技术可以应用于机械系统的摩擦表面，以减少摩擦系数和能量损耗。例如，使用纳米润滑剂或纳米润滑涂层可以在机械部件的接触表面形成一个润滑膜，减少摩擦和磨损，提高系统的效率和寿命。

（2）抗黏附和防污染。纳米表面改性技术可以使机械系统表面具有抗黏附和防污染的特性。通过在表面引入纳米结构或纳米涂层，可以减少黏附物质的吸附，如油污、灰尘和细菌等，保持表面的清洁和功能。

（3）表面硬度增强。纳米表面改性技术可以提高机械系统表面的硬度和耐磨性。通过在表面形成纳米颗粒或纳米涂层，可以增加材料的硬度和强度，提高其抗划伤和抗磨损能力，适用于高负荷和高速工作条件下的机械系统。

（4）界面黏结强度提高。纳米表面改性技术可以改善机械系统中的界面黏结强度。通过在材料界面引入纳米层或纳米结构，可以增加界面的接触面积和相互作用力，提高材料之间的黏结强度，增强系统的稳定性和可靠性。

（5）光学性能改善。纳米表面改性技术可以改善机械系统的光学性能。例如，在光学器件的设计中，通过在表面引入纳米结构或纳米涂层，可以控制光的传播和反射，提高光学透明度和抗反射能力，实现更高的光学性能。需要注意的是，纳米表面改性技术的应用需要综合考虑材料选择、表面处理方法、涂层制备技术等因素，并进行系统的性能评估和测试。

（三）纳米表面纹理设计在机械设计中的应用

纳米表面纹理设计是利用纳米尺度的结构和纹理特征对机械系统的表面进行设计和调控，以达到特定的功能和性能要求。以下是纳米表面纹理设计在机械设计中的一些应用：

（1）摩擦和润滑控制。通过在机械系统表面引入纳米级的纹理结构，可以改变表面的摩擦特性和润滑性能。例如，在汽车发动机部件的摩擦表面上设计纳米纹理结构，可以降低摩擦系数，改善燃油效率和减少磨损。

（2）自清洁和防污功能。纳米表面纹理设计可以实现机械系统表面的自清洁和防污功能。通过合理设计纳米纹理结构，可以使表面具有超疏水或超疏油特性，使污染物无法附着在表面上，从而实现自洁效果。

（3）光学性能优化。纳米表面纹理设计可以用于调控机械系统的光学性能。通过在光学元件表面引入纳米级的光学纹理结构，可以实现光的折射、反射和透射的控制，改善光学元件的透明度、抗反射性能和光学均匀性。

（4）附着力调控。通过纳米表面纹理设计，可以调控机械系统与其他材料或对象之间的附着力。例如，在医疗器械的设计中，通过在器械表面引入纳米纹理结构，可以增加器械与组织或细胞之间的接触面积和附着力，提高医疗效果。

（5）声学性能改善。纳米表面纹理设计可以用于改善机械系统的声学性能。通过在声学器件表面引入特定的纳米纹理结构，可以调控声波的传播和反射，改善声学的吸声性能、噪声控制和声波传输效率。

（6）界面黏附强化。纳米表面纹理设计可以用于增强机械系统界面的黏附力。通过在接触界面上创建纳米级的结构和纹理，可以增加界面的有效接触面积，并提高界面的黏附力和黏结强度。这在微机械系统、MEMS（微电子机械系统）和纳米器件的设计中尤为重要，可以提高设备的可靠性和性能。

（7）热传导增强。通过纳米表面纹理设计，可以改善机械系统中的热传导性能。通过在材料表面引入纳米结构或纳米涂层，可以增加热界面的接触面积和热传导路径，提高热能的传导效率和散热能力。这对于热管理和高效能量转换的机械系统非常重要。

五、纳米技术在机械设计中的传感与检测应用

（一）纳米传感器在机械系统监测中的应用

纳米传感器是利用纳米技术制备的传感器，可以实时监测和测量机械系统中的各种参数和状态。以下是纳米传感器在机械系统监测中的一些应用：

（1）应力和应变监测。纳米传感器可以测量机械系统中的应力和应变。通过在材料表面或结构内部嵌入纳米传感器，可以实时监测材料的变形和应力分布，用于评估结构的可靠性和性能。

（2）温度和湿度检测。纳米传感器可以用于测量机械系统中的温度和湿度。通过利用纳米材料的热电效应或湿敏性，可以实现高灵敏度和快速响应的温湿度传感器，用于环境监测和热管理。

（3）振动和加速度监测。纳米传感器可以用于监测机械系统中的振动和加速度。通过将纳米传感器集成到机械结构中，可以实时测量振动频率、幅值和方向，

用于故障诊断和结构健康监测。

（4）压力和力测量。纳米传感器可以测量机械系统中的压力和力。通过将纳米传感器放置在受力部件或接触面上，可以实时监测压力分布和受力情况，用于负荷分析和力学性能评估。

（5）气体和化学物质检测。纳米传感器可以用于检测机械系统中的气体成分和化学物质。通过利用纳米材料的特殊化学反应性或吸附性能，可以实现高灵敏度和选择性的气体传感器，用于环境监测和安全控制。

（6）光学信号检测。纳米传感器可以用于检测机械系统中的光学信号。通过利用纳米结构的光学特性，可以实现高灵敏度和快速响应的光学传感器，用于光学测量和光学通信。纳米传感器的应用可以提供精确、实时和多参数的监测能力，有助于提高机械系统的安全性、可靠性和性能。然而，纳米传感器的制备和集成需要克服材料和工艺上的挑战。

（二）纳米材料在机械结构缺陷检测中的应用

纳米材料在机械结构缺陷检测中发挥着重要作用，可以提供高灵敏度、高分辨率和快速响应的检测能力。以下是纳米材料在机械结构缺陷检测中的一些应用：

（1）纳米传感器阵列。利用纳米材料制备的传感器阵列可以在机械结构上均匀分布，实现对缺陷的全面监测。这些纳米传感器可以检测细微的结构变化、裂纹、腐蚀和疲劳等缺陷，并提供实时的监测数据。

（2）纳米压电传感器。纳米压电材料具有压电效应，可以将机械应变转化为电信号。通过在机械结构上嵌入纳米压电传感器，可以实时检测结构的变形和应变情况，从而发现潜在的缺陷。

（3）纳米磁性传感器。纳米磁性材料具有对磁场变化的高灵敏度。通过将纳米磁性传感器集成到机械结构中，可以检测结构的磁场变化，如磁性材料中的裂纹和缺陷，提供非接触式的缺陷检测能力。

（4）纳米声波传感器。纳米材料可以用于制备高灵敏度和高频率的声波传感器。这些传感器可以检测机械结构中的超声波信号，从而实时监测结构的声学特性和缺陷情况，如裂纹、材料非均匀性和内部结构的变化。

（5）纳米光学传感器。纳米材料可以用于制备高灵敏度和高分辨率的光学传感器。通过在机械结构表面引入纳米光学结构，可以检测微小的光学信号变化，用于监测结构的变形、应力和表面缺陷等。纳米材料在机械结构缺陷检测中的应用可以提供更准确、快速和可靠的检测结果，有助于及早发现结构缺陷并采取相应的修复措施，提高机械系统的安全性和可靠性。

（三）纳米检测技术在机械设计中的应用案例

纳米检测技术在机械设计中有广泛的应用，以下是一些应用案例：

（1）裂纹检测。纳米检测技术可以用于检测机械结构中的裂纹。例如，利用纳米传感器阵列和纳米声波传感器，可以实时监测结构中的裂纹扩展情况，并提供准确的裂纹检测结果，从而帮助预防结构的破裂和故障。

（2）表面缺陷检测。纳米检测技术可以用于检测机械结构表面的微小缺陷。例如，利用纳米光学传感器和纳米磁性传感器，可以实时监测结构表面的凹陷、磨损和腐蚀等缺陷，从而及时采取修复措施，延长结构的使用寿命。

（3）动态应变监测。纳米检测技术可以实时监测机械结构的动态应变情况。例如，利用纳米压电传感器和纳米声波传感器，可以测量结构在运行过程中的应变分布和变化，从而评估结构的健康状态和性能变化。

（4）磨损监测。纳米检测技术可以用于监测机械结构的磨损情况。例如，通过纳米磁性传感器和纳米声波传感器，可以实时监测机械结构中的磨损程度和位置，从而及时更换磨损部件，提高机械系统的效率和可靠性。

（5）精密测量。纳米检测技术可以用于进行精密测量和校准。例如，利用纳米光学传感器和纳米力传感器，可以实现纳米级的长度、形状和力学性能测量，从而提高机械系统的精度和稳定性。这些案例只是纳米检测技术在机械设计中的一部分应用，纳米技术在传感与检测领域的应用还在不断发展和创新，为机械设计提供了更多的可能性和机会。

六、纳米技术在机械设计中的微纳加工应用

（一）纳米加工技术在微纳器件制造中的应用

纳米加工技术在微纳器件制造中具有重要的应用价值，以下是一些常见的应用案例：

（1）纳米电子器件制造。纳米加工技术可以用于制造微小尺寸的电子器件，如纳米晶体管、纳米传感器等。通过纳米级的光刻、电子束曝光和离子束刻蚀等工艺，可以实现高分辨率、高性能的纳米电子器件制造。

（2）纳米光学器件制造。纳米加工技术在制造光学器件方面具有重要的应用。例如，通过纳米光刻和纳米压印等技术，可以制造出具有纳米级结构的光学透镜、光波导和光纤等器件，实现光信号的精确控制和调制。

（3）纳米机械器件制造。纳米加工技术可以用于制造微纳机械器件，如纳米驱动器、纳米机械臂等。通过纳米级的加工和组装技术，可以实现微米甚至纳米级

别的机械器件制造，从而实现微纳米尺度的运动和操作。

（4）纳米生物传感器制造。纳米加工技术在制造生物传感器方面具有广泛应用。通过纳米级的加工和生物材料的集成，可以制造出高灵敏度、高选择性的纳米生物传感器，用于检测和诊断生物分子的存在和浓度变化。

（5）纳米燃料电池制造。纳米加工技术在制造燃料电池方面具有重要的应用。通过纳米级的加工和薄膜堆叠技术，可以制造出具有高能量密度和高效能转换的纳米燃料电池，用于供电微纳米尺度的电子设备。

（二）纳米加工技术在微纳机械结构制造中的应用

纳米加工技术在微纳机械结构制造中具有广泛的应用，以下是一些常见的应用案例：

（1）纳米传感器制造。纳米加工技术可以用于制造微纳传感器，如压力传感器、加速度传感器、温度传感器等。通过纳米级的加工和材料选择，可以实现高灵敏度、高精度的微纳传感器制造，用于测量微小的力、位移和温度变化等参数。

（2）纳米电机制造。纳米加工技术可以制造微型电机和纳米级驱动器，用于实现微纳米尺度的运动和驱动。通过纳米级的加工和组装技术，可以制造出具有高转速和高精度的微型电机，广泛应用于微机械系统和纳米机器人等领域。

（3）纳米光学元件制造。纳米加工技术可以用于制造微纳光学元件，如微透镜、微光阵列和微光学波导等。通过纳米级的加工和光刻技术，可以实现微纳米级的光学元件制造，用于光学通信、光学传感和光学成像等应用。

（4）纳米流体控制器制造。纳米加工技术可以制造微纳米流体控制器，用于实现微纳米尺度的流体控制和调节。通过纳米级的加工和微流体技术，可以制造出具有高精度和高效率的微纳米流体控制器，广泛应用于生物医学、化学分析和实验室芯片等领域。

（5）纳米过滤器制造。纳米加工技术可以用于制造微纳米级的过滤器，用于分离和过滤微小的颗粒和分子。通过纳米级的加工和纳米孔结构的控制，可以制造出具有高效过滤和选择性分离性能的纳米过滤器，广泛应用于水处理、空气净化和生物分离等领域。

（三）纳米制造技术在机械设计中的应用案例

纳米制造技术在机械设计中有许多创新和应用案例，以下是一些典型的应用案例：

（1）纳米级精密零件制造。利用纳米制造技术，可以制造出高精度和高质量的微小零件，如微齿轮、微螺旋、微孔等。这些微纳零件广泛应用于微型机械装置、微电子设备和医疗器械等领域，实现了微观世界中的精密运动和功能。

（2）纳米级传感器制造。纳米制造技术可以用于制造高灵敏度和高稳定性的微纳传感器，如压力传感器、温度传感器、化学传感器等。这些微纳传感器广泛应用于工业监测、环境监测和生物医学等领域，实现了对微小信号的精确检测和监测。

（3）纳米结构的功能材料制造。通过纳米制造技术，可以制造具有特殊功能的纳米结构材料，如超疏水材料、超疏油材料和超导材料等。这些功能材料在机械设计中具有重要的应用，如自清洁表面、摩擦减小和超导器件等。

（4）纳米级微纳机械装置制造。利用纳米制造技术，可以制造微型机械装置，如微马达、微机械臂和微机器人等。这些微纳机械装置可以用于微纳操作、微纳操控和微纳组装等任务，具有重要的应用价值。

（5）纳米级微流体系统制造。纳米制造技术可以制造微流体系统，如微流体芯片、纳米流体控制器和微流体传感器等。这些微流体系统在生物医学、化学分析和实验室研究等领域具有重要的应用，实现了微小液体的精确控制和分析。这些应用案例只是纳米制造技术在机械设计中的一部分应用，随着纳米技术的不断发展和创新，将会涌现更多新的应用和突破。

第十四章　工业机器人机械设计应用研究

第一节　工业机器人的基本概念与分类

工业机器人是指具有自主运动能力、能够代替人类完成各种工业任务的机器设备。它们通常具备多轴关节结构、灵活的末端执行器和先进的控制系统。工业机器人根据其结构和功能的不同，可以分为多种类型，如SCARA机器人、Delta机器人、平行机械臂等。每种机器人都具有不同的特点和适用范围，用于满足不同工业领域的需求。在工业机器人的设计过程中，机械结构的设计与优化是关键的一环。这涉及机械臂的结构设计、关节的选择和设计、末端执行器的选型等方面。

（1）机械臂结构与关节设计。机械臂是工业机器人的核心部件，其结构设计应考虑机械臂的刚度、稳定性和负载能力。同时，关节的设计也非常重要，关节应具备足够的承载能力、精确的运动控制能力和可靠的结构设计，以确保机械臂的运动精度和稳定性。

（2）末端执行器设计与选择。末端执行器是工业机器人的工作端，用于完成具体的任务。根据不同的应用需求，末端执行器的设计可以包括夹具的设计、工具的选择等。末端执行器的设计应考虑到工件的形状、尺寸和重量等因素，并确保其能够稳定可靠地夹持工件或执行其他工作。

（3）工业机器人的运动控制。工业机器人的运动控制是实现精确运动和高效工作的关键。通过合理的控制算法和传感器系统，可以实现对机器人的精确位置控制、力控制和路径规划等功能。在机械设计过程中，需要考虑运动控制系统的集成和优化，以确保机器人的运动精度和工作效率。以上是工业机器人机械设计应用研究的基本概念和要点。在实际应用中，工业机器人的机械设计需要充分考虑工作环境、任务需求和安全性等因素，以提高机器人的性能和可靠性。

第二节　机器人与自动化系统的设计与应用

机器人在工业领域中扮演着重要的角色，它们能够自主执行各种任务，提高生产效率、降低劳动强度，并在各个行业中发挥重要作用。机器人与自动化系统的设计与应用涉及多个方面，包括机器人结构设计、控制系统设计、任务规划与路径规划以及安全性设计。机器人的设计首先涉及机械结构的设计。根据不同的任务需求和工作环境，需要设计机器人的关节结构、连杆结构和执行器等。这些设计要考虑到机器人的运动自由度、载荷能力、精度要求等因素，以确保机器人能够完成所需的动作和操作。控制系统设计是机器人与自动化系统中的关键要素。它包括传感器的选择和布置，用于获取环境信息和机器人状态的传感器，如视觉传感器、力传感器等。控制系统还包括运动控制算法和决策逻辑的设计，以实现机器人的精确定位、轨迹控制和任务执行。在机器人应用中，任务规划与路径规划也是非常重要的。根据工作要求，需要规划机器人的任务流程和运动路径，确保机器人能够按照预期完成任务。任务规划涉及工作流程的设计和任务分配，而路径规划则涉及机器人的轨迹规划和避障算法，以保证机器人的安全和高效运行。此外，安全性设计也是机器人与自动化系统中必不可少的一部分。机器人在工作过程中可能会与人类操作员或其他设备产生交互，因此需要考虑机器人的安全防护措施和应急停止系统，以确保人机安全。综上所述，机器人与自动化系统的设计与应用是工业机器人机械设计应用研究的关键内容。通过合理的机器人设计和自动化系统的应用，可以提高生产效率、降低劳动强度，并在各个行业中实现更高的工作质量和效益。

一、机器人结构与机械设计的创新应用

随着工业机器人技术的不断发展，机器人结构与机械设计也在不断创新与演进。新的机器人结构和机械设计的应用使得机器人能够适应更加复杂和多样化的工作场景，具备更高的运动灵活性和精度。以下是一些创新应用的例子：

（1）柔性机器人。柔性机器人采用柔性材料和机构设计，具有高度的灵活性和变形能力。它们能够适应不规则的工作环境，进行复杂的运动和操作。柔性机器人的刚度和形状可根据任务需求进行调节，使其能够处理精细和敏感的操作，如组装、拾取和医疗手术等。

（2）并联机器人。并联机器人由多个机械臂和关节组成，通过共享平台进行运动。这种结构可以提供更高的稳定性、负载能力和精度。并联机器人常用于需要承载重物或进行高精度操作的任务，如焊接、装配和涂漆等。

（3）可变形机器人。可变形机器人具有可以改变形状和结构的能力，以适应不同的任务需求。它们可以通过变换模块或连接方式实现形状和结构的变化，从而实现多种功能。可变形机器人在狭小空间的操作、灵活性要求高的任务以及人机合作场景中具有广泛的应用潜力。

（4）仿生机器人。仿生机器人通过模仿生物体的结构和运动方式，实现更加自然和高效的运动。例如，鱼类机器人可以模拟鱼的游动方式，蛇形机器人可以模拟蛇的爬行动作。仿生机器人的设计借鉴了自然界的优秀设计原则，具有更好的适应性和机动性。

（5）高精度机器人。高精度机器人在精密加工、测量和装配等领域具有重要应用。这些机器人通过精确的传感器、精密的运动控制和刚性结构，实现微米级的定位精度和重复性。高精度机器人在电子制造、光学器件加工和医疗器械制造等领域发挥着

二、机器人运动控制与路径规划的创新设计

在工业机器人的应用中，机器人的运动控制和路径规划是至关重要的。创新的机器人运动控制和路径规划设计可以提高机器人的运动性能、精度和效率，使其更适应复杂的工作环境和任务需求。以下是一些创新设计的例子：

（1）自适应控制。自适应控制是指机器人能够根据环境和任务要求自动调整其控制策略和参数。通过感知系统和实时反馈机制，机器人可以对外部环境的变化做出响应，并相应调整运动控制参数，以实现更好的适应性和稳定性。

（2）轨迹生成与优化。轨迹生成和优化是指通过算法和优化技术生成机器人的运动轨迹，并优化轨迹以达到更高的效率和精度。这涉及路径规划、障碍物避障、运动平滑等方面的设计。创新的轨迹生成和优化算法可以使机器人在复杂的工作环境中高效地完成任务，并避免碰撞和冲突。

（3）协作控制。协作控制是指多个机器人之间的协同工作和运动控制。通过合理的协作控制策略和通信机制，多个机器人可以共同完成复杂的任务，提高工作效率和灵活性。创新的协作控制设计可以使机器人之间实现紧密的协调和配合，实现高效的团队工作。

（4）非线性控制。传统的线性控制方法在某些复杂的机器人运动控制问题中可能存在局限性。非线性控制方法可以处理更复杂的运动控制问题，如非线性动力学、摩擦力等。创新的非线性控制设计可以提高机器人的运动精度和稳定性，扩展机器人的应用范围。

（5）智能控制。智能控制是指通过机器学习、人工智能等技术使机器人具备自主学习和决策能力。通过分析大量数据和学习经验，智能控制可以使机器人根据任务需求自主调整运动控制策略，提高工作效率和灵活性。创新的智能控制设计。

三、自动化系统集成与智能化设计的创新应用

随着工业自动化的不断发展，自动化系统集成和智能化设计在工业机器人的应用中发挥着重要的作用。通过将多种自动化设备和系统集成到一起，并应用智能化设计的理念，可以实现更高效、灵活和智能的生产过程。以下是一些创新应用的例子：

（1）自动化系统集成。自动化系统集成是指将不同的自动化设备、传感器、控制系统等整合到一个完整的系统中，以实现协同工作和高效生产。通过有效的系统集成，不同设备之间可以实现数据交互和协调动作，从而提高生产效率和品质。

（2）互联网智能化。利用互联网技术和云计算平台，将工业机器人与其他设备和系统连接起来，实现智能化的生产管理和控制。通过实时数据的收集、分析和优化，可以实现智能化的生产调度、设备维护和质量控制。

（3）人机协作系统。人机协作系统是指将工业机器人与人员进行密切的合作，实现安全、高效和灵活的生产环境。通过智能传感器、机器学习和人机界面的设计，工业机器人可以与人员共同工作，共享任务和工作空间，提高生产效率和人员安全。

（4）自适应控制系统。自适应控制系统是指根据实时数据和环境变化，自动调整机器人的控制参数和策略，以适应不同的生产要求。通过采集和分析传感器数据，自适应控制系统可以实现对工作状态的实时监测和自动调节，提高机器人的适应性和灵活性。

（5）虚拟仿真和模拟。利用虚拟仿真和模拟技术，可以在计算机上建立工业机器人的虚拟模型，并进行各种场景的仿真和测试。通过模拟和优化，可以提前预测和解决潜在问题，优化机器人的设计和运行参数，减少实际生产中的试错和成本。

第三节　先进制造技术应用案例

一、高精度3D打印零件制造技术的应用

随着3D打印技术的快速发展，高精度3D打印技术在制造业中得到广泛应用。这种技术利用逐层堆叠材料的方法，将数字设计转化为物理零件，具有快速、灵活和定制化的优势。以下是一些高精度3D打印零件制造技术的应用案例：

（1）航空航天领域。在航空航天领域，高精度3D打印技术被用于制造轻量化

的复杂结构件，如发动机零件、燃气轮机叶片和航空航天设备组件等。通过3D打印技术，可以实现复杂内部结构的制造，提高零件的性能和耐久性。

（2）医疗领域。在医疗领域，高精度3D打印技术广泛应用于个性化医疗器械和假体的制造。例如，通过扫描患者的解剖结构，可以根据其需求定制医疗器械，如义肢、牙齿矫正器和颅骨重建支架等。3D打印技术还可以制造复杂的人工器官模型，用于手术模拟和医学研究。

（3）汽车制造领域。在汽车制造领域，高精度3D打印技术被应用于制造汽车零部件，如轻量化结构件、复杂的内部通道和定制化零件等。通过3D打印技术，可以减少零件的重量和材料浪费，提高汽车的燃油效率和性能。

（4）工业设备制造领域。在工业设备制造领域，高精度3D打印技术被用于制造复杂的机械结构件和模具。通过3D打印技术，可以实现几何形状复杂、精度要求高的零件制造，提高生产效率和降低成本。

二、激光切割技术在金属加工中的应用案例

激光切割技术是一种常见且广泛应用于金属加工领域的先进制造技术。该技术利用高能量密度的激光束对金属材料进行切割，具有高精度、高效率和非接触加工等优势。以下是一些激光切割技术在金属加工中的应用案例：

（1）汽车制造。激光切割技术在汽车制造中广泛应用于金属零部件的制造。例如，汽车车身板材的切割、汽车底盘的加工以及汽车排气管的切割等。激光切割技术可以实现高精度和高速度的切割，确保零部件的质量和精度，并提高生产效率。

（2）电子产品制造。激光切割技术在电子产品制造中的应用也非常广泛。例如，手机、平板电脑和笔记本电脑等电子产品的金属外壳和面板通常使用激光切割技术进行切割和加工。激光切割技术可以实现复杂形状的切割和精细加工，确保产品的外观质量和尺寸精度。

（3）金属加工制造。激光切割技术在金属加工制造中应用广泛。例如，金属板材的切割、管道的切割、金属零部件的加工等。激光切割技术可以应对各种不同材料和复杂形状的切割需求，同时具有高效率和高质量的加工效果。

（4）钣金加工。激光切割技术在钣金加工中的应用非常常见。激光切割可以对钣金材料进行精确的切割，制作出具有复杂形状和精细结构的钣金零部件。激光切割技术还可以进行多轴切割，实现在一张平板上同时切割多个不同零件的加工。

三、高精度加工设备在航空航天领域的应用案例

在航空航天领域，高精度加工设备发挥着至关重要的作用，用于制造航空航天器件和组件，确保其质量和性能达到高标准。以下是一些高精度加工设备在航空航天领域的应用案例：

（1）数控机床。数控机床是一种能够自动进行加工操作的高精度加工设备。在航空航天领域，数控机床广泛应用于制造复杂的航空发动机零部件、飞行控制系统部件和航空航天结构件等。数控机床可以实现高精度、高效率的加工，保证零部件的尺寸精度和表面质量。

（2）激光切割设备。激光切割设备在航空航天领域被广泛应用于金属材料的切割和加工。例如，用于制造飞机外壳、发动机零部件和导弹结构件等。激光切割设备能够实现高精度、高速度的切割，同时具备非接触加工的优势，避免了对材料的热变形和机械应力。

（3）精密磨床。精密磨床是一种用于高精度磨削加工的设备，广泛应用于航空航天领域。例如，用于制造航空发动机的涡轮叶片、导向叶片和燃烧室零部件等。精密磨床能够实现高度精密的表面加工和尺寸控制，确保零部件的精度和表面质量达到要求。

（4）光刻设备。光刻设备是一种用于微细图形制造的高精度加工设备，常用于制造航空航天电子器件。例如，光刻设备在制造集成电路芯片、光纤通信器件和光学传感器等方面发挥重要作用。光刻设备能够实现纳米级的图案精度和分辨率，满足航空航天领域对微细器件的需求。

第四节　机械制造与工业设计的结合实践

一、制造工艺与生产系统的创新设计

在机械制造与工业设计的结合实践中，创新的制造工艺和生产系统设计对于提高生产效率、降低成本和优化产品质量至关重要。以下是一些关于制造工艺与生产系统创新设计的实践案例：

（1）自动化生产线。自动化生产线是一种利用自动化设备和机器人实现产品生产的生产系统。通过在生产线上引入自动化设备，可以实现生产过程的高度自动化和集成化。自动化生产线能够提高生产效率、减少人为错误，并且适应多品种、小批量的生产需求。

（2）柔性制造系统。柔性制造系统是一种能够灵活适应不同产品和生产需求的生产系统。该系统利用可编程的控制系统和智能化设备，实现生产过程的快速转换和调整。柔性制造系统可以提高生产的灵活性和响应能力，降低生产成本和库存水平。

（3）精益生产。精益生产是一种通过减少浪费和优化价值流程来提高生产效率和质量的方法。它强调消除不必要的生产环节、减少库存和减少生产时间等。通过实施精益生产理念，可以优化生产系统的效率、质量和成本，实现持续改进。

（4）数字化制造。数字化制造是一种将数字技术应用于制造过程的方法。通过建立数字化模型、使用虚拟现实技术和实时数据分析，可以实现生产过程的可视化、优化和预测。数字化制造能够提高生产过程的透明度、准确性和效率。

（5）智能制造。智能制造是一种将人工智能、物联网和大数据等技术应用于制造领域的方法。通过将智能感知、自主决策和自适应控制引入制造过程，可以实现智能化的生产系统。智能制造能够提高生产过程的自动化程度、生产效率和质量管理能力。

二、工业设计与人机工程学的创新应用

工业设计与人机工程学的结合实践旨在优化产品的人机交互性能和用户体验，提升产品的人性化设计和易用性。以下是一些关于工业设计与人机工程学创新应用的实践案例：

（1）人因工程设计。人因工程设计考虑人类的生理和心理特征，将人的需求和能力纳入产品设计的过程中。通过合理的人机界面设计、符合人体工程学原理的产品外形和尺寸，可以提高产品的舒适性和易用性。

（2）用户体验设计。用户体验设计关注用户在使用产品时的感受和体验。通过用户研究、用户调研和用户测试等方法，设计师可以了解用户需求和行为，并将这些信息应用于产品的设计过程中，以提供更好的用户体验和满足用户的期望。

（3）可持续设计。可持续设计考虑产品的环境影响和资源利用效率。通过使用环保材料、设计可拆卸和可回收的产品部件，以及优化产品生命周期中的能耗和废弃物管理，可以减少对环境的负面影响，并提高产品的可持续性。

（4）人机交互设计。人机交互设计关注用户与产品之间的交互过程。通过设计直观的用户界面、简化操作步骤和提供明确的反馈信息，可以提升用户对产品的控制感和满意度。

（5）用户中心设计。用户中心设计将用户放在产品设计的核心位置，以满足

用户的需求和期望为出发点。通过深入了解用户群体的行为、喜好和习惯，设计师可以针对性地开发出更具吸引力和符合用户需求的产品。这些创新应用将工业设计与人机工程学相结合，致力于提升产品的人性化和用户体验。通过关注用户需求、优化人机交互性能和考虑环境影响，可以实现更具创新性和竞争力的产品设计。

三、工业机器人与自动化生产线的创新应用

工业机器人和自动化生产线的结合是现代机械制造中的重要实践领域,具体表现如下：

（1）柔性生产线。通过引入工业机器人和自动化技术，可以实现柔性生产线的建设。柔性生产线具有适应性强、生产效率高和能够快速切换生产任务的特点。它可以根据产品需求进行灵活调整和配置，提高生产线的灵活性和生产效率。

（2）协作机器人。协作机器人是一种可以与人类工作人员共同工作的机器人。它们具有安全性高、易于操作和灵活性强的特点。在生产线上，协作机器人可以与工人一起执行任务，共同完成一些重复性或危险的工作，提高工作效率和安全性。

（3）自动化装配和包装。工业机器人在装配和包装领域的应用越来越广泛。它们可以精确地执行装配任务，提高产品的质量和一致性。同时，机器人还可以快速而准确地完成产品的包装，提高生产线的速度和效率。

（4）数据驱动的生产优化。工业机器人和自动化生产线可以与数据分析和智能算法相结合，实现数据驱动的生产优化。通过实时监测和分析生产数据，可以优化生产线的运行和资源分配，提高生产效率和质量。

（5）智能仓储和物流。工业机器人在仓储和物流领域的应用可以实现自动化的物料处理和仓储管理。机器人可以准确地识别、拾取和放置物料，提高物流效率和准确性。同时，机器人还可以协同工作，实现智能的仓储和物料管理系统。这些创新应用案例充分展示了工业机器人和自动化生产线在机械制造和工业设计中的重要作用。它们提高了生产线的灵活性、效率和质量，推动了工业制造的现代化和智能化发展。通过不断的创新和应用，工业机器人和自动化生产线将继续在机械制造领域发挥重要作用，驱动机械设计高质量发展。

第十五章　机械设计中的市场营销与商业模式

第一节　机械设计的市场需求和竞争分析

机械设计的市场需求和竞争分析是机械设计师必须要面对的重要问题。市场需求是指消费者对机械产品的需求和期望，包括性能、质量、成本、环保、服务等方面。机械设计师需要通过市场调研和客户需求分析了解市场需求的变化趋势和客户的实际需求和期望，从而制定出更符合市场需求的设计方案。竞争分析是指分析机械产品市场中的竞争对手，包括其产品性能、质量、价格、服务等方面，以及市场份额、销售渠道等因素。机械设计师需要通过竞争分析了解市场中的竞争情况，制定出更加符合市场需求和具有竞争力的设计方案。针对市场需求和竞争分析，机械设计师可以采取以下措施来满足市场需求和提高竞争力：

①加强市场调研和客户需求分析，了解市场需求和客户的实际需求和期望，制定出更符合市场需求的设计方案。

②提高设计水平和技术能力，不断学习和更新机械设计理念和技术手段，提高自身的设计水平和技术能力，以满足市场需求的变化。

③创新设计思路和方法，采用先进的设计工具和技术手段，提高设计效率和质量，以满足市场的需求。

④加强团队协作和沟通，与其他相关团队和人员进行密切合作和沟通，以提高设计质量和效率，满足市场需求和提高竞争力。

⑤优化产品成本和性能，通过优化设计、材料选择和生产工艺等方面来降低产品成本，提高产品性能和质量，以提高产品的市场竞争力。

在市场需求方面，机械设计师需要了解不同市场的需求差异和趋势，以便针对性地设计符合市场需求的机械产品。例如，发达国家市场对环保性能的要求越来越高，对能源消耗的限制也越来越严格，因此机械产品需要具备更好的能源效率和环保性能。而发展中国家市场则更注重性价比和可靠性等方面，因此机械产品需要具有更高的性价比和更强的可靠性。在竞争分析方面，机械设计师需要了解市场中的竞争对手及其产品，包括产品性能、质量、价格、服务等方面的优劣，以及其市场份额、销售渠道等因素。通过分析竞争对手的优劣势，机械设计师可以在产品设计方面寻找差异化和创新点，提高产品的竞争力。此外，机械设计师还需要考虑市场的未来趋势和发展方向。例如，随着人工智能和物联网技术的发展，机械产品将越来越智能化和自动化，设计师需要在机械设计中融入先进的智能化和自动化技术。总之，市场需求和竞争分析对于机械设计师来说是非常重要的，设计师需要通过市场调研和客户需求分析了解市场需求和趋势，采取措施来满足市场需求和提高竞争力。同时，设计师还需要分析竞争对手的优劣势，寻找差异化和创新点，提高产品的竞争力。

第二节　机械设计的商业模式和盈利模式

一、按需设计

机械设计是现代工业生产不可或缺的一环。在机械设计领域，商业模式和盈利模式有很多种，其中一种常见的方式是按需设计。按需设计是指为客户提供定制化的机械产品设计服务，满足客户的特定需求，实现定制化生产。

（1）商业模式。按需设计的商业模式是基于为客户提供定制化的机械产品设计服务，满足客户的特定需求，实现定制化生产的基础上构建的。其商业模式基于以下几个方面的优势。

①按需设计的商业模式具有客户导向性。客户的需求和要求是按需设计服务的核心。按需设计的公司通过与客户沟通和交流，了解客户的需求和要求，设计出满足客户需求的机械产品。因此，按需设计的商业模式是以客户需求为导向的。

②按需设计的商业模式具有高度的差异化和个性化。不同客户的需求和要求是不同的，因此按需设计的公司必须具有强大的设计能力和技术能力，以满足客户不同的需求。在这个商业模式下，每个客户都可以获得定制化的产品，这使得公司具有很高的差异化和个性化。

③按需设计的商业模式具有灵活性。按需设计的公司可以根据客户的需求和要求进行设计和生产，没有任何库存和存货压力。这意味着公司可以快速响应客户的需求，并且可以在短时间内设计和生产出满足客户需求的产品。

④按需设计的商业模式具有高利润率。由于按需设计的产品是定制化的，因此客户愿意为这些产品支付更高的价格。这使得按需设计的公司可以实现更高的利润率。

（2）盈利模式。按需设计的盈利模式主要是基于两个方面：高价值产品和高附加值服务。

①按需设计的盈利模式基于高价值产品。按需设计的产品是根据客户的需求和

要求进行设计和生产的，因此它们是定制化的，并且具有很高的价值。客户愿意为这些高价值产品支付更高的价格，这为按需设计的公司提供了更高的利润。

②按需设计的盈利模式基于高附加值服务。按需设计的公司提供的不仅仅是机械产品的设计和生产，还包括与客户的沟通和交流、技术咨询、售后服务等。这些附加值服务可以提高客户的满意度和忠诚度，并且可以为公司带来额外的收益。

除了以上两个方面，按需设计的盈利模式还可以基于以下几个方面。第一，按需设计的盈利模式基于成本优势。尽管按需设计的产品是定制化的，但是在设计和生产过程中，公司可以采用一些先进的技术和设备，以提高生产效率和降低成本。这使得公司可以在保证产品质量的前提下，实现成本优势，从而提高盈利。第二，按需设计的盈利模式基于市场占有率。按需设计的公司可以通过不断提高设计能力和技术能力，满足不同客户的需求，提高客户满意度和忠诚度，并逐渐扩大市场占有率。这可以为公司带来更多的客户和收益。第三，按需设计的盈利模式基于生态系统优势。按需设计的公司可以与不同的供应商和合作伙伴建立合作关系，以获得更好的材料、零部件和其他资源，提高生产效率和降低成本。这可以为公司提供生态系统优势，进一步提高盈利。总结起来，按需设计的商业模式和盈利模式是基于为客户提供定制化的机械产品设计服务的基础上构建的。按需设计的公司通过与客户沟通和交流，了解客户的需求和要求，设计出满足客户需求的机械产品，并提供高价值产品和高附加值服务，以实现更高的利润。同时，按需设计的公司可以基于成本优势、市场占有率和生态系统优势等方面来进一步提高盈利。

二、技术转让

技术转让是机械设计的一种常见商业模式和盈利模式。技术转让是指将某项专有技术或专有知识转让给他人或组织，以获取一定的报酬。在机械设计领域，技术转让通常包括机械设计、制造工艺和设备等方面的专有技术和知识。机械设计的商业模式和盈利模式之一是技术转让。技术转让是机械设计公司通过将自身拥有的技术、专利和知识产权等资源出售或授权给其他公司或个人，以获取报酬的一种商业行为。技术转让在机械设计领域中非常常见，因为机械设计涉及许多专业知识和技术，而这些知识和技术往往需要长时间的研究和开发，因此可以用来作为一种盈利模式。

（一）盈利模式

技术转让的盈利模式通常可以基于以下几个方面。第一，技术转让的盈利模式基于知识产权价值。机械设计公司通常会拥有许多专利、商标和知识产权等知识产权，这些知识产权的价值通常很高。通过将这些知识产权出售或授权给其他公司或个人，机械设计公司可以获取丰厚的报酬，从而实现盈利。第二，技术转让的盈利模式基于专业技术能力。机械设计公司通常会拥有非常强的技术能力和专业知识，在机械设计、制造工艺和设备等方面有着非常深厚的造诣。通过将这些技术能力和专业知识转让给其他公司或个人，机械设计公司可以获取报酬，并进一步提高公司的声誉和知名度。第三，技术转让的盈利模式基于品牌价值。机械设计公司通常会拥有非常有价值的品牌，通过将品牌授权给其他公司或个人使用，机械设计公司可以获取报酬，并进一步提高品牌知名度和价值。技术转让是机械设计的一种常见商业模式和盈利模式，通过将自身拥有的技术、专利和知识产权等资源出售或授权给其他公司或个人，以获取报酬，从而实现盈利。技术转让的盈利模式可以基于知识产权价值、专业技术能力和品牌价值等方面，从而实现不同的盈利目标。同时，技术转让也可以帮助机械设计公司拓展市场、扩大业务范围和提高公司声誉和知名度，是机械设计公司的一个重要盈利模式和商业模式。

（二）技术转让方式

技术转让的方式有多种，可以通过出售专利、授权使用专利、提供技术服务和技术转移等方式进行。其中，授权使用专利是一种常见的技术转让方式。机械设计公司可以将自己拥有的专利授权给其他公司或个人使用，以获取一定的报酬。这种方式可以让机械设计公司将自己的专利价值最大化，并在市场上获得更多的曝光和认可。另外，技术转让还可以通过提供技术服务的方式进行。机械设计公司可以向其他公司或个人提供技术咨询、技术支持和技术培训等服务，以获取报酬。这种方式可以让机械设计公司将自己的技术能力最大化，并帮助其他公司或个人提高自己的技术水平和竞争力。除此之外，技术转让还可以通过技术转移的方式进行。机械设计公司可以将自己拥有的技术、专利和知识产权等资源转移到其他公司或个人手中，以获取报酬。这种方式可以让机械设计公司更快地将自己的技术和专利价值最大化，并让其他公司或个人快速获取所需的技术和知识产权。总之，技术转让是机械设计的一种重要的商业模式和盈利模式，通过将自身拥有的技术、专利和知识产权等资源出售或授权给其他公司或个人，以获取报酬，从而实现盈利。技术转让可以基于知识产权价值、专业技术能力和品牌价值等方面实现不同的盈利目标，同时也可以帮助机械设计公司拓展市场、扩大业务范围和提高公司声誉和知名度。

三、产品销售

机械设计的商业模式和盈利模式之一是产品销售。机械设计公司可以设计和生产各种机械产品，然后将其销售给市场上的消费者或其他企业，从而获取利润。这种商业模式适用于各种不同的机械产品，包括工业机械、农业机械、建筑机械等。在机械设计的产品销售模式中，机械设计公司需要具备一定的研发能力和制造能力。公司需要不断地开发新产品和技术，并提供高质量的生产和制造服务。这样才能满足客户的需求，保持竞争优势，并在市场上获得更多的市场份额和利润。

（一）产品销售模式

机械设计的产品销售模式有多种，其中最常见的是直接销售和分销销售。直接销售是指机械设计公司直接将产品销售给最终消费者或其他企业。这种方式可以让机械设计公司掌握更多的销售渠道和销售流程，并直接获取销售利润。另一种方式是分销销售，即机械设计公司将产品销售给经销商或代理商，让他们进行销售并获取一定的利润。这种方式可以让机械设计公司更好地管理销售流程，并拓展更广阔的销售渠道和市场。除了直接销售和分销销售之外，机械设计的产品销售模式还可以采用其他方式。例如，在新产品推广阶段，公司可以通过赠品和折扣等方式吸引客户，从而增加产品的销售量。此外，公司还可以采用定制销售方式，根据客户的需求和要求生产定制化的机械产品，从而提高客户满意度和市场竞争力。通过设计和生产各种机械产品，并将其销售给市场上的消费者或其他企业，机械设计公司可以获得利润和市场份额。机械设计公司需要具备一定的研发能力和制造能力，以满足客户的需求和提高市场竞争力。在销售模式方面，机械设计公司可以采用直接销售、分销销售、赠品和折扣、定制销售等多种方式，以更好地管理销售流程，并拓展更广阔的销售渠道和市场。除了销售产品，机械设计公司还可以提供售后服务，包括维修、升级、保养等服务，以满足客户的需求和提高客户满意度。通过不断提高产品质量和服务质量，机械设计公司可以建立品牌信誉和口碑，吸引更多的客户，并在市场上获得更多的市场份额和利润。

（二）影响因素

在机械设计的产品销售模式中，公司需要考虑多个因素，包括市场需求、产品定价、销售渠道和竞争状况等。首先，公司需要了解市场需求和趋势，以便设计和生产符合市场需求的产品。其次，公司需要考虑产品定价，以确保产品的价格具有竞争力，同时保证公司获得足够的利润。再次，公司需要选择适当的销售渠道，以便将产品销售给最终消费者或其他企业。最后，公司需要了解竞争状况，并采取相应的措施，以提高公司在市场上的竞争力。在机械设计的产品销售模式中，公司需要具备一定的市场营销能力。公司需要不断地开展市场调研和分析，了解市场需求和趋势，以便设计和生产符合市场需求的产品。此外，公司还需要采取适当的市场推广和宣传措施，以提高公司的品牌知名度和影响力，并吸引更多的客户。例如，公司可以通过展会、广告、网络营销等方式，宣传和推广公司的产品和服务，吸引更多的客户，并提高公司在市场上的知名度和竞争力。在机械设计的产品销售模式中，公司还需要注重产品质量和售后服务。公司需要不断提高产品质量和技术水平，以满足客户的需求和提高客户满意度。此外，公司还需要提供优质的售后服务，包括维修、升级、保养等服务，以解决客户在使用过程中遇到的问题，并提高客户忠诚度和满意度。在销售模式方面，机械设计公司可以采用直接销售、分销销售、代理销售等多种方式，以满足不同的市场需求和客户需求。此外，机械设计公司还需要具备一定的市场营销能力，以提高公司的品牌知名度和影响力，并吸引更多的客户。同时，公司还需要注重产品质量和售后服务，以满足客户的需求和提高客户满意度。

（三）面临挑战及对策

机械设计的产品销售模式也面临着一些挑战和问题。首先，市场竞争激烈，机械设计公司需要不断提高产品质量和技术水平，以满足客户的需求和提高客户满意度。其次，市场需求和趋势不断变化，机械设计公司需要不断进行市场调研和分析，以了解市场需求和趋势，并及时调整产品和销售策略。最后，产品的定价和销售渠道也需要考虑到市场需求和竞争状况，以确保公司的产品具有竞争力并能获得足够的利润。此外，机械设计公司还需要考虑如何满足不同客户的需求。有些客户需要定制化的产品和服务，而有些客户则需要标准化的产品和服务。因此，机械设计公司需要灵活应对不同客户的需求，并提供符合客户需求的产品和服务。总之，机械设计的产品销售模式是一种重要的商业模式和盈利模式。通过设计和生产各种机械产品，并将其销售给市场上的消费者或其他企业，机械设计公司可以获得利润和市场份额。在销售模式方面，机械设计公司可以采用直接销售、分销销售、代理销售等多种方式，以满足不同的市场需求和客户需求。同时，公司还需要具备一定的市场营销能力，并注重产品质量和售后服务，以提高客户满意度和忠诚度。

四、服务和维护

机械设计的商业模式和盈利模式之一是服务和维护。服务和维护是机械设计公司向客户提供的一种重要服务，它包括对机械设备的保养、修理、升级、改造等工作。这些服务可以帮助客户保持设备的良好状态，延长设备的使用寿命，提高设备的效率和生产能力，从而为客户创造价值，也为机械设计公司带来了盈利机会。

（一）服务和维护内容

机械设计公司提供的服务和维护包括以下几个方面。首先，机械设备的保养和维护，包括设备的日常维护、检查、保养、清洁、润滑等工作，以保证设备的正常运转和延长设备的使用寿命。其次，机械设备的修理和升级，包括对设备故障的诊断、维修、更换零件、升级系统等工作，以保证设备的正常运转和提高设备的性能和效率。最后，机械设备的改造和优化，包括对设备结构、性能、工艺等方面的改进和优化，以提高设备的生产能力、质量和效率。这些服务可以帮助客户提高设备的利用率和生产效率，提高产品的质量和竞争力。

（二）服务和维护盈利模式

服务和维护模式的盈利模式主要包括3个方面。首先，机械设计公司可以通过对设备的保养、维护和修理等服务收取服务费用，从中获得利润。其次，机械设计公司可以通过向客户提供设备升级、改造和优化等服务收取服务费用，并通过提高设备的生产能力、质量和效率，从中获得利润。最后，机械设计公司可以通过提供技术支持、培训、咨询等服务收取服务费用，从中获得利润。

（三）面临挑战和问题

服务和维护模式的商业模式和盈利模式也面临一些挑战和问题。首先，服务和维护需要专业的技术人才和维修设备，机械设计公司需要不断提升自身的技术实力和服务水平，以满足客户的需求和提高客户满意度。其次，服务和维护需要不断更新和升级，机械设计公司需要跟进市场需求和技术趋势，不断开发新的服务和维护方案，以满足客户的需求和提高客户的体验和满意度。最后，服务和维护的收费标准需要与客户达成共识，机械设计公司需要制订合理的收费标准和服务方案，以吸引客户并保持市场竞争力。同时，机械设计公司需要保持服务质量和效率，以提高客户的忠诚度和口碑效应，从而为公司的品牌和形象带来正面影响。服务和维护模式的商业模式和盈利模式在机械设计行业中具有广泛的应用。在大多数机械设备的使用寿命中，服务和维护的需求都是不可避免的。因此，机械设计公司可以通过提供专业的服务和维护方案，帮助客户解决设备故障和问题，提高设备的使用寿命和效率，为客户创造价值，从而获得稳定的收益和利润。服务和维护模式还可以为机械设计公司提供新的机会和业务增长点，例如提供设备改造和升级的方案，引入新的技术和系统，拓展新的市场和客户群体，提高公司的市场占有率和竞争力。

（四）服务和维护模式实施策略

在实施服务和维护模式时，机械设计公司需要考虑以下几个方面。首先，公司需要建立完善的服务和维护体系，包括人员、设备、技术和流程等方面，以确保服务质量和效率。其次，公司需要与客户建立良好的合作关系，了解客户需求和意见，并根据客户反馈不断改进和优化服务方案。最后，公司需要密切关注市场和技术趋势，不断更新和升级服务和维护方案，以满足客户的需求和提高客户满意度。此外，公司还需要建立专业的服务和维护团队，培养和吸引优秀的技术人才，提高公司的技术实力和服务水平。总之，服务和维护模式是机械设计的重要商业模式和盈利模式之一，它可以为机械设计公司提供稳定的收益和利润，并为客户提供专业的服务和维护方案，延长设备的使用寿命和提高设备的效率和生产能力。在实施服务和维护模式时，机械设计公司需要建立完善的服务和维护体系，与客户建立良好的合作关系，并不断更新和升级服务和维护方案，提高服务质量和效率，吸引和培养优秀的技术人才，提高公司的技术实力和市场竞争力，从而实现公司的可持续发展和长期利润增长。服务和维护模式也面临一些挑战和风险。首先，服务和维护的需求可能会受到经济周期、市场竞争和技术变革等因素的影响，导致收入和利润的波动和下降。其次，服务和维护需要耗费大量的人力、物力和时间资源，需要高效管理和控制成本，以确保盈利能力和可持续发展。最后，服务和维护还涉及一定的责任和风险，例如服务质量、安全性和合规性等问题，需要公司合规性和风险管理的支持和保障。在应对挑战和风险的同时，机械设计公司可以通过以下几个方面来优化和提高服务和维护模式的商业模式和盈利模式。首先，公司可以采用先进的技术和工具，提高服务和维护的效率和质量，降低成本和风险。其次，公司可以与供应商和合作伙伴建立战略合作关系，共同开发新的服务和维护方案，拓展新的市场和客户群体。最后，公司可以加强客户关系管理和营销策略，提高客户忠诚度和满意度，增加客户价值和市场份额。此外，公司还可以探索新的服务和维护领域，例如提供设备租赁、培训和咨询等服务，拓展公司的业务范围和收入来源。综上所述，服务和维护模式是机械设计的重要商业模式和盈利模式之一，它可以为机械设计公司提供稳定的收益和利润，并为客户提供专业的服务和维护方案，延长设备的使用寿命和提高设备的效率和生产能力。在实施服务和维护模式时，机械设计公司需要建立完善的服务和维护体系，与客户建立良好的合作关系，并不断更新和升级服务和维护方案，提高服务质量和效率，吸引和培养优秀的技术人才，提高公司的技术实力和市场竞争力，从而实现公司的可持续发展。

第三节　机械设计中的市场营销策略和实践

一、产品定位策略

产品定位策略是机械设计公司在市场营销中的一项重要策略，它是指通过确定产品的市场定位和竞争策略，以满足不同客户群体的需求，提高产品的竞争力和市场占有率。在机械设计行业中，产品定位策略需要综合考虑市场需求、产品特点、客户需求等因素，以制定相应的定位策略。

（一）产品定位划分

机械设计公司可以通过定位策略将产品定位为高端产品或低端产品、专业化产品或通用型产品、高性能产品或低成本产品等。例如，针对高端市场，机械设计公司可以选择开发高品质、高性能的产品，注重设计的创新性和独特性，以满足高端客户的需求。同时，公司需要在市场中寻找合适的销售渠道，例如高端展会、专业化经销商等，以扩大高端市场份额。对于低端市场，机械设计公司可以选择开发低成本、通用型的产品，注重产品的可靠性和稳定性，以满足广大客户的需求。同时，公司需要控制成本，寻找成本低廉的原材料和生产设备，以降低产品的生产成本，提高产品的市场竞争力。除了产品定位策略，机械设计公司还可以通过产品组合策略来满足不同客户群体的需求。产品组合策略是指将不同产品组合在一起销售，以满足客户多样化的需求。例如，机械设计公司可以将不同类型的机械设备组合在一起销售，以提供一站式的解决方案，满足客户的全方位需求。机械设计公司在实施产品定位策略时，需要深入了解市场和客户需求，分析竞争对手的产品特点和定位策略，制定相应的市场营销策略。同时，公司需要注重产品质量和服务质量，提高客户满意度和忠诚度，以巩固市场地位和提高市场份额。

（二）市场细分

在机械设计行业中，产品定位策略还需要考虑市场细分和差异化竞争。市场细分是指将整个市场分为不同的客户群体，根据客户群体的需求和特点，制定不同的市场营销策略。例如，机械设计公司可以将市场分为航空、汽车、机械加工等不同行业，针对不同行业的客户需求，制定相应的产品定位策略。在差异化竞争中，机械设计公司需要通过不同的产品定位和市场营销策略来与竞争对手区别开来，提高产品的差异性和独特性，以吸引客户和提高市场份额。在实施产品定位策略时。

（三）产品生命周期管理

机械设计公司还需要考虑产品生命周期管理。产品生命周期管理是指根据产品的不同阶段，制定相应的市场营销策略，以提高产品的销售量和利润率。例如，机械设计公司在产品推出初期可以通过降价促销等策略来吸引客户，提高产品的市场占有率，在产品成熟期可以通过提高产品质量和服务质量来巩固市场地位，在产品衰退期可以选择撤出市场或改进产品以延长产品寿命。总之，产品定位策略是机械设计公司在市场营销中的重要策略之一，它可以帮助公司提高产品的竞争力和市场占有率。在实施产品定位策略时，机械设计公司需要深入了解市场和客户需求，分析竞争对手的产品特点和定位策略，制定相应的市场营销策略。同时，公司需要注重产品质量和服务质量，提高客户满意度和忠诚度，以巩固市场地位和提高市场份额。

二、营销渠道策略

营销渠道策略是指机械设计公司选择和利用不同的营销渠道来将产品推向市场的策略。在机械设计行业中，营销渠道策略非常重要，因为不同的营销渠道可以为公司带来不同的市场机会和竞争优势。

（一）直接销售渠道

机械设计公司可以选择直接销售渠道。直接销售渠道是指机械设计公司通过自有销售团队、展会、广告和官方网站等方式直接向客户销售产品。这种销售渠道具有较高的控制权和利润率，因为公司可以直接与客户进行沟通和交流，了解客户需求和反馈，提高产品的定制性和个性化。但是，直接销售渠道的缺点是成本较高，需要大量的销售人员和营销资源，并且难以覆盖广泛的市场。

（二）间接销售渠道

机械设计公司可以选择间接销售渠道。间接销售渠道是指机械设计公司通过代理商、分销商、批发商等渠道向客户销售产品。这种销售渠道具有较低的成本和风险，因为公司可以将销售任务和责任分配给代理商和分销商，同时可以借助代理商和分销商的销售网络和资源来扩大市场覆盖面。但是，间接销售渠道的缺点是控制力较弱，公司无法直接与客户进行沟通和交流，也难以控制代理商和分销商的销售行为和结果。

（三）多元化销售渠道

除了直接销售和间接销售渠道，机械设计公司还可以选择多元化销售渠道策略。多元化销售渠道策略是指机械设计公司同时采用多种销售渠道来推广产品。例如，公司可以选择在官方网站上开设网上商店，向客户提供在线销售服务；在社交媒体平台上开展营销活动，吸引年轻客户的关注和购买；通过电视广告、杂志广告等传统媒体来扩大品牌知名度和影响力。多元化销售渠道策略可以使公司覆盖更广泛的市场和客户群体，提高销售量和利润率。网络营销已经成为当今市场营销不可或缺的一种渠道。网络营销包括社交媒体、电子邮件、搜索引擎优化、在线广告等。对于机械设计公司而言，通过网络营销，可以更加精准地锁定目标客户群体，提高市场曝光度和品牌知名度，以低成本实现高效果的市场推广。

首先是社交媒体营销。社交媒体平台已成为人们日常生活中的重要组成部分，各种社交媒体平台如微信、微博、Facebook、Twitter等都成了企业与消费者交流的重要平台。机械设计公司可以通过社交媒体平台发布公司新闻、产品信息和技术分享等内容，吸引目标客户的关注和兴趣，同时也可以与客户进行互动和沟通，及时了解市场反馈和需求，提高客户忠诚度和口碑效应。其次是电子邮件营销。电子邮件已经成为人们日常生活中的重要工具，机械设计公司可以通过邮件订阅的方式，将最新的产品、技术和行业新闻等信息推送给目标客户，同时也可以通过电子邮件与客户进行沟通和交流，提高客户的满意度和忠诚度。再次是搜索引擎优化。搜索引擎是人们获取信息的重要途径之一，机械设计公司可以通过优化网站内容和结构，提高网站在搜索引擎中的排名和曝光度，吸引更多的潜在客户。搜索引擎优化是一项长期的工作，需要不断更新和优化网站内容和结构，提高网站质量和用户体验，才能达到更好的营销效果。最后是在线广告。在线广告包括搜索引擎广告、社交媒体广告、Banner广告等。通过在线广告，机械设计公司可以针对不同的目标客户群体进行精准投放，提高广告的点击率和转化率，进而实现更好的营销效果。在线广告需要进行不断的监测和优化，以提高广告效果和ROI（投资回报率）。

（四）营销渠道应用

营销渠道策略还需要考虑在线渠道和离线渠道的结合使用。在线渠道包括官方网站、电子商务平台、社交媒体等，这些渠道可以帮助企业更好地展示产品和服务，吸引更多潜在客户。离线渠道包括展会、门店、经销商等，这些渠道可以提供面对面的沟通和服务，增强客户信任感和体验感。因此，在线渠道和离线渠道的有机结合，可以实现更全面、更有效的营销效果。选择适当的营销渠道，还需要对目标客户的行为和偏好有深入的了解。例如，年轻人更喜欢在社交媒体上获取信息，而中老年人则更倾向于到实体店了解产品。因此，根据不同目标客户群体的行为和偏好，有针对性地选择营销渠道，可以更加高效地推广产品和服务。营销渠道策略是机械设计中不可忽视的一环。企业需要根据产品特点、目标客户和市场环境等因素，选择适合的营销渠道，并通过不断的优化和调整，实现营销目标。同时，在线渠道和离线渠道的有机结合，以及对不同目标客户群体的深入了解，也是实现营销成功的关键。

三、品牌建设策略

在机械设计中，品牌建设策略是市场营销中至关重要的一部分。品牌建设是一种长期、综合的策略，旨在创造并维护企业的形象和声誉，建立品牌认知度和信任度，吸引客户并提高销售额。

品牌建设策略的第一步是确定目标受众和定位。企业需要确定他们的目标客户，并了解他们的需求和偏好。企业需要分析市场并确定自己在其中的位置，以制定差异化定位策略。这样可以确保企业在市场上有一个明确的定位，帮助消费者理解他们的产品和服务。品牌建设策略的第二步是制定品牌标识。企业需要设计一个易于辨认和记忆的标识，以便客户能够轻松地识别并与品牌联系起来。标识应该与企业的价值观和声誉相一致，以建立品牌的一致性和信任度。品牌建设策略的第三步是建立品牌声誉。企业需要建立一个积极的品牌形象，以吸引和保留客户。这可以通过提供高品质的产品和服务、建立良好的客户关系、积极参与社会责任活动等方式实现。企业需要始终关注客户的需求和反馈，并根据客户的需求和反馈进行调整。品牌建设策略的第四步是推广品牌。企业需要将品牌推向市场并提高品牌认知度。这可以通过广告、促销、赞助活动、公关活动等方式实现。企业需要选择适当的推广方式，并将其纳入他们的市场营销计划中。品牌建设策略的最后一步是监测和评估品牌效果。企业需要监测品牌知名度和声誉，并评估品牌对销售额和客户满意度的影响。如果需要，企业需要对品牌策略进行调整，以确保品牌在市场上保持竞争力。在机械设计中，品牌建设策略可以帮助企业提高销售额、增强品牌声誉、建立客户忠诚度和巩固市场地位。因此，机械设计企业应该制定并实施一个长期的品牌建设策略，以在市场上获得成功。

机械设计企业可以通过与其他企业合作建立联合品牌。联合品牌是指两个或更多的企业合作，共同创造和推广一种品牌。联合品牌可以帮助企业扩大受众群体，增强品牌形象和信任度，并实现资源共享和成本节约。机械设计企业可以通过提供优质的售后服务来巩固品牌声誉。售后服务包括产品保修、维修、培训和咨询等服务。提供优质的售后服务可以帮助企业建立良好的客户关系，增强客户忠诚度，并在市场上获得良好的口碑。机械设计企业还可以通过社交媒体等渠道建立品牌社区。品牌社区是指企业与客户、员工、合作伙伴等形成的一种社群关系。通过建立品牌社区，企业可以加强品牌形象和信任度，促进客户参与和反馈，并开展一系列品牌营销活动。机械设计企业应该注重品牌保护。品牌保护是指企业通过法律手段保护自己的品牌形象、标识和知识产权。企业可以注册商标、专利和版权等知识产权，以确保自己的品牌不受侵犯。此外，企业还应该密切关注市场竞争和市场环境变化，及时进行品牌策略调整和品牌保护措施。机械设计企业在市场营销中要注重品牌建设策略。一个成功的品牌建设策略需要综合考虑企业的目标受众、定位、品牌标识、品牌声誉、推广和监测等方面。同时，企业还可以通过其他品牌建设策略如联合品牌、售后服务、品牌社区和品牌保护等方式来巩固自己的品牌形象和竞争力。

参考文献

[1]徐格宁，程莹茂，朱昌彪，等.工程机械绿色设计与制造技术[M].北京：机械工业出版社，2021.

[2]沈永刚.现代设备管理[M].北京：机械工业出版社，2018.

[3]韩清凯,翟敬宇,张昊. 机械动力学与振动基础及其数字仿真方法[M].武汉：武汉理工大学出版社，2016.

[4]郁汉琪. 数字化设计与制造实训教程[M].南京：南京东南大学出版社，2016.

[5]范元勋，宋梅利，祖莉，等. 机械设计基础[M].北京：人民邮电出版社，2015.

[6]奥拓·布劳克曼.智能制造：未来工业模式和业态的颠覆与重构[M].张潇，郁汲，译.北京:机械工业出版社，2015.

[7]库夏克.智能制造系统[M].杨静宇，陆际联，译.北京：清华大学出版社，1993.

[8]李杰，倪军，王安正.从大数据到智能制造[M]上海:上海交通大学出版社，2016.

[9]张炜琦. 智能机械臂建模设计与轨迹规划[D].石家庄：河北科技大学，2021.

[10]刘宗胜. 工程机械智能润滑系统研究与设计[D].郑州：中原工学院，2021.

[11]周继鹏. 机械产品智能设计及建模[D].沈阳：沈阳理工大学，2017.

[12]陈再师. 基于OpenCV的智能机械手臂的研究与设计[D].湘潭：湘潭大学，2015.

[13]王艺霖. 智能优化算法在机械设计中的应用研究[D].哈尔滨：哈尔滨理工大学，2015.

[14]王博. 工程机械轮边支承轴热锻过程数值模拟及模具智能设计技术研究[D].洛阳：河南科技大学，2014.

[15]李昕瞳.现代机械设计的创新方法[J].科技创新与应用,2018(08):41-42.

[16]董云龙.现代机械设计的创新方法研究[J].南方农机，2017，48(22)：39.

[17]吴志光.现代机械设计中的创新方法研究[J].南方农机，2017，48(09)：

110–111.

[18]黄福敏,张军.现代机械设计的创新方法研究[J].黑龙江科学，2017,8(06)：114–115.

[19]陈彤.现代机械设计方法研究及其创新[J].机械研究与应用，2015,28(02)：195–197

[20]刘敏.现代机械设计的创新方法研究[J].科技创新与应用，2015(07)：59.

[21]赵小慧.现代机械设计的创新设计理论与方法[J].内燃机与配件，2019(06)：170–171.

[22]李铁，孙俊鸽.现代机械设计方法研究及其创新[J].中国设备工程，2019(06)：124–125.

[23]王泽.现代机械设计方法研究与创新[J].城市建设理论研究(电子版)，2019(08)：73.

[24]章惠，王凯，周萍.以学科竞赛为导向的计算机网络专业人才培养模式探究[J].改革与开放，2018(21)：154–157.

[25]谢友春.机械式智能立体车库的创新设计分析[J].科技创新与应用，2018(25)：48–49.

[26]彭健.现代机械设计的创新方法研究[J].民营科技，2018(08)：45.